智能化办公

百度文心一言使用方法与技巧

从入门到精通

马跃◎编著

U0231942

北京大学出版社
PEKING UNIVERSITY PRESS

内 容 提 要

本书全面介绍了百度文心一言的基本操作和在多个领域的应用。

全书共分为12章，其中第1章至第4章主要介绍文心一言的基本操作；第5章至第11章为应用实战，深入探讨了文心一言在日常办公、编程辅助、教育与学习等多个领域的广泛应用；第12章介绍了文心一言与百度搜索的异同。每个章节都包含实用案例和详细步骤，以帮助读者通过实践掌握文心一言的核心功能和应用技巧。通过阅读本书，读者将能够全面掌握文心一言的应用方法，高效解决工作和生活中的各种问题，享受AI智能化带来的便利和乐趣。

本书逻辑清晰，内容全面，案例丰富，适合AI技术爱好者、传统行业从业者、产品经理、市场营销人员，以及其他广大职场人员阅读。不论是初次接触AI的新人，还是寻求进一步提升效率的人工智能从业者，都能从本书中获益良多。同时，本书也适合作为广大中小学、职业院校及人工智能培训机构相关专业的参考用书。

图书在版编目(CIP)数据

AI智能化办公：百度文心一言使用方法与技巧从入门到精通 / 马跃编著. —— 北京：北京大学出版社，
2024. 11. —— ISBN 978-7-301-35675-3

Ⅰ. TP317.1

中国国家版本馆CIP数据核字第2024SH8652号

书　　　名	AI智能化办公：百度文心一言使用方法与技巧从入门到精通	
	AI ZHINENGHUA BANGONG：BAIDU WENXINYIYAN SHIYONG FANGFA YU JIQIAO CONG RUMEN DAO JINGTONG	
著作责任者	马　跃　编著	
责 任 编 辑	王继伟　蒲玉茜	
标 准 书 号	ISBN 978-7-301-35675-3	
出 版 发 行	北京大学出版社	
地　　　址	北京市海淀区成府路205号　　100871	
网　　　址	http://www.pup.cn　　　新浪微博：@北京大学出版社	
电 子 邮 箱	编辑部 pup7@pup.cn　　总编室 zpup@pup.cn	
电　　　话	邮购部 010-62752015　发行部 010-62750672　编辑部 010-62570390	
印 刷 者	北京鑫海金澳胶印有限公司	
经 销 者	新华书店	
	787毫米×1092毫米　16开本　17.5印张　421千字	
	2024年11月第1版　2024年11月第1次印刷	
印　　　数	1-4000册	
定　　　价	69.00元	

在人工智能迅速发展的时代，文心一言（ERNIE Bot）作为百度推出的强大AI工具，已经在多个领域展现出巨大的潜力。为了帮助各行业从业者和技术爱好者更好地掌握和应用这项技术，我们策划并出版了这本书。

本书的出版缘由

近年来大模型频繁更新，新应用层出不穷，市场对于此类书籍的需求迫切。随着AI技术迅速渗透到各个行业，对其应用程度已经成为影响企业竞争力的重要因素之一。同时，虽然市场上已有一些关于文心一言及相关大模型应用的书籍，但仍缺乏系统性和实践性的指导，对提示词工程的讲解不够深入。本书的出版正好填补了这一空白，提供了一个全面、实用的文心一言大模型应用指南，并对提示词工程做了深入剖析。最后，我们希望通过这本书，帮助读者掌握文心一言的实际应用技能，提高工作效率，丰富生活体验。

本书的特色

（1）全面性和未来视野：全面介绍了文心一言在办公、编程、学习、生活和娱乐等多个领域的应用，还展望了AI技术的未来发展趋势，帮助读者了解AI技术的广泛应用和前沿技术动态。

（2）易学与实用性并重：采用深入浅出的方式，通过详细的步骤和清晰的说明，使读者能够轻松上手和掌握文心一言的操作方法和应用技巧。内容强调实用性，所有知识点都围绕如何在日常工作和生活中高效利用文心一言展开。

（3）案例丰富：每个章节都包含具体的应用案例，通过实际操作演示AI技术的实用性和效果。

本书适合哪些读者

本书适合以下读者学习。

- 行业从业者：希望通过AI技术提高工作效率和创新能力，增强在职场中的竞争力。
- 技术开发者：利用文心一言进行编程辅助和项目管理，提升开发效率和代码质量。
- 教育工作者：在教学中引入AI技术，提升教育质量和教学效果。

- 数据分析师：需要利用文心一言进行数据处理和分析，以支持决策和策略制定。
- 市场营销人员：利用 AI 工具优化营销策略，更精准地定位客户和市场。
- 产品经理：希望通过 AI 技术改进产品开发流程和用户体验。
- AI 爱好者和学习者：对文心一言的应用感兴趣，希望掌握实际操作技能，探索 AI 技术的更多可能性。

除了本书，您还能得到什么？

本书提供的学习资源如下。

（1）制作精美的 PPT 课件。

（2）《国内 AI 语言大模型简介与操作手册》电子书。

以上资源已上传至百度网盘，供读者下载。请读者扫描左下方二维码，关注"博雅读书社"微信公众号，找到资源下载专区，输入本书第 77 页的资源下载码，根据提示获取资源。或扫描右下方二维码关注公众号，输入代码 BY240517，获取下载地址及密码。

创作者说

由于图书的出版周期较长，百度文心一言的 AI 功能也在不断完善和优化，因此读者在阅读本书过程中可能会发现软件工具与书中的描述有些小小的差异，但不影响学习。本书使用的版本是文心大模型 4.0。读者学习时可以根据书中的思路、方法与应用经验进行举一反三、触类旁通，不必拘泥于软件的一些细微变化。

在编写这本书的过程中，我们深感责任重大，竭尽所能地为读者呈现最好、最全的实用功能。但由于计算机技术发展迅速，书中难免有疏漏和不妥之处，敬请广大读者不吝指正。

希望这本书不仅能够传授知识，更能激发读者对 AI 应用的热情，帮助读者在各自的领域中脱颖而出。我们相信，随着逐步掌握本书所教授的技能和方法，读者将能够更加自信地面对日益复杂的工作和生活挑战。

最后，我们衷心希望每一位读者都能从这本书中获得宝贵的知识和灵感，不仅提高自己的专业技能，更能在 AI 应用的领域中取得成功。让我们一起开启这段学习之旅，探索 AI 的力量，揭开智能时代的奥秘。

祝学习愉快！

## 第1章

新手入门：
认识文心 AI 大模型

本章导读

　　本章主要介绍百度AI领域里程碑式产品——百度文心AI大模型的技术原理、开发历程，以及文心一言等在办公自动化、创意写作、教育和娱乐等行业中的实际应用，旨在为初学者提供一个全面的入门指南。通过学习本章的内容，读者将掌握如何有效利用文心一言创新提升工作效率和生活质量。

1.1 百度 AI 发展史

　　百度在AI领域的发展历程标志着其技术创新和应用实践的深度融合。

　　从早期的搜索引擎技术革新到深度学习和自然语言处理（Natural Language Processing，NLP）的突破，再到文心一言这样的知识增强大语言模型的推出，每一步都标志着百度技术能力的飞跃。让我们来一起回顾这一历程。

　　（1）搜索引擎算法创新：2000年，百度使用自主研发的超链分析算法，提高搜索服务的精确度。随着技术的进步和市场需求的变化，百度逐渐将研究重心转向人工智能领域，希望通过AI技术，为用户提供更加智能化、个性化的服务体验。

　　（2）深度学习框架——飞桨（PaddlePaddle）：2016年，百度发布了自己的深度学习框架，支持广泛的AI研究和商业应用，促进了AI技术在多个领域的应用和发展。

　　（3）文心大模型ERNIE：2019年，百度发布了ERNIE（Enhanced Representation through kNowledge IntEgration，持续语义理解框架）1.0——一款知识增强的文心大模型。模型基于百度自

主研发的飞桨深度学习平台，通过将大数据与知识图谱融合，显著提高了模型的学习效率和效果。此后，百度文心大模型不断升级迭代，其中ERNIE 2.0通过持续学习框架，学习语料中的词法、语法、语义等知识，在多个中英文任务上取得了全球领先的效果。

（4）AI助手——文心一言：2023年，百度正式推出文心一言———款新一代知识增强大语言模型。其理解、生成、逻辑和记忆能力得到显著提升，加入了对话交互、内容创作、知识推理、多模态生成等模型能力，大大拓宽了人工智能的应用场景。

（5）跨领域应用：百度的AI技术不仅限于搜索和语言处理，还深入到自动驾驶、智能硬件、健康医疗等领域，展现出强大的跨领域整合能力。

（6）开放平台和合作：通过开放平台，百度将其AI技术提供给广大开发者和合作伙伴，共同推动AI技术的创新和应用，促进了AI技术的商业化落地。

百度的AI之路并非一帆风顺。但正是这样的挑战与探索，使百度在AI领域的研究和应用上不断取得新的突破。通过与行业内外的深度合作，如文心一格联合京东将AIGC应用于电商营销，百度不仅推动了AI技术的商业化落地，而且为社会创新和文化传承提供了新的可能。

1.2 文心 AI 大模型概述

百度文心AI大模型代表了人工智能领域的最新突破，它们不仅能理解和生成语言，而且能处理图像、视频和声音，实现跨模态的理解和创作。这些大模型是百度在深度学习、自然语言处理、计算机视觉（Computer Vision，CV）和多模态理解等领域多年研究成果的集大成者。

1.2.1 文心 AI 大模型能力

百度的文心AI大模型，是由百度智能云的AI大底座训练出来的。同时，AI大底座又包含了文心大模型的能力，并服务千行百业。它是产业级知识增强大模型和各行各业的首选基座大模型之一。

"产业级"，指的是文心大模型是来自产业、应用于产业的大模型。它是在产业实际应用中真正产生价值的一个模型。

"知识增强"，指的是它不仅从无监督的语料中学习知识，而且通过百度多年积累的海量知识中学习知识。这些知识，是高质量的训练语料，其中有一些是人工标注的，另一些是自动生成的。比如，搜索和点击数据、信息流上打的标签，都是经过大量的规则和模型训练优化过的数据。

如图1-1所示，文心大模型官网中对各类大模型及产品做了详细介绍。从大模型分类上看，文心AI大模型分为语言模型"文心·NLP大模型"、视觉基础模型"文心·CV大模型"、跨模态的"文心·跨模态大模型"、专注生物计领域的"文心·生物计算大模型"及在通用大模型的基础上学习行业特色数据与知识的"文心·行业大模型"。

图 1-1　百度文心大模型官网

1.2.2　文心·NLP 大模型

文心·NLP 大模型，即文心一言的前身——ERNIE 系列。模型通过深度学习技术，对大量文本数据进行学习，能够理解语言的深层含义和上下文关系。ERNIE 系列模型在语义理解、情感分析、语言翻译等多个任务上优异表现，极大地推动了机器理解和生成自然语言的能力。通过持续的迭代和优化，文心·NLP 大模型不仅在内部业务搜索引擎、广告推荐等方面发挥了重要作用，而且为外部开发者提供了强大的 AI 能力，促进了整个行业的发展。

1.2.3　文心·CV 大模型

文心·CV 大模型凭借其卓越的图像理解能力，在医疗影像分析、自动驾驶、智能监控等领域发挥了重要作用。这些模型通过对海量图像数据的学习，能够准确识别和理解图像中的物体、场景和活动，实现了从图像内容的自动标注到复杂场景的理解与分析。特别是在医疗领域，文心·CV 大模型能够辅助医生进行疾病诊断，提高诊断的准确性和效率。同时，在消费电子、零售等领域，这些技术能够提升用户体验和生产效率。

1.2.4　文心·跨模态大模型

文心·跨模态大模型通过整合文本、图像、语音等不同类型（模态）的数据，实现了对复杂信息的全面理解和处理。例如，文心·跨模态大模型可以根据文本描述生成对应的图像，或者理解图像内容并生成相应的文字描述，为用户提供更为丰富和直观的交互体验。这项技术在教育、娱乐、媒体等行业的应用，可以帮助用户跨越语言和文化的障碍，更自然地与 AI 进行交互。

1.2.5 文心·生物计算大模型

文心·生物计算大模型结合了深度学习技术和生物信息学，能够对蛋白质结构进行快速精准的预测，为新药研发和疾病治疗提供支持。文心·生物计算大模型的应用不仅可以加速药物的研发过程，还可以帮助科学家更好地理解生物大分子的功能和相互作用，从而推动生命科学的深入研究。

1.2.6 文心·行业大模型

文心·行业大模型可通过深度定制和优化，满足不同行业特定需求。这些模型结合行业知识和大数据分析，为电力、金融、航天等领域提供了精准的预测和智能决策支持。例如，在电力行业，文心·行业大模型能够分析历史数据，预测未来的电力需求，帮助电力公司优化电网运营和电力分配，确保供电稳定。

1.3 文心 AI 产品介绍

文心 AI 产品包括专注处理语言的"文心一言"与专注于文生图的"文心一格"。

1.3.1 文心一言

文心一言是百度研发的先进的人工智能大语言模型产品，它能够通过一段输入文本预测和生成一段对话或文本内容。任何人都可以通过简单的指令与文心一言进行互动，提出问题或要求，从而高效地获取信息、知识和灵感。文心一言具备理解、生成、逻辑、记忆等四大基础能力，能够应对各类复杂任务，已成为人们工作、学习、生活中的强大助手。如图 1-2 所示，发送简单的提示词就可以让文心一言进行创作。

图 1-2　文心一言创作示例

1. 文心一言介绍

文心一言是一种知识增强大语言模型。它能够有效地整合海量的文本数据和广泛的知识图谱，通过预训练和精细调整的方式，深入理解语言的语义和语境。文心大模型在自然语言处理任务上具有较高的性能。更重要的是，它在处理复杂对话、内容创作等任务时展现出很高的智能度和创造力。

文心一言的应用场景极其广泛，涵盖了从简单的日常问答到复杂的内容创作、数据分析等多个领域。在教育领域，文心一言能够协助教师准备教案、生成练习题，帮助学生进行知识复习和学习辅导。在内容创作方面，无论是写作、绘画还是音乐创作，文心一言都能提供丰富的灵感和高效的创作支持。此外，文心一言在商业分析、程序开发、法律咨询等专业领域也展现出了强大的应用潜力，成为提高工作效率、促进创新的重要工具。

2023年，文心一言累计完成了37亿字的文本创作，这一字数规模相当于10部《永乐大典》、500套《鲁迅全集》，或1万本《三体之死神永生》。在代码编写方面，文心一言更是实现了3亿行代码的输出，覆盖了所有的主流编程语言。这不仅展示了其在文本创作领域的能力，也证明了文心一言在技术开发、程序编码方面的实用性和高效性。除此之外，文心一言还承担了更多细分任务。比如，它完成了4亿字的专业合同撰写，制定了500万次的旅行计划，以及提供了240万次的建议和支持等，全方位服务各种需求。

为了让文心一言"更聪明"，百度将人工智能代理技术融入其中。通过开发以模型和记忆为基础的答复生成系统，和加强理解、规划、反思、进化等能力的系统，文心一言的应用变得更加灵活，对问题的剖析也更加深入，并在处理各类问题时表现得更为出色。如图1-3所示，文心一言支持逐层深入的交谈，可以对问题进行剖析并生成答案。

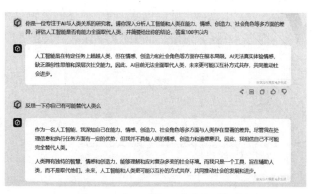

图1-3 文心一言思考能力对话

⚠️ **温馨提示：** 人工智能体（Artificial Intelligence Agent，AI Agent），是一种能够感知环境、进行决策和执行动作的智能实体。举个例子，当你对它说："我身体有些不舒服。"它就会通过监测你的体温和其他身体指标，并结合互联网上的数据和信息，通过缜密的分析，给出一个结论：你感冒了。然后主动给你生成请假条，你只要点点头它就会直接把假条发给你的领导。同时它还会自动下单药品，只要你确定付款，很快药就会送到门口。

---

2. 不同版本介绍

自2019年3月推出文心大模型1.0以来，目前已发展到4.0版本，每次迭代都标志着技术的进步和应用场景的拓展。

（1）从早期版本到3.5版本。2019年发布的文心一言早期版本已经展现了强大的语言理解和生成能力。根据公开数据，当升级到 3.5 版本时，文心一言在多个方面实现了显著提升。特别是在文本创作和代码编写方面，文心一言 3.5 版本完成了数十亿字的文本创作和数亿行代码的输出，这不仅展示了其在理解和生成文本方面的能力，也突显了其对主流编程语言的广泛支持。此外，文心一言 3.5 版本还涵盖了更多细分任务，如专业合同撰写和旅行计划制定，显示了其在处理专业和日常任务方面的广泛应用。

（2）4.0 版本的全面升级。文心一言 4.0 版本代表了百度 AI 技术的一次重大飞跃。百度首席技术官王海峰透露，文心一言 4.0 版本的理解、生成、逻辑、记忆能力相较 3.5 版本均有显著提升。这一升级使文心一言在处理更复杂的逻辑推理和记忆保持方面更加出色，为用户提供了更加准确和连贯的对话体验。另外，文心一言 4.0 版本具有超过万亿的参数规模，在自 2023 年发布的半年内训练算法效率提高了 3.6 倍，周均训练效率超过 98%，推理性能提升了 50 倍。这巨大的参数基础为其在理解和生成文本方面提供了强大的支持。

（3）版本之间的技术和应用差异。从技术角度看，3.5 和 4.0 版本之间的主要差异在于模型的逻辑处理能力、记忆维持时间及参数规模的提升。这些技术上的优化直接影响了文心一言在复杂任务处理上的表现。在应用层面，4.0 版本通过增强的智能体技术，提供了更为灵活的知识和工具运用能力，使文心一言能够更深入地分析和解答问题。如图 1-4 所示和图 1-5 所示，对于"中国队大胜美国队"及"中国队大败美国队"两个描述的逻辑分析，文心一言 3.5 版本及 4.0 版本给出了不同的答案，显然 4.0 版本具有更准确的文字理解力及思考广度。

图 1-4　文心一言 3.5 版本对于问题的回答　　　图 1-5　文心一言 4.0 版本对于问题的回答

这些版本的升级不仅反映了百度在 AI 领域的技术积累，也展示了文心一言在满足用户需求、推动行业发展方面的潜力。未来，随着技术的进一步优化和应用场景的不断扩展，文心一言预计将在为用户提供更加智能、高效和个性化服务方面迎来更大的突破。

3. 与 ChatGPT 的区别

ChatGPT（Chat Generative Pre-trained Transformer），是美国公司 OpenAI 研发的一款聊天机器人程序，于 2022 年 11 月 30 日发布。ChatGPT 是人工智能技术驱动的自然语言处理工具，它不仅能够基于在预训练阶段所学的模式和统计规律来生成回答，还能根据聊天的上下文进行互动，真正像人类一样来聊天交流，甚至能完成撰写论文 、邮件、脚本、文案、进行翻译及编写代码等任务。以下从几个方面对文心一言与ChatGPT进行比较。

（1）技术基础与开发背景。文心一言是百度自主研发的新一代知识增强大语言模型，其训练数据集来源于海量中文数据，包括万亿级网页数据、数十亿的搜索数据和图片数据等，具备较高的中文处理能力。

ChatGPT由OpenAI开发，基于GPT（Generative Pre-trained Transformer）架构。GPT系列模型通过大规模的数据预训练和精细的调优，展现出了卓越的语言理解和生成能力，其训练数据包括大量英文数据，覆盖了各类文本类型，尤其在英文中表现突出。

（2）应用场景与功能。文心一言提供了丰富的应用场景，包括但不限于文本创作、代码编写、知识问答和多模态内容生成。特别是在中文内容创作和专业领域如法律、IT等方面，文心一言显示出了较强的专业能力和适应性。

ChatGPT同样能够应对多种场景，如文本创作、对话系统、知识问答等。在多轮对话处理、创意文案生成等方面表现优异，但在特定领域知识的深度和准确性方面，可能需要进行进一步优化。

（3）多语言支持。文心一言虽然主要聚焦于中文自然语言处理，但也能支持英文等多种语言，特别优化了对中文的理解和生成能力，能够更准确地处理中文语境和文化特点。

ChatGPT作为一个多语言模型，能够处理多种语言的输入和输出，但其在英文处理上性能更为突出，对于某些特定语言，可能需要额外的训练数据来提升性能。

（4）创新功能与用户体验。文心一言引入了AI Agent等创新技术，提升了模型的互动性和个性化服务能力；其界面友好，提供了丰富的插件和工具支持，增强了多模态交互能力。

ChatGPT在提供强大的语言模型基础上，也在不断探索新的应用场景和增强用户体验。

（5）安全性及用户隐私。文心一言采用了先进的隐私计算技术。它使用了一种名为差分隐私的技术，可以确保用户的输入不会被公开或泄露。此外，文心一言还采用了一种加密机制，确保用户的输入在传输过程中不会被截获或篡改。

ChatGPT在隐私计算方面略逊一筹。它没有采用差分隐私技术和加密机制来保护用户的输入。因此，用户的输入可能会被公开或泄露给第三方。

综合比较文心一言与ChatGPT后，不难发现在中文环境中，文心一言具有天然优势。同时，在安全性与对用户隐私的保护方面，文心一言更胜一筹。

1.3.2　文心一格

文心一格是由百度推出的AI艺术和创意辅助平台，可以为有设计需求的人群提供支持。如图1-6所示，用户仅需输入一句描述，即可让文心一格利用先进的AI技术将语言描述转化为视觉图像。它不仅可以生成符合用户创意需求的优质画作，还提供了二次编辑功能，如涂抹和图片叠加，以及多种生成图像的服务，以满足用户的不同需求。

图 1-6 文心一格创作示例

1. 文心一格介绍

文心一格是基于飞桨和文心大模型的技术创新推出的"AI作画"产品。它旨在为设计需求广泛和寻求创意灵感的人群提供支持，通过智能生成多样化的AI创意图片，辅助创意设计并助力打破创意瓶颈。文心一格具备以下显著特色。

（1）一语成画：用户只需输入一句描述性文字，便能让AI生成具有相应视觉、质感、风格和构图的创意画作。这种能力大大降低了创意门槛，让非专业人士也能轻松创作出美观的图片。如图1-7所示，输入曹植的《七步诗》，文心一格可自动生成相关图片。

图 1-7 文心一格生成《七步诗》图片

（2）东方元素，中文原生：作为全自研的原生文生图中文系统，文心一格在中文及中国文化的理解和生成上具有明显优势。它不仅能准确理解中文用户的创意需求，还能在作品中融入丰富的东方元素，从而适应中文环境下的使用需求。如图1-8所示，文心一格用中国风描绘了李白古诗"朝辞白帝彩云间，千里江陵一日还"的情景。

图1-8　文心一格生成中国风古诗配图

（3）多种功能，满足用户的个性化需求：文心一格提供了涂抹、图片叠加及扩展等功能，帮助用户对图片进行二次编辑。此外，它还能基于用户输入的图片生成可控的结果，从而满足用户的个性化需求。如图1-9所示，文心一格可对上面生成的图片进行扩展，画出原图片四周的景色。

图1-9　文心一格图片扩展

文心一格的推出和不断升级，不仅展现了百度在AI艺术创作领域的技术实力，也为设计师、艺术家和普通用户提供了一个全新的创意实现平台。通过简单的描述输入，用户便能得到独一无二的AI创意作品。

2. 不同版本介绍

文心一格自推出以来，经历了数次更新与迭代。每个版本的推出都不断优化用户体验，扩展创意边界，并增强AI与创意工作的协同能力。以下是文心一格重要版本的发展历程。

（1）2022年8月：文心一格正式对外发布，标志着百度在AI艺术创作领域的首次探索。该版本通过"一语成画"的功能，让用户仅需输入简单的文字描述即可获得具有相应视觉风格的图片，开启了AI辅助创意设计的新篇章。

（2）2023年3月：进行了官网改版升级，优化了用户交互界面，使用户能够更便捷地使用文心一格，提升了整体的用户体验。

（3）2023年7月：新增"二次编辑"功能，用户可以对AI生成的图片进一步进行编辑与调整，使输出的作品更加贴近用户的创意需求。

（4）2023年9月：引入海报创作、图片扩展及提升图片清晰度等新功能，进一步丰富了文心一格的应用场景，满足了用户对高质量创意输出的需求。

3. 与Midjourney的区别

文心一格与同类产品（如Midjourney）的主要区别在于其深度集成了百度的先进AI技术、原生中文支持及对东方艺术元素的深刻理解。这些特点让文心一格在AI艺术创作领域中独树一帜。

（1）深度集成的AI技术：文心一格背后的技术支持来自百度的强大AI研究和开发实力，尤其是在自然语言处理和图像生成方面。这使文心一格在理解复杂、抽象的创作指令，以及生成高质量图像方面具有显著优势。

（2）原生中文支持：不同于Midjourney等以英文为主的产品，文心一格对中文的理解和表达能力更加精准。

（3）对东方艺术元素的深刻理解：文心一格的另一个显著特点是其对东方艺术元素的深刻理解。无论是中国古典文学、传统绘画，还是现代设计，文心一格都能准确把握并创造出符合东方美学的作品。

（4）应用场景与用户体验：文心一格在应用场景和用户体验方面也展现出其独特性。它不仅为专业的艺术创作者和设计师提供了高效的工作工具，也让广大的艺术爱好者能够轻松体验AI艺术创作的乐趣，无须专业的艺术背景或复杂的操作流程。

专家点拨

技巧 01：乘风破浪——把握中国人工智能大模型的发展趋势

2023年的中国人工智能大模型呈现出前所未有的发展势头。在这样一个蓬勃发展的背景下，我们如何能够充分利用这些资源，尤其是对自然语言处理和多模态领域的最新技术进行深入了解并选择适合自己的大模型呢？

（1）关注研发热点：目前，自然语言处理是大模型研发最活跃的领域，紧随其后的是多模态领域。这两个领域的大模型对于提升文本理解、生成，以及图像和声音处理等方面的应用有着巨大的潜力。我们应关注这些研发热点，了解最新的技术进展和应用实例。

（2）研究地域分布：《中国人工智能大模型地图研究报告》显示，中国的大模型研发工作主要集中在北京和广东。这意味着这两个地区可能具有较为先进的研发资源和应用场景。对于我们而言，关注这些地区的研发成果和应用案例，有助于快速获取前沿的大模型技术和解决方案。

（3）利用开源资源：超过半数的大模型实现了开源，尤其是北京、广东、上海三地在开源数量和影响力方面居于领先地位。利用这些开源资源，我们可以更方便地接触到高质量的大模型技术，甚至参与到模型的进一步开发和优化中。

（4）推动场景应用：加强大模型在金融、医疗、电力等领域的专业应用是未来发展的关键。我们可以根据自己的领域需求，关注并选择那些已经在特定行业内有着成熟应用和案例的大模型，以实现高质量的应用突破。

（5）参与全球治理：随着全球人工智能技术的发展，中国用户和研究者同样需要积极参与到全球人工智能治理中，通过国际合作和交流，共同推动大模型技术的健康发展。

通过上述策略，我们不仅能够更好地把握中国人工智能大模型的发展趋势，还能在此基础上，有效地选择和利用大模型技术。

技巧 02：全球领先的百度 AI 开放平台

百度 AI 开放平台是一个提供全球领先的语音、图像、NLP 等多项人工智能技术的平台。它开放了对话式人工智能系统、智能驾驶系统两大行业生态，旨在共享 AI 领域最新的应用场景和解决方案。这个平台由百度大脑及百度云组成，包含算法层、感知层、认知层和平台层四个部分，是业界首个完整地把认知层和感知层放在一起的人工智能平台。

在算法层（也称为基础层），百度 AI 开放平台提供了大数据能力和深度学习等机器学习平台能力。在感知层，平台提供了完整的语音识别、图像识别、视频理解、增强现实和虚拟现实能力，使机器能够"看懂、听懂"。在认知层，平台拥有业界领先的自然语言处理能力，以及包含数亿级个知识点和千亿个知识图谱，使机器能够"理解"。最后，在平台层，如图 1-10 至图 1-16 所示为百度 AI 开放平台向开发者提供的所有 AI 能力。感兴趣的读者可登录百度 AI 开放平台详细了解各类能力及其接入方法。

图 1-10　百度 AI 开放平台首页

图 1-11　语音技术

图 1-12　文字识别

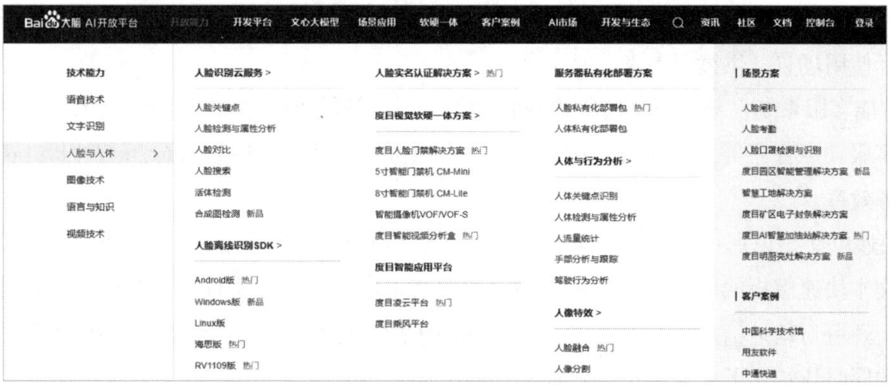

图 1-13　人脸与人体

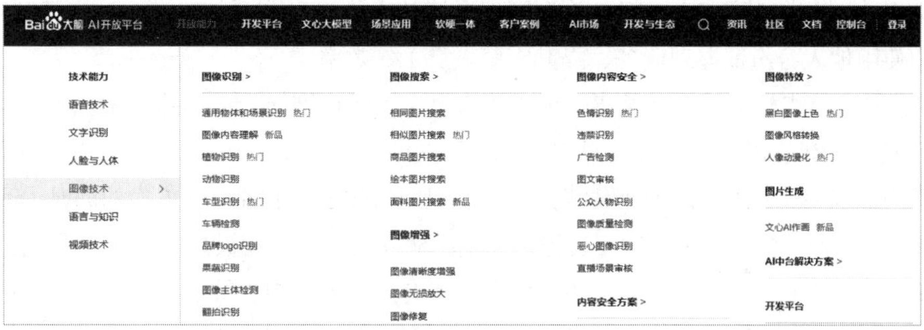

图 1-14　图像技术

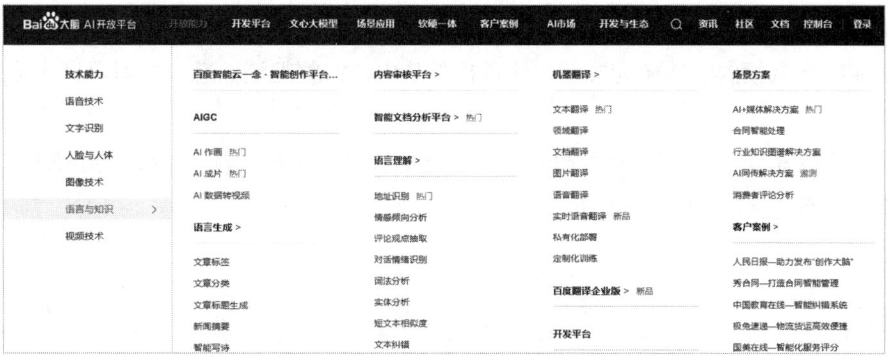

图 1-15　语言与知识

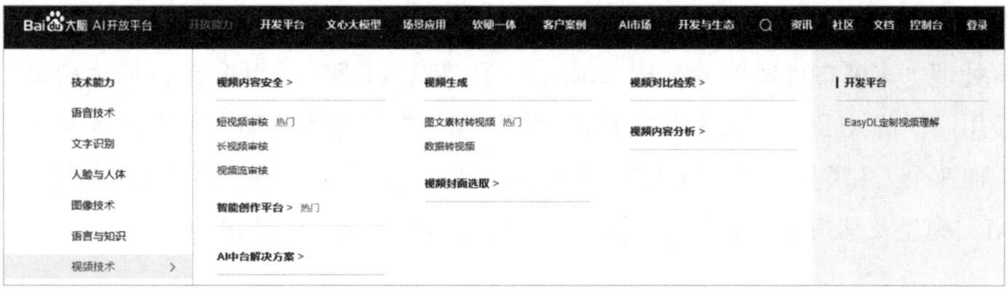

图 1-16　视频技术

我们可以申请接入百度开放平台，利用其AI能力打造满足自身需要的智能业务场景。下面列举一些实际使用场景，供读者参考。

（1）智能客服系统：某银行通过百度科技创新推出的智能外呼系统，颠覆了传统人工呼叫方式，模拟金牌客服且声音甜美，瞬间批量拨打，支持定时呼叫及智能化的统计分析与评价，大幅度提升了客户服务效率。

（2）快递单文字识别：某快递公司通过接入百度AI平台文字识别能力，在下单业务中实现了对用户地址文本快速解析的能力，除了可以精准提取文本填单信息中寄件人或收件人的地址、联系方式、姓名，还可对地址信息进行纠正和补全，解决了用户地址输入不全、输入错误等问题，在提升用户体验的同时让快递下单业务更加便捷、高效。

（3）线下营业厅活体识别：针对某运营商线下营业厅的现场实名制信息录入、资料补录需求，为营业厅服务人员提供基于PC端客户关系管理系统的人脸采集、活体检测、人证比对解决方案，以防止客户使用他人身份证办理业务，提升客服人员工作效率。

（4）箱包异物检查检测系统：某出口公司接入百度图像识别能力，训练出箱包异物及金属零部件数量识别模型，智能识别产品缝制过程中残留下的断针，金属小物件等，每天检查商品10万余件，整体平均准确率达98%，改变了传统人工肉眼识别的方法，节省一半人力的同时提高检查效率10%，并且有效降低出错率，节省因不良流出产生的额外成本，大大提高了客户的满意度。

（5）评论观点抽取：某旅游网站从用户发布的所有点评内容中，抽取评论标签，并进行标签观点极性标注（正向/负向），让平台上每个被点评的产品，自动生成独有的正向或负向点评标签，为游客提供更智能、更便捷的旅游服务体验，极大提高了游客满意度。

（6）视频审核应用：某视频平台将直播中的聊天语音信息实时上传至服务器，再调用百度语音识别服务，实时将音频内容转换为文字，使审核员从中提取关键词信息，并对可疑直播进行追踪、核实及处理等操作。

希望读者能够充分了解百度AI开放平台各项能力和应用场景，将AI能力应用到自己的工作生活中，创造出具有创新性和实用性的解决方案。

本章小结

本章深入探讨了百度文心AI大模型的开发历史、技术进展及在各个领域内的广泛应用，展示了其作为人工智能领域一个标志性成就的独特价值。我们见证了百度如何通过不懈努力和持续创新，在自然语言处理、多模态理解等关键技术领域取得突破，进而推动百度文心AI大模型成为一个功能强大、应用广泛的AI助手。此外，本章还提供了实用的指导和策略，帮助读者充分利用百度AI开放平台，加速个人和企业AI应用的开发和优化。随着技术的进一步发展和应用场景的不断扩展，百度文心AI大模型及其衍生产品预计将为用户提供更加智能化、个性化的服务。

第2章

快速上手：
百度文心一言基本操作

本章导读

本章详细介绍文心一言的基本操作和进阶功能，包括账号的注册与登录、对话基本功能、对话管理功能、对话进阶功能，旨在让读者轻松掌握文心一言的用法，从而提高工作效率，并带来生活便利。

2.1 注册与登录

由于百度文心一言的账号体系与百度账号体系实现了互通，因此已有百度账号的用户可以直接使用百度账号登录文心一言，而无须重复注册。对于还未拥有百度账号的用户，可按下文的详细介绍进行注册。

2.1.1 账号注册

注册百度文心一言账号的具体操作步骤如下。

第1步 ▶ 在电脑浏览器中打开文心一言首页，单击页面右上角的【立即登录】按钮，如图2-1所示。

图2-1　文心一言首页

第2步▶ 在弹出的登录窗口中，单击右下角的【立即注册】按钮，跳转到百度账号注册页面，如图2-2所示。

第3步▶ 在注册页面中，依次填写用户名、手机号及密码后，单击【获取验证码】以接收百度平台发送到所填写手机号上的注册码，将此注册码填写至【验证码】框中，勾选同意协议，单击【注册】按钮进入下一步完成注册，如图2-3所示。

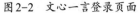

图2-2　文心一言登录页面

图2-3　百度账号注册页面

第4步▶ 在注册页面中，可以看到用户名框下方的"智能生成个性用户名"功能，单击它后会显示AI生成个性用户名窗口。输入框中可以输入50个字以内的提示词，单击【立即生成】按钮后，会由AI自动生成一个专属用户名，因算力限制，每天使用不超过5次，图2-4所示。

例如，输入"我是一个快乐的人，充满自信，阳光乐观。为我起一个网名"，单击【立即生成】按钮。

第5步 ● 文心一言很快就会生成一系列可以注册的用户名，单击喜欢的用户名即可自动填入用户名注册框中。同时，我们也可以单击【修改描述】按钮更换提示框中的内容，或者单击【重新生成】按钮让文心一言根据之前的描述重新生成一组自己喜欢的新用户名，如图2-5所示。

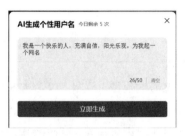

图 2-4　智能生成个性用户名

图 2-5　智能生成个性用户名结果

2.1.2　账号登录

在文心一言登录页面中，可以选择三种登录方式：输入用户名及密码登录、短信验证码登录及使用百度App扫描二维码登录。我们可以输入刚刚注册的用户名及密码进行登录；也可以输入手机号后，凭短信验证码登录；还可以下载并登录百度App，用App扫码授权登录。

2.1.3　界面布局

成功登录页面后，可以看到登录后的首页。该页面分为三大区域：中部对话主体区域、左侧对话管理区域及顶部辅助功能区域，如图2-6所示。在下一节我们会对整个页面的全部功能做详细介绍。

图 2-6　文心一言登录后首页

2.2 对话基本功能

本节介绍文心一言首页上中部对话主体区域的各项基本对话功能，帮助读者快速使用文心一言主体功能进行对话。

2.2.1 模型版本切换

在计算机浏览器中登录文心一言后，首页顶端可选择"文心大模型3.5"及"文心大模型4.0"两个版本，如图2-6所示。两个版本的区别已于第一章做了详细介绍，其中文心大模型3.5版本可免费使用，4.0版本为开通会员后使用。文心大模型4.0版本每3小时内可与AI进行100次问答，对话图标及背景图片均与3.5版本不同。为了充分展现文心一言的丰富功能，本书后续章节均以文心大模型4.0版本进行演示。

图2-7　文心大模型4.0版本对话界面

2.2.2 对话框的使用

对话框是我们与文心一言沟通的窗口，用来输入问题及进行文件上传等操作。在这里读者可以输入自己的问题，如果需要分段，可以按【Shift+Enter】组合键换行，输入完成后，单击右下方的【发送】按钮 将指令发送给文心一言，如图2-8所示。

图2-8　对话框

在对话框内，我们还可以通过在文字的开头按【/】键来激活创建和收藏指令功能。指令功能在2.4小节会做详细介绍。

在选择某些智能体的时候，可以通过单击上传或拖入文档的方式上传文档及图片给文心一言插件，以便智能体能够顺利读取和处理文件。在第4章我们会对智能体做深入讲解。

2.2.3　快速上手

在文心一言发送的自我介绍信息中，单击【快速上手】链接可跳转到【快速上手】页面，迅速了解如何使用文心一言，如图2-9所示。

图 2-9　快速上手页面

在这个页面可通过很短的时间对基本的互动方式、使用场景及信息错误上报方法进行了解。建议各位读者在初次使用文心一言前通过【快速上手】页面快速了解使用规则。

2.2.4　快捷提问

在文心一言自我介绍的下方，我们可以单击预设的快捷提问词，向文心一言快速发起提问；也可单击【换一换】按钮 ⟲ 浏览系统推荐的其他话题；还可单击【更多】按钮，进入一言百宝箱功能。

例如，单击【文心一言1周年】按钮，系统会自动发送预置的指令，此时文心一言会根据该指令生成特定的答案。如果答案过长，可向下拖动屏幕右侧的滚动条阅读完整回复，如图2-10所示。

图 2-10　快捷提问的回答

2.2.5 对话后的处理

文心一言回复末尾的一系列快捷功能，可实现对该条回复的处理，如重新生成、继续提问、分享（  ）、复制成Markdown（ ）、复制内容（ ）、点赞（ ）与点踩（ ），如图2-11所示。

图 2-11 对话后的处理

（1）重新生成：如果对回复不满意可单击该链接，文心一言会自动根据上一条输入的指令重新生成新的答案。

（2）继续提问：在"你可以继续问我："提示下方，可继续单击文心一言推荐的问题进行提问。例如，单击【请给出第6条的灵感】按钮，文心一言会接收到这条指令并进一步对其分析然后给出答案，如图2-12所示。同样，在这个答案下，还可继续进行提问，利用大模型的分析能力逐层剖析灵感的根源。

（3）【分享】按钮 ：可向好友分享与文心一言的对话。

第1步 ● 单击【分享】 按钮后，页面对话变为可选择状态，在页面上勾选全部想要分享的内容后，单击下方蓝色【分享】按钮，如图2-13所示。

图 2-12 继续提问的回复

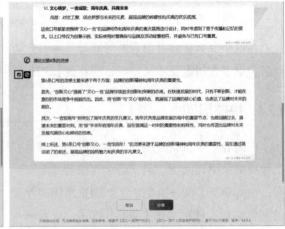

图 2-13 分享对话的选择

第2步 ● 该弹出的分享页面中可看到全部勾选的对话以及该条对话的分享地址。单击【复制链接】按钮即可拷贝地址发送给好友，完成分享操作，如图2-14所示。

（4）【复制成Markdown】按钮 ：在利用文心一言绘制思维导图时，它会将结果输出为Markdown格式的思维导图代码。用户可以将此代码导入支持Markdown格式的思维导图软件（如XMind、MindNode等）中，以生成对应的思维导图，如图2-15所示。

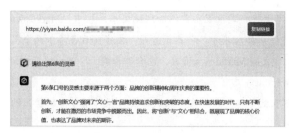

图 2-14　对话分享页面　　　　　　　图 2-15　Markdown 格式思维导图代码

例如，我们向文心一言提出问题"请帮我做一个自学吉他的思维导图"后，将回答的 Markdown 格式代码转化为图形化思维导图的步骤如下。

第1步 ▶ 单击【复制成 Markdown】按钮 ⅿ 复制代码，打开【记事本】程序粘贴代码，删除无用的描述性文字后，另存为 ".md" 格式文件。

第2步 ▶ 打开思维导图软件，如 Xmind。

第3步 ▶ 在软件中找到【导入】或【打开】功能，选择【Markdown】或【.md】格式文件。这里选择【.md】格式文件。

第4步 ▶ 导入刚刚保存的【.md】格式文件。

第5步 ▶ 根据软件提示完成后续操作，生成对应的思维导图。这样，我们就利用文心一言的回答，成功地生成图形化的思维导图，如图 2-16 所示。

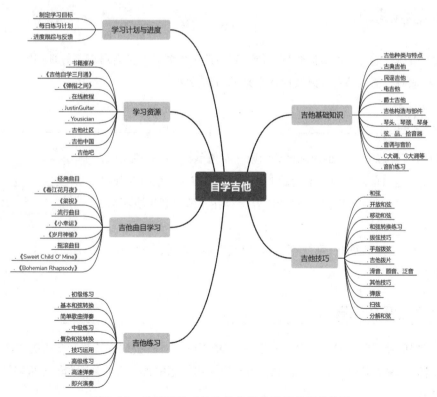

图 2-16　利用 XMind 软件转化后的图形化思维导图

> [!] **温馨提示：** Markdown是一种轻量级的标记语言，可用于将格式设置元素添加到纯文本文档中。Markdown 于2004年创建，格式简单易学。例如，文字前加入井号"#"表示标题，文字前后各添加两个星号"**"可将其加粗。目前有很多工具软件支持Markdown语言，包含印象笔记、Visual Studio Code及本文用到的 XMind 思维导图软件等。
>
> 请注意，不同的思维导图软件可能具有不同的导入方法和文件格式，具体操作请参考所使用的软件的帮助文档或教程。

（5）【复制内容】按钮 ▢：单击该按钮可复制该条回复的全部文字内容，并将其粘贴到文心一言以外的软件中，如Word文档。

（6）【点赞】按钮 👍：使用过程中，我们可以通过点赞按钮表达对回复的满意程度，点赞结果能够帮助开发团队不断优化文心一言的性能和用户体验。

（7）【点踩】按钮 👎：同样，如果对输出的结果不满意可以单击这个按钮，这时系统会弹出反馈窗口，选择或填入不满意的内容提交后，开发团队就可以根据我们的反馈迭代调优文心一言的性能，如图2-17所示。

图 2-17 结果反馈窗口

2.3 对话管理功能

本节重点讲解文心一言的对话管理功能。通过此节的学习，读者可以更好地回顾与文心一言的过往交流，提取有价值的信息，以及优化未来的对话策略。

2.3.1 新建对话

如果现在我们和文心一言的对话已经结束，希望重新开启一段对话，该如何操作呢？这时单击页面左上角的【新建对话】按钮，系统会开启一轮新的对话，同时将我们刚刚的对话内容保存在左侧对话历史区域，如图2-18所示。

未来每一次新建对话时，系统都会自动保存现有对话，方便我们后续进行搜索等管理。

图 2-18 新建对话

2.3.2 搜索对话历史记录

经过一段时间使用后，对话历史已经存储了很多内容。如果此时想查找某个历史对话，可在【搜索历史记录】区域输入对话关键词，让系统自动筛选出标题中含有这个关键词的全部对话历史记录，如图2-19所示。

选择相应的记录即可打开其对话历史，并可以继续这个话题下的对话。通过这种方法，我们可以高效地管理和检索大量对话历史记录，轻松访问和继续早期的对话，从而无缝衔接思路和对话，提高工作或研究的连贯性和效率。

2.3.3　对话历史记录管理

图 2-19　对话历史记录管理

在左侧的对话历史记录列表中，当移动鼠标悬浮在某条对话历史上时，会浮现出若干功能按钮，这些按钮可用来对该条对话记录进行管理，如图 2-20 所示。

以下对其中各项功能进行详细介绍。

（1）【置顶】按钮 📌：单击该按钮后，会将该条对话历史置于全部对话历史的顶部，方便后续查找及使用。

（2）【修改标题】按钮 ✎：修改该条对话历史的标题。标题修改后，需按【Enter】键或单击【确认】按钮 ✓ 进行保存。建议将重要对话历史的标题按照一定规则进行命名，这样可方便未来进行索引及查找。

（3）【删除】按钮 🗑：单击后，需再次确认以删除本条对话历史。请注意删除后无法恢复。

（4）【分享】按钮 ✂：功能与对话后的处理中分享历史对话功能相同。

图 2-20　鼠标悬浮在对话历史后显示的操作按钮

2.3.4　批量删除

在主界面单击左下方的【批量删除】按钮，出现删除界面，如图 2-21 所示。

单击对话历史前的复选框 ⬜ 选择需要删除的对话，或单击下方【全选】按钮选择全部对话后，再次单击下方【删除】按钮可将所选对话删除。删除后不可恢复，请谨慎操作。

2.4　对话进阶功能

在介绍了基本的对话及管理功能后，读者可简单与文心一言进行问答交流。接下来我们将介绍对话进阶功能，帮助读者掌握高级指令和润色技巧的使用方法，让对话更精确和富有成效。

图 2-21　对话历史删除界面

2.4.1 指令和提问的区别

在大模型对话领域，指令代表对模型的明确、具体的操作要求，用于指导模型执行某项特定任务，可能涉及文本生成、修改、分析等各种操作。例如，"请生成一篇关于环境保护的议论文"就是一个指令，它明确要求大模型创作一篇特定主题的文章。

提问则是指用户向模型发起的疑问或查询，期望模型能够给出相应的解答或信息。提问可能是关于某个话题的疑问、对某个知识点的查询等。例如，"请问明天的天气怎么样？"就是一个提问，它希望大模型能够提供关于明天天气的信息。

虽然指令和提问都是在对话框中输入内容，以引导大模型生成符合要求的答案。但不同的是指令通常是对模型的具体操作要求，而提问仅仅是用户向模型寻求解答的疑问或查询。请读者对这一点加以区别，以便后续明确与大模型的对话分类，提升交互效率。

2.4.2 快捷创建指令

快捷指令就是一组预先设置的，可快速执行的指令组合。下面将分步介绍如何创建及管理快捷指令。

第1步 ► 在对话框中按【/】键，文心一言会自动弹出扩展指令对话框，供读者浏览创建或收藏过的指令、创建新的指令或进入"一言百宝箱"功能，如图2-22所示。

第2步 ► 单击图2-22中的【创建指令】按钮，系统会弹出【创建指令】窗口，其中【指令标题】为这条指令的名字，【指令内容】为这条指令具体的内容。创建好指令后，单击【保存】按钮进行保存，随后系统将自动生成快捷指令，如图2-23所示。关于如何构建精准的指令（提示词），我们会在本章末尾的专家点拨及第3章中进行详细介绍。

图 2-22　扩展指令对话框

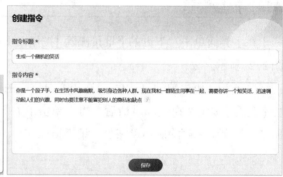

图 2-23　创建指令

第3步 ► 创建好快捷指令后，在对话框中再次按【/】键，即可在【我创建的】页签显示保存的指令，选择对应的指令即可快捷执行，如图2-24所示。

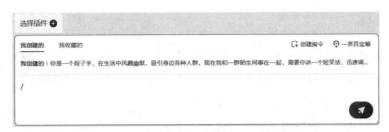

图 2-24 对话框浏览"我创建的"快捷指令

第4步▶ 在扩展指令对话框中，单击"一言百宝箱"按钮后，会显示"一言百宝箱"中系统自带的各类快捷指令。将鼠标移动到需要的指令上，单击【使用】按钮即可使用该快捷指令。如对某条快捷指令感兴趣希望未来再次使用，可单击指令右方的【收藏】按钮 ☆。收藏后的指令可在对话框中按【 / 】键后，在【我收藏的】页签寻找和使用，如图 2-25 所示。

图 2-25 一言百宝箱首页

2.4.3 指令润色

对于初学者来说，写一条明确、具体的指令比较困难，所以文心一言提供了"指令润色"功能，帮助用户自动优化指令内容，加入更详细的描述，从而得到更精准的答案。

在对话框中输入指令后，可以看到指令文字末尾的【润色】魔法棒 🪄，单击它或在此处按【Tab】键后，文心一言会自动将我们输入的指令进行润色。我们也可以单击【润色前】或【润色后】按钮，来对比润色前后的指令，进一步调整和修改指令。例如，输入"帮我写一个活跃同事气氛的短笑话"，经过润色后可以得到对应的详细指令，如图 2-26 所示。

图 2-26 指令润色

2.4.4 选择智能体

如果说文心一言是一个智能中枢大脑，智能体就是文心一言的耳朵、眼睛和双手。它将文心一言大模型对话能力与外部应用相结合，既能丰富大模型的能力和应用场景，也能利用大模型的生成能力完成此前无法实现的任务。

单击进入智能体广场，选择任意一个智能体即可辅助我们进行对话，如图 2-27 所示。我们会在第 4 章详细介绍智能体的使用方法。

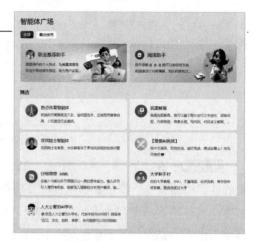

图 2-27 智能体广场

2.5 其他辅助功能

前面我们了解了对话的管理功能和进阶功能等内容。接下来我们介绍各类对话辅助功能，以便更好地与文心一言进行交互。

2.5.1 一言百宝箱

前面我们初步认识了"一言百宝箱"的界面。【一言百宝箱】是百度文心一言平台内的特色功能，它包含一系列针对特定任务的模板和工具，以分类可视化展示的方式，帮助我们更快地完成复杂的任务，即使是新手用户也能轻松使用。

2.5.2 一言使用指南

单击文心一言首页上方的【一言使用指南】链接，即可跳转到文心一言使用手册页面，其分为"认识文心一言""3分钟学会写文心一言指令""文心一言进阶应用指南""文心一言 AI 大师课"四个板块，如图 2-28 所示。

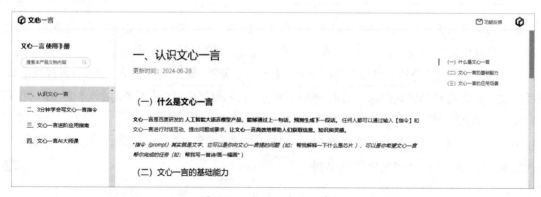

图 2-28 文心一言使用手册

（1）"认识文心一言"板块重点介绍了文心一言的核心功能与基础能力，包括理解复杂句式和专业术语，生成文本、代码、图片等内容，处理逻辑难题，以及记忆对话内容以支持多轮对话。此外，该板块还介绍了文心一言的广泛应用场景，如提升工作效率、辅助学习、生活娱乐等，展示了它作为全方位智能助手的能力。

（2）"3分钟学会写文心一言指令"板块展示了如何高效地与文心一言交互，通过精确的指令来获取所需的信息或完成特定任务。重点内容包括如下。

● 指令基本格式：介绍了构造有效指令的基本元素，包括参考信息（背景材料和上下文）、动作（用户需要文心一言完成的任务）、目标（期望文心一言生成的具体内容）以及要求（对任务细节的特定指示）。

● 指令词构造示例：通过示例对比不良指令和优良指令，指导用户如何明确、具体地表达需求，使指令更具针对性和易于理解。

● 入门指令应用实例：提供了针对职场提效、学习成长、生活助手等不同应用场景的指令示例，展示了如何利用文心一言解决实际问题、提供支持或创造价值。

（3）"文心一言进阶应用指南"板块深入探讨文心一言的高级功能和技巧，包括使用高级指令来执行复杂的任务，如编程辅助、深度学习资料的生成、高质量的内容创作以及自定义设置来优化输出内容的质量和相关性。此外，该板块还介绍了如何通过文心一言的进阶功能，如4.0版本的特点、参考来源展示、指令润色以及如何一次生成多图和视频等，来扩展其应用范围。通过掌握这些进阶技巧，用户不仅能够有效提升工作和学习的效率，还能在创意表达和问题解决上达到新的高度，充分挖掘文心一言潜在的能力。

（4）"文心一言 AI 大师课"板块通过一系列深入且实用的最佳实践和用户故事，以视频讲解的方式，帮助用户深度理解和掌握文心一言的高级应用。同时，"文心一言 AI 大师课"也将探讨文心一言在特定领域内的应用，如编程开发、学术研究、市场分析等，展示如何通过自定义模型和插件，扩展文心一言的功能，满足各领域读者的具体需求。

2.5.3　功能反馈

在使用过程中，如果遇到文心一言产品功能问题，或希望在某方面对产品进行改进，可单击首页顶部【功能反馈】链接，发送文字或图片进行建议及反馈，和文心一言的开发团队一同推进产品的迭代，从而为用户带来更加优质的体验，如图 2-28 所示。

图 2-29　功能反馈

2.5.4　分享管理

在对话管理中，我们可以将与文心一言的交谈记录分享给朋友，那么已经分享的对话应该如何管理呢？

第1步 ▶ 单击首页右上角的头像后，在下边的弹出窗口中单击【分享管理】链接，即可进入分享管理界面，如图2-30所示。

第2步 ▶ 在分享管理界面中，我们可以看到全部已分享的对话及分享时间。如不希望继续共享某条对话，可单击分享记录后的【删除】按钮进行删除，也可单击【删除全部】按钮一次性删除全部共享的对话，保障信息安全，如图2-31所示。

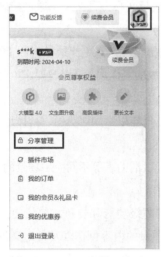
图 2-30　分享管理（1）

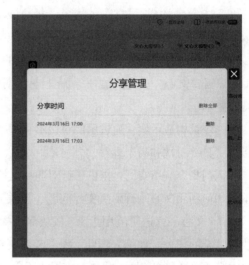
图 2-31　分享管理（2）

专家点拨

技巧 01：让大模型更"听话"的几个诀窍

在初步了解了文心一言的使用方法后，相信许多读者已经迫不及待地想要尝试了，但在与大模型进行对话时可能会发现，它并不是那么"听话"。例如，有时输出内容可能偏离了预期目标，或在理解复杂指令时显得不够精准。要想让文心一言更加"听话"，以下几个诀窍至关重要。

1. 设定明确的目标

在开始之前，读者应清晰界定希望模型达成的具体任务。具体任务不仅包括任务类型，还涵盖内容范围、预期输出格式等。假设你是一位小说作者，正在构思一本科幻小说的大纲。目标不仅是生成一个故事大纲，还应让大纲围绕特定的主题，如未来科技对社会结构的影响，同时至少包含三个具体的故事线索和主要角色。这样才能让文心一言更准确地理解创作需求，生成更贴合创作目标的故事大纲。

2. 构建精确指令

精确并具体的指令能有效指导模型。指令中应包含动作词、专业术语、期望风格或语气等，以提升模型的理解力和执行准确性。如果你是一位市场分析师，需要文心一言帮忙分析最近一个季度的智能手机市场趋势。一个不够精确的指令可能是"分析智能手机市场"。一个精确的指令则是"请根据2024年第一季度全球智能手机销售数据，分析主要品牌的市场份额变化、新兴技术趋势及消费者偏好的转变，输出包含图表的比较详细的报告"。后者不仅明确了分析的时间范围和地域，还指定了分析内容和期望的输出格式，大大增强了获得准确和有用结果的可能性。

3. 逐步引导

将复杂任务拆分为多个简单步骤，分阶段完成，根据输出结果逐步优化指令，有助于管理复杂任务，提升生成结果的质量。假设你需要文心一言撰写一个关于气候变化影响的研究报告，直接请求一个完整的研究报告可能会导致模型在某些部分理解不准确或缺乏深度。相反，可以将任务拆分为以下几个步骤。

第1步 请求文心一言提供关于气候变化最新研究的概览。

第2步 基于概览，要求模型列出气候变化对农业的三个主要影响。

第3步 针对每个影响，进一步要求模型详细描述其可能的长期和短期后果。

第4步 请求模型根据前面的分析，提出可能的缓解措施。

这样你便可以一步一步、更精确地引导模型工作，使每一步操作都建立在前一步的输出上，从而让模型逐渐生成一个全面且深入的研究报告。

4. 补充背景信息

在指令中加入必要的背景知识或上下文信息，可以让模型更好地把握任务要求。假设你是一位产品经理，正在为一款智能腕带制定功能规格书。一个简单的请求可能是"描述智能腕带的功能"。但如果提供更详细的背景信息，比如"考虑到当前市场上的智能穿戴设备主要关注步数追踪、心率监测和睡眠质量分析，此智能腕带增加了压力管理和情绪追踪的功能。请基于这些信息，详细描述每项新功能的工作原理、用户界面设计建议和预期的健康益处"。这样的指令不仅清楚地指出了任务的目标，还为模型提供了当前市场趋势的背景以及特定的功能要求，使输出更加贴合实际需求且富有创见。

5. 反馈循环

反馈循环是指根据模型的输出结果提供反馈，并据此调整指令，循环优化交互流程。假设你要求文心一言准备一份关于可持续发展技术的报告概要。在收到模型的初步回应后，你可能发现某些部分过于笼统，或者某些关键技术没有被包括。这时，可以提供具体反馈。比如，"请在报告中详细介绍太阳能和风能技术的最新发展，特别是关于成本效益和技术进步方面的信息。同时，对于初稿中提到的水力发电技术，请提供更多关于其对生态系统影响的研究结果。"通过这样的反馈循环，你不仅能指导模型更深入地探索特定领域，还能确保最终生成的报告更加全面且贴合实际需求，从而显著提高与大模型交互的效率和输出的质量。

6. 明确界限

明确界限是指在指令中明确任务的适用范围和限制，避免产生不期望的输出。设想你正在请求文心一言设计一系列小学科学课程教学活动。这里可输入"设计适合8～10岁儿童的科学实验活动，活动需要安全、易于理解并且可以在室内进行。请避免使用任何锋利的物品或需要成人监督的危险化学物质"。这样的指令不仅明确了目标受众（8～10岁儿童）和活动的基本要求（安全、易于理解、室内进行），还清楚指出了安全方面的限制条件，确保模型生成的教学活动既具有创新性又适宜儿童操作，同时避免了潜在的风险。通过这种方式，我们可以更好地控制输出结果，确保大模型遵守相关的安全准则和伦理规范，使输出内容更加贴合实际应用场景的需求。

7. 运用模板和示例

借助任务模板和成功的指令示例作为构建新指令的基础，可以有效积累经验，提高指令构建的效率和输出的质量。假设你负责管理一个内容创作团队，经常需要生成不同主题的文章。为了提高效率，可以创建一个包含多个部分的文章模板，如引言、主体段落、结论，并为每个部分提供具体的写作指令和样例。例如，当需要文心一言帮助编写有关"未来城市"的文章时，可以输入指令"根据以下模板生成一篇文章：引言部分应提出对未来城市的设想，主体部分详细描述三种可能的技术创新及其对生活的影响，结论部分总结这些技术如何促进可持续发展。请参考附加的示例段落来调整写作风格"。通过这种方式，你不仅为模型提供了清晰的结构框架，还通过示例确定了文章的风格和深度要求。这样不仅能够加快内容生成的过程，还能确保生成的质量符合标准。此方法适用于各种内容创作任务，可以帮助用户和团队获得高效且一致的输出。

掌握这些诀窍，能够显著提升你与文心一言等大模型的交互质量，无论是进行内容创作、问题解决还是数据分析，都能获得更满意的结果，让大模型更加"听话"。

技巧 02：巧用多轮对话

想象一下，你被邀请参与一场关于"未来科技对教育影响"的线上研讨会。这项任务初看起来复杂烦琐，令人望而生畏。然而，正如在我们的工作和生活中经常遇到的那样，当面对一个庞大的项目或目标时，如果没有明确的切入点和具体路径，我们往往会感到无从下手。这时，逐层拆解目标，将其分解成更小、更易于管理的任务就显得尤为重要。

在使用多轮对话策略深入探讨"未来科技对教育影响"时，我们首先向文心一言提出分析未来科技趋势的请求，输入"文心一言，请给我一些未来科技趋势的描述"。这一请求是为了获得一个宏观的视野，了解哪些科技领域可能成为教育变革的驱动力。

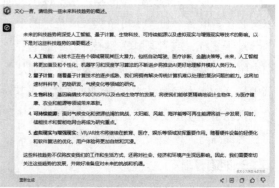

文心一言在回复中提供的趋势分析，包含了多个科技领域的发展动态和它们在教育上的潜在应用，如图2-32所示。

在这一过程中，文心一言展现了其汇总和分析大量信息的能力，为我们提供了一个相对

图2-32　多轮对话起始提问

全面的技术发展概览。

接下来，我们将焦点转向人工智能这一具体科技领域，探讨其对教育的潜在影响。在第二轮对话中，我们询问文心一言，要求它提供关于人工智能在未来对教育领域的影响，试图从行业层面对其进行分析。

文心一言提供的内容富有信息量，涵盖了 AI 在个性化学习、学生评估和教师辅助等多个方面的应用。它的回答指出了 AI 可能带来的教学方法的创新，同时暗示了其在学习体验优化上的潜能，如图 2-33 所示。

从这些回答中，可以看出文心一言在收集和分析相关信息方面的能力，提供了一系列可能的应用场景和效果预测。

了解了人工智能对教育的宏观影响之后，我们开始第三轮对话，进一步询问文心一言，要求它提供人工智能在教育领域的具体应用案例，进一步寻找真实世界中的例证。

文心一言给出了若干应用示例。例如，如何在自适应学习平台中分析学生的学习习惯，定制学习计划，或在远程教育中提供实时互动和反馈等，如图 2-34 所示。

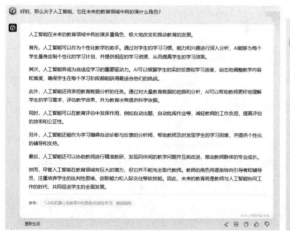 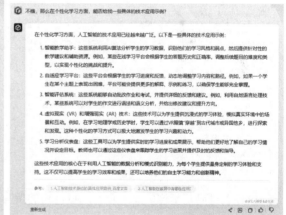

图 2-33　第二轮对话进一步挖掘话题　　　　图 2-34　第三轮对话列出应用实例

此处文心一言列举的不同场景下的应用示例，对于制定未来的教育政策、设计教育课程内容，以及如何将新兴技术融入教学实践都具有重要启示。

探索完未来科技可能给教育带来的各种影响后，我们继续第四轮对话。在这一轮对话中，文心一言将深入分析人工智能技术对教师角色的影响。

文心一言充分理解了我们的意图，分析了人工智能技术如何助力教师更高效地管理课堂、针对学生需求进行个性化教学，以及在课程设计和评估学生进度中提供支持；辩证地展示了教师能通过这一技术获得强大的支持，将自身定位提升为知识的指引者，引导学生在由 AI 赋能的教学环境中探索和成长，如图 2-35 所示。

经过四轮对话，我们已经掌握了话题挖掘的全貌。在接下来的第五轮对话，可以让文心一言为我们准备一个提纲，并且起好名字，如图 2-36 所示。

图 2-35　第四轮对话分析 AI 技术对教师角色的影响　　图 2-36　第五轮对话列出完整提纲

这样就可以基于这份提纲开始汇报材料的撰写。有了这样的多轮对话，策划选题就一下子容易了很多。

本章小结

本章详细介绍了百度文心一言的基本操作及高级功能，从账号注册登录，到对话基本功能和对话管理，再到进阶功能等，帮助读者逐渐学会并熟练操作文心一言。

第3章

有效对话：
提示词工程的正确使用

本章导读

　　本章将深入探讨提示词工程（Prompt Engineerig）的使用，它是实现与大型语言模型高效、精确交互的关键技术。我们从人类阅读理解原理开始，讨论计算机如何模拟这些过程，以及人工智能如何通过提示词优化交互体验。通过具体示例提供从提示词构建到高级调优的一系列技巧，帮助读者控制模型输出，实现定制化交互效果，更加得心应手地使用文心一言大模型对话。

3.1 从人类语言认知到人工智能的语言模型

　　了解人类如何处理语言，是理解人工智能如何模拟这一过程的关键。本节将探索从人类大脑语言认知的机制到计算机模拟这一过程的尝试，揭示人工智能在语言处理方面的演进，带领读者初步了解提示词工程。

3.1.1 人类大脑语言认知过程

　　在语言认知的过程中，大脑要经过从感知信息到执行表达的复杂过程，其涉及多个脑区的协同工作，如图3-1所示。

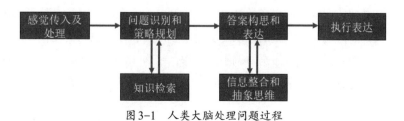

图3-1　人类大脑处理问题过程

1. 感觉传入及处理

当我们接触到新问题时，不论是通过眼睛看到文字，还是通过耳朵听到别人口述，大脑的感觉区域首先被激活。这些区域位于大脑的顶叶和枕叶，负责处理外界的感觉信息，将其转化为大脑可以理解的信号。此时，大脑的感觉皮层忙碌地工作，将复杂的视觉图像或声音波形解码成具体的信息内容。这是问题解决过程中的第一步，它为大脑提供了初步的、原始的数据输入。

2. 问题识别和策略规划

接收到解码后遇到问题的那一刻，大脑的前额叶就像指挥官一样被迅速激活。它开始快速评估问题，判断问题的性质：这是一个数学难题，还是一个道德困境？接着，前额叶制定出解决策略，规划如何一步步解答问题。在这个过程中，它还负责做出最终的决策，选择最合适的行动方案。简而言之，前额叶确保我们不是盲目解决问题，而是有计划、有目标地前进。

3. 知识检索

问题和策略都明确了，下一步就是寻找解决问题的"工具"，这时候海马体登场了。海马体是大脑的记忆库管理员，它负责从我们丰富的长期记忆中检索与当前问题相关的知识和过往经验。想象一下，每当你试图回忆过去学过的知识时，海马体就在默默地帮你翻阅记忆中的"书页"，寻找有用的信息。

4. 答案构思和表达

有了解决问题的策略和必要的知识，接下来便是构思和表达答案。这一阶段，布罗卡区和韦尼克区共同发挥作用。布罗卡区通过语言产生、语法规则应用、发音调制和运动规划等一系列复杂的神经机制，帮助我们将思考的答案转化为口头或书面的表达；而韦尼克区则专注于语言的理解，确保我们理解问题的深层含义，并且能够准确表达自己的想法。这两个区域的合作，使我们不仅能想到答案，还能清晰、准确地将其表达出来。

5. 信息整合和抽象思维

在答案的构思中，顶叶联合区起着画龙点睛的作用。它负责整合来自大脑不同区域的信息，促进复杂的思维过程。这一区域使我们能够跳出具体的细节，进行抽象思考，将不同的信息片段创造性地组合在一起，形成一个有意义、独到的答案。

6. 执行表达

执行表达阶段主要涉及大脑控制语言表达和手部运动的区域，其位于大脑的额叶和顶叶。这些区域接收布罗卡区思考的结果，并通过口头语言、书写或其他形式表达出来。例如，当我们决定口头回答问题时，大脑的运动皮层会指导口腔和呼吸肌肉的动作，以产生清晰的语音；而当我们选择书写答案时，该区域会协调手的动作，精确地控制笔迹，将思考的内容清楚地记录下来。执行表达阶段是整个问题解决过程的最终环节，它确保了我们的思考成果能够被外界理解和接收。

3.1.2 计算机模拟人类语言的初步探索

了解了人脑语言认知过程后，本节我们将介绍有关利用计算机模拟人类语言的初步探索。

1. 20世纪50年代：人工智能的曙光

这一阶段的标志为英国数学家、计算机科学之父艾伦·图灵（Alan Turing）在1950年提出了著名的图灵测试（Turing test），如图3-2所示。想象在聊天时，对方可能是一个人或一台机器，但读者看不见他们。如果通过聊天内容无法判断对方是人还是机器，那么这台机器就被认为具有一定的"智能"。这个测试实际上是在问：机器能不能像人一样用语言交流？

图3-2 图灵测试

图灵测试强调了将语言理解和生成能力作为智能的关键标志，启发了后人对计算机模拟人类语言能力的探索。

2. 20世纪60年代：符号主义的兴起

这一阶段的标志性成果为美国麻省理工学院约瑟夫·魏泽鲍姆（Joseph Weizenbaum）在1966年开发的世界上第一款聊天机器人"ELIZA"。它通过模式匹配和替换规则产生看似合理的回应，从而模拟心理咨询师跟你聊天。如果你说"我感觉很难过"，它会回答"为什么你会感觉难过？"听起来这个回答好像很懂你的感受，但实际上ELIZA只是简单地按照预设的规则，把你的话稍微改写一下就回复给你，并不真的"理解"你的感受，如图3-3所示。

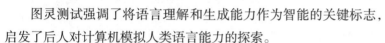

图3-3 ELIZA对话示意图

这一阶段，聊天机器人ELIZA仅根据问题匹配对应的答案进行回复，所以事实上尚未使用到提示词。

3. 20世纪70年代：专家系统的发展

这一时期的代表是1978年由美国斯坦福大学布鲁斯G. 布坎南（Bruce G. Buchanan）和他的学生爱德华H. 肖特利夫（Edward H. Shortliffe）研制的用于细菌感染患者诊断和治疗的MYCIN系统。MYCIN系统有LISP语言写成，从功能与控制结构上可分成两部分：以患者的病史、症状和化验结果等为原始数据，运用医疗专业知识进行推理，找出导致感染的细菌或给出多种细菌的可能性；在此基础上，给出相应的药物。它的"智能"知识记忆和推理能力完全依赖专家预先编码的规则。该系统出自二人的著作《基于规则的专家系统：斯坦福启发式编程项目的MYCIN实验》（*Rule-Based*

Expert Systems: The MYCIN Experiments of the Stanford Heuristic Programming Project)，如图3-4所示。

MYCIN系统所进行的人机对话，可以理解为逻辑更加复杂的聊天机器人"ELIZA"。它利用更复杂的知识储备对问题进行引导给出答案，仍未使用提示词。

4. 20世纪80年代：统计方法的萌芽

在这一时期，随着计算能力的提升和大规模语料库的可用性得到增强，统计方法开始被引入自然语言处理，人们开始尝试用数学统计的方法来让计算机理解语言。比如，通过分析大量的语音录音，计算机学会了识别不同单词的发音。

在技术角度上，隐马尔科夫模型（Hidden

图3-4　布鲁斯·布坎南与爱德华·肖特利夫的著作

Markov Model，HMM）等机器学习技术，被用于词性标注、语音识别等任务，标志着从规则基础到数据驱动方法转变的开始。

⚠ **温馨提示：** 隐马尔科夫模型是一种统计模型。它用来描述一个系统在不同状态之间的转换过程，同时这些状态对外是不可见的，但可以通过状态产生的观察结果来推测。

假设我们在沙地上发现了一连串的脚印，但没有直接看到是什么动物留下的。通过观察脚印的形状、大小和排列方式，我们可能会猜测这是一只猫或者一只狗留下的。隐马尔科夫模型正是通过这样的"观察结果"来帮助我们推测出最有可能的情况。

隐马尔科夫模型还可用于声音识别领域。假设我们在听一段模糊的录音，里面有人说话，但声音不够清晰，难以分辨说话的人到底说了什么。这里隐马尔科夫模型可以通过分析声音的波形（观察结果）来猜测说话人最有可能说的是哪个词或句子（隐状态）。

---

5. 20世纪90年代：统计方法的发展

到了20世纪90年代，统计机器翻译开始兴起，它利用大量双语语料库来训练翻译模型。这一时期的研究进一步推动了统计学习方法在语言模型、语音识别和文本处理等领域的应用。

其中一个典型的代表是IBM研究中心的统计机器翻译项目"Candide"。它是利用大规模的双语语料库来训练翻译模型的先驱之一，使用"翻译模型"和"语言模型"来评估不同翻译假设的概率。Candide项目标志着机器翻译从依赖手工编写的规则向基于统计方法的重要转变。

该项目的原理可以通俗地理解为我们有两本书，一本是英文版的《哈利·波特》，另一本是相对应的法文版；Candide项目的工作类似于拿这两本书来学习如何将英文翻译成法文。首先，它会查看同一句话在两种语言中是如何表达的，然后记录下来这些表达方式之间的对应关系。通过分析大量的英文句子及其法文翻译，Candide 项目试图找出语言之间转换的模式，从而让计算机学会把英文自动翻译成法文。

早期的人工智能技术的逐步进步为深度学习与大模型时代的来临奠定了基础，预示着自然语言处理领域的深刻变革。

3.1.3　自然语言处理的爆发式发展

1.“长短期记忆网络”，计算机的记忆中枢

想象你正在阅读一本书，但你的记忆只能持续几秒钟。每当你读到一句新的话时，之前的内容就消失了。这种情况下，理解整个故事的情节会变得非常困难。这正是循环神经网络（Recurrent Neural Network，RNN）在早期面临的挑战。为了解决这个问题，1997 年科学家赛普·霍克赖特（Sepp Hochreiter）和尤尔根·施米德胡贝（Jürgen Schmidhuber）发明了一种名为长短期记忆网络（Long Short-Term Memory，LSTM）的特殊 RNN。“长短期记忆”这个名字就揭示了它的独特之处：它既能够处理“短期”的任务，如即时理解句子中单个词语的意思，同时又能“长期”储存并关联句子的上下文信息。

那 LSTM 是怎么做到这一点的呢？可以把 LSTM 想象成一个聪明的“筛子”，它通过一系列“门”（比如遗忘门、输入门和输出门）来决定信息该被记住、更新或遗忘。LSTM 类似于一个先进的记忆系统，能够精确控制哪些记忆应该存储和丢弃。

这种方式机制使 LSTM 在处理机器翻译等任务时，能够保留整个句子乃至整篇文章的上下文信息。例如，在将英文翻译成中文时，即使某个英文单词出现在句子开始处，LSTM 也能在句尾“回忆起”这个单词，确保翻译的连贯性和准确性。

LSTM 的发明不仅是对 RNN 技术的一大改进，也为自然语言处理等领域带来了革命性的进步。这种能够有效处理和记住长期信息的能力，使 LSTM 成为未来大模型技术的“记忆中枢”，如图 3-5 所示。

图 3-5　长短期记忆网络成为未来大模型的“记忆中枢”

2.“词嵌入”，计算机的理解中枢

词嵌入是自然语言处理领域的一项革命性的技术，其中 Word2Vec 是代表性的突破之一。

举个简单的例子，假设每个词汇是一个小球，这些小球之间的距离表示词汇之间的关系。比如，“猫”和“狗”这两个小球会很靠近，因为它们都是宠物；而“猫”和“苹果”这两个小球则相隔较远，因为它们之间没什么直接联系。词嵌入把词汇转换成数学空间中的点，这样单词之间的相似性就能用它们之间的距离来表示了。

2013 年，Google 的研究团队发布了 Word2Vec 技术，这是一种利用深度学习训练词嵌入的方法。Word2Vec 的独特之处在于通过阅读大量的文本数据进行训练，类似与让一个孩子阅读足够多的书，

这样Word2Vec能学习到单词间微妙的语义关系。比如，"国王"与"男人"的关系就像"王后"与"女人"的关系一样，如图3-6所示。这种能力使Word2Vec在理解和处理自然语言方面大放异彩。

图3-6　Word2Vec词嵌入技术示意图

Word2Vec的出现极大地提升了计算机对语言的理解能力，成为计算机的"理解中枢"。它被广泛应用于文本分类、情感分析、机器翻译等多个自然语言处理任务。更重要的是，Word2Vec的成功推动了后续更多词嵌入技术的发展，甚至影响了后来的预训练语言模型设计。

3. "Transformer"，通过"注意力"引爆大模型

Transformer模型，首次由Google的研究团队于2017年在《注意力就是你需要的全部》（*Attention is All You Need*）一文中提出，其独特的"自注意力"机制彻底改变了语言模型的构建方式。在借鉴了LSTM记忆中枢和Word2Vec理解中枢的基础上，Transformer模型通过自注意力机制直接对文本中的所有词进行全面分析，不仅能够记忆长期的信息，还能更精准地理解词与词之间的细微联系，实现了对语言深层次结构的捕捉。

用一个通俗的例子来解释就是在给小朋友讲绘本，每翻到新的一页，我们都会指出图中的每一个细节——树上的小鸟、天空中的彩虹，甚至是角落里的一只小猫。这样不仅能帮助小朋友理解故事的主线，还能把握背景中的每一个元素，从而更全面地理解整个故事。自注意力机制也采用了类似的方法。当它处理一个句子时，就像是在"指给计算机看"句子中的每一个"细节"。每个词不仅被单独理解，还会与句中的所有其他词进行比较和联系。这种全面的考虑方式，能够让计算机更深刻地理解句子各部分之间的影响，而且能够更精确地把握整个句子的意义，从而复述出更加生动和完整的故事，如图3-7所示。

Transformer本身是一种模型架构，而不是一个"大模型"。但它为构建大模型提供了自注意力机制和能够高效处理长序列数据的能力。基于Transformer架构开发的具有大规模参数和复杂计算结构的模型，如BERT（Bidirectional Encoder Representations from Transformers）、GPT等，才被称为"大模型"。

图3-7　Transformer机制

3.1.4　大模型的兴起

我们可以看到，在模拟人类大脑语言认知的过程中，继规则、统计及神经网络等之后，科学先

驱逐渐寻找到模拟人类记忆力、理解力及注意力的最优方法。在 Transformer 的基础上人工智能进入了大模型"百舸争流"的时代。

大模型指的是具有大量参数、在庞大数据集上预训练的神经网络模型，它们能够捕捉和理解语言的细微差别。这些模型通过学习海量的文本数据，掌握了复杂的语言规则、语义信息和世界知识，因而能出色地执行各种语言任务。

随着 2017 年划时代论文 *Attention is All You Need* 的发布，2018 年一个名为 BERT 的模型横空出世，标志着自然语言处理进入了一个全新的时代——大模型时代。BERT 不同于以往的模型，它采用了一种独特的双向训练机制，意味着它在学习语言时不仅考虑了词语前面的内容，也考虑了后面的内容，就像在阅读时能够同时看到整个句子的前文和后文。这让它对语言的理解达到了前所未有的深度。

随后，OpenAI 推出了 GPT 系列模型。这一系列模型在 BERT 的基础上又向前迈进了一大步。尤其是 GPT-3，其参数有 1750 亿个之多。想象一下，如果把每个参数比作一个脑细胞，GPT-3 就好比拥有了一个庞大的"大脑"，这使它在生成文本上的能力达到了令人震惊的地步。无论是写诗、编故事，还是模拟对话，GPT-3 都能如同人类一般自然地完成，让人们对机器理解语言和创造内容的能力有了全新的认识。

作为国内大模型研究的领先者，百度于 2019 年 3 月推出了国内首个开源预训练模型 ERNIE 1.0，为文心一言大模型的构建奠定了坚实的基础。

自此，大模型不仅在学术界引起了巨大反响，更在工业界得到了广泛应用。从自动文本生成、机器翻译到情感分析等任务，大模型的使用极大地提升了自然语言处理技术的性能和效率。接下来我们进一步了解大模型是如何模拟人类大脑语言理解的。

1. 理解和评估输入信息

关键技术：词嵌入与自注意力机制

当我们与大模型交互时，第一步就像是给模型提供了一本书。但模型是怎么理解书中的文字的呢？这就要靠词嵌入技术了，它把文字转化为计算机能理解的数字向量，即将单词翻译成模型能读懂的语言。自注意力机制进一步允许大模型同时关注句子中的每个单词及其上下文。这就像在阅读时，我们能理解每个词不仅因为词本身，还因为它在句子中的位置和与其他词的关系。这样，大模型就能对输入信息形成初步的、全面的理解。

2. 检索相关知识

关键技术：预训练机制

通过预训练，大模型在互联网上阅读了大量的书籍、文章，学习了丰富的知识和信息。当我们问它一个问题时，它就能迅速在这一庞大的"记忆库"中寻找答案。这就是预训练机制的魔力，它不仅教会大模型很多词汇，同时赋予大模型懂得这些词背后的故事与联系的能力。

3. 构思答案

关键技术：Transformer 架构

找到了相关知识，接下来大模型就要开始构思答案了。利用 Transformer 架构，大模型能处理复杂的语言结构。这就像人类在脑海中整理思路，通过语法规则和逻辑推理，构建出连贯、逻辑一致的答案。无论是简单的问题，还是需要深入分析的主题，大模型都能给出精准的回答。

4. 调整语言风格和语调

关键技术：微调过程与上下文化词嵌入

大模型还能根据不同的场合灵活调整它的语言风格。这得益于微调过程和上下文化词嵌入技术，它们能够让大模型理解同一个词在不同上下文中的含义，并据此调整语言输出。这样，无论是撰写一篇正式报告，还是创作一段轻松的对话，大模型都能像人类一样，灵活应对。

以上四个步骤就是大模型处理自然语言任务的全过程。从理解输入到输出答案，每一步都充分展现了大模型在自然语言处理方面的强大能力。

3.1.5 提示词工程的引入

了解了 BERT 和 GPT 等大模型之后，接下来我们介绍一个新的概念——提示词工程。这是一种优化大模型输出的技术，它让我们能够更好地利用模型的强大能力。随着大模型的发展，我们发现仅仅拥有强大的模型并不足以解决所有的问题，如何引导这些模型更精准地理解任务需求和输出更有用的信息，成为一个新的挑战。这正是提示词工程的用武之地。

提示词工程的核心思想是通过设计精准的"提示"来引导模型的输出方向。这些提示可以是一个问题、一个句子或一个词组，其作用是引导模型生成符合要求的结果。比如，在情感分析任务中，通过添加适当的提示词，可以帮助模型更准确地把握文本的情绪倾向；在内容生成任务中，合理的提示词能够引导模型生成更符合需求的内容，如图3-8所示。

尽管提示词工程提供了一种有效的方式来提升大模型的应用性能，但如何设计出最优的提示仍有一定难度。这需要我们对模型的工作机制和处理语言的方式有一定理解。提示词工程

图3-8 提示词工程

作为一种连接大模型与特定自然语言处理任务的桥梁，为我们深入挖掘大模型潜力提供了新的思路和方法。

3.2 提示词工程深入解析

本节将深入介绍提示词工程的各个方面，首先讲它的定义与起源，然后讲提示词如何与模型交互，最后探讨在设计和应用提示词过程中面临的挑战与机遇。

3.2.1 提示词工程的定义与起源

提示词工程，是指在向人工智能模型提供输入时，精心设计一段文本或命令，以引导模型产生特定的响应或行为。这一概念的起源可以追溯到早期的自然语言处理研究，当时研究人员通过构造特定的语句来测试和评估模型的理解能力。随着时间的推移，尤其是Transformer架构和随后的大模型时代的到来，提示词工程的概念和应用范围得到了极大的扩展，如图3-9所示。

图 3-9 提示词工程

在早期的问答系统中，提示词通常是简单直接的命令或问题。例如，如果我们想要从一个初期的基于规则的系统中查询天气，我们可能会输入一个非常直接的命令，如"今天的天气如何？"这种简单的命令依赖系统预设的规则来理解和回应，通常没有太强的上下文理解能力。

在大模型时代，提示词工程变得尤为重要。这是因为这些模型在预训练阶段学习了海量的文本数据，掌握了丰富的知识和信息。但要高效地激发这些知识，以适应特定的任务或需求，则需要通过精心设计的提示来实现。例如，如果我们使用大模型来获取天气信息，可以构造更复杂的提示，如"结合当前的季节和过去几天的天气情况，预测今天的天气趋势，并给出穿衣建议。"这种复杂的文本构造不仅提供了更多的上下文信息，而且能挖掘模型的预测能力，使模型能够生成更加丰富、细致且实用的结果。

3.2.2 提示词与模型的交互机制

本小节将介绍提示词是如何引导模型理解和回应特定请求的，以及模型处理提示词并据此产生输出的内部机制。

1. 提示词的输入与处理

当提示词被输入模型时，它首先被模型的输入处理层接收。在这个阶段，模型利用词嵌入技术将提示词转化为模型能够理解的数值形式，即向量表示。这一转化过程是提示词工程中至关重要的一步，因为它直接关系到模型如何理解输入的文本。

2. 自注意力机制的作用

接下来，将转化后的向量输入模型的核心结构——自注意力机制中。自注意力机制使模型能够评估输入中各个元素之间的相关性，并确定它们对于生成最终输出的重要性。通过这一机制，模型不仅能理解每个单词本身的含义，还能把握它们在给定上下文中的作用和关系。这意味着，提示词中的每个词都会根据其与其他词的关系及在整个文本中的位置，被模型赋予相应的重要性。

3. 生成输出的过程

在自注意力机制处理完成后，模型将基于输入的提示词和内部的语言知识库，构造出响应。这一过程涉及模型的多个层次，每一层都在对输入信息进行进一步的抽象和处理。最终，模型通过解码器生成对提示词的回应，无论是文本、图像还是音乐，都是模型"理解"了输入的提示词后的产出。

4. 反馈循环

值得注意的是，提示词与模型的交互不仅仅是单向的。在实际应用中，生成的输出经常被用作进一步优化和调整提示词的依据，形成一个反馈循环。这意味着，通过分析模型的回应，我们可以细化和调整提示词，以达到更准确和高效的交互效果。

3.2.3　提示词工程的挑战与机遇

随着大模型的广泛应用，提示词工程领域受到业界的普遍重视。百度创始人、董事长兼CEO李彦宏在"2023中关村论坛"上表示："未来你的薪酬水平，将取决于你的提示词写得好不好，而不是取决于你的代码写得好不好。"AIGC赛道投资人、和恰智慧科技创始人席文表示，高阶的提示词工程师通过不断"喂数据"，或者把数据转化成提示词，可以帮企业做出自己的算法和数据层，这样的提示词工程师是企业的刚需。

2023年，美国职业资格与人才管理中心与麻省理工学院共同制定了注册提示词工程师的职业标准，其证书全称为"美利坚合众国注册提示词工程师执业资格证书"（Certified Prompt Engineer，CPE）。该职业标准在全球范围内得到181个国家的承认，可见提示词工程师全球统一标准已逐渐建立。

在中国，不少高校已设立了人工智能交互相关专业，提供系统性人机交互体系教育。例如，北京邮电大学二级学院数字媒体与设计艺术学院开办的"智能交互设计专业"，为教育部批准的首个中国高等教育交互设计本科专业，该专业的学生需学习掌握设计理论和设计创意技能，以及虚拟/增强现实、语音、手势等多模态智能交互技术。同时，政府和行业正联手推动国内认证体系的建立，确保人才具备国际水准的专业素养。国务院印发的《新一代人工智能发展规划》中提出了要大力加强人工智能劳动力培训，大幅提升就业人员专业技能，满足我国人工智能发展带来的高技能高质量就业岗位需要。

与此同时，业界也存在另一种声音。OpenAI创始人山姆·阿尔特曼（Sam Altman）认为，提示词工程反映了大语言模型当前的局限性，随着技术的发展，未来几年内，我们可能不再需要进行如此精细的提示词设计。你只需要简单地表达自己的需求，如果存在歧义，可以通过交互来解决，或者AI会直接做出我们期望的"显而易见"的反应。同时OpenAI的ChatGPT及百度文心一言等也都在推出提示词优化、提示词自动润色等功能，以降低提示词的入门门槛。

3.3　提示词的写法与调优

提示词的精确构造与调优对于深化人工智能和大型语言模型的互动至关重要。本节将深入介绍提示词的撰写技巧和调整策略，以帮助读者提高模型响应的质量与个性化程度。

3.3.1　提示词的基本格式及构造示例

为了更好地引导大模型模拟人类语言认知思考过程，提示词的基本格式也应该针对认知的每一个环节提供必要且充足的信息。在这里，我们以"目的、核心内容、限定条件及期望结果"的格式逐一进行讲解。

1. 目的

在与陌生人的交流中，如果我们开门见山地表明来意及目的，那么整个对话会更高效。同理，在与大模型的对话中，为了让大模型更好地理解和评估输入信息，即"意图形成"，我们首先应输入对话的目标，它为整个提示词设定了框架和方向。在输入对话目标时我们需要简洁地概括希望模型完成的任务或回答的问题，为后续的详细说明做好铺垫。

例如，如果我们希望生成一篇关于气候变化影响的文章，目的部分可以是："编写一篇文章，讨论气候变化对全球农业的影响，受众为普通群众。"这句话简单明了地指出了写作的主题、目标及受众，为模型提供了明确的指引。

2. 核心内容

核心内容是提示词的主体部分，它详细说明了任务的具体需求。在这一部分，我们需要明确列出执行任务所需的关键信息和特定条件，以确保大模型能够精确理解并按照这些指示进行操作。这包括具体的操作指令、相关的主题或概念，以及任何特定的格式或结构要求。

例如，继续上述关于气候变化对全球农业影响的文章，核心内容可以进一步指定为："探讨温室气体排放增加、全球平均温度上升和极端天气事件频发如何影响粮食产量和农作物种植区域。"这段提示词包含了多层次的信息和指令，具体如下。

（1）主题和背景：气候变化，特别是温室气体排放增加、全球平均温度上升、极端天气事件频发。

（2）影响研究：这些气候变化因素如何影响全球粮食产量和农作物种植区域。

（3）写作方向：要求生成一篇文章，深入探讨上述气候变化因素与农业生产之间的关系。

（4）操作指令：编写文章，这是明确的行动要求。

3. 限定条件

限定条件是指在构建提示词时设定的特定界限或要求，以确保生成的内容符合特殊需求或场景。这可能包括文章的字数限制、写作风格、期望使用的数据来源、不应涉及的敏感主题等。通过明确这些条件，可以帮助模型更准确地定位任务的范围和深度，避免生成不相关或偏离主题的内容，确保输出结果的质量和适用性。

同样以上述文章为例，你可添加限定条件"聚焦于气候变化对农业的具体影响，如作物生长周期和产量变化。采用科普风格，不少于600字。至少引用一项最近的科学研究"。详细拆解这段提示词，可以得到以下结构。

（1）字数限制：指定文章需在600字以上。

（2）内容范围：要求聚焦于气候变化对农业的具体影响，如作物生长周期和产量变化。

（3）引用要求：至少引用一项最近的科学研究，支持文章论点。

（4）语气风格：采用科普风格呈现，使非专业读者也能理解。

4. 期望结果

在期望结果部分，可通过设置明确的输出目标来引导模型的生成方向。例如，加入"通过分析比较不同地区农业的适应性措施，提供创新和实用的解决策略，最终引导公众和政策制定者对气候变化带来的挑战有更深刻的理解和反思"。通过这段提示词在目标的基础上，进一步引导模型按照我们的意图来撰写文章。

在明确了上述四部分内容后，我们得到以下提示词，如图3-10所示。

接收到提示后，文心一言给出了有针对性的回复，按照要求撰写出符合要求的文章，如图3-11所示。可以看到，文心一言生成的回复受众定位准确且核心议题明确，按照要求限定了字数及引用研究，同时分析比较不同地区农业的适应性措施，以创新和实用的解决策略引导公众和政策制定者反思。

图 3-10　提示词示例　　　　　　图 3-11　文心一言根据提示词生成的文章

3.3.2　提示词递进式调优

递进式调优是指利用大模型的多轮对话能力来细化和完善与文心一言的互动。在初次回应未完全符合期望的时候，不需要重新开启新的对话，而是利用模型的上下文理解能力，通过逐步调整询问的方式提升生成内容的质量。例如，我们要求文心一言制作天津两天一晚旅游攻略，得到了如下回复，如图3-12所示。

在这里我们发现文心一言在午餐建议中错误地将小吃"锅巴菜、熟梨糕"作为特色菜肴列出，因此需要继续对它进行纠正，如图3-13所示。

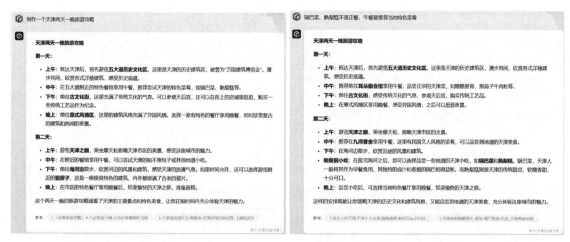

图 3-12　文心一言制作的旅游攻略　　　　图 3-13　纠正午餐推荐后文心一言的回复

这样菜肴的推荐满足了我们的要求。此时我们又发现第二天下午的行程安排过于简单，这时可进一步要求文心一言进行完善。文心一言在保留了其他部分答案的同时，仅对第二天下午的安排做了更详细的规划。这样就得到了满意的行程推荐，如图 3-14 所示。

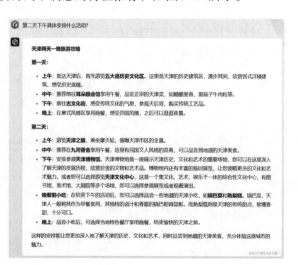

图 3-14　文心一言完善了第二天下午的行程

3.3.3　关键词强化调优

在我们输入的对话中，如果某些关键词存在模棱两可的解释，那么大模型可能回复错误的解答。在这种情况下，我们只需要调整易混淆词汇的描述即可。在这里，假设我们想了解苹果公司的情况，输入"说说苹果"后，大模型没有理解我们的真实意图，如图 3-15 所示。

这时我们发现大模型给出了"错位"回复，原因是我们的表述不清。我们只需要将关键词"苹果"替换成"苹果公司"即可得到正确的答案，如图 3-16 所示。

图 3-15　我们的描述没有被大模型理解　　　　图 3-16　强化提问关键词后得到正确答案

3.3.4　语法调优

当对答案不满意时，我们还可以分析输入的语法结构，检查句子的定语、状语及补语是否完善。完整的句子及正确的语法可以使提示词对模型的指示更加明确和具体，从而改善模型的输出。这涉及在提示词中明确指出需要强调的信息（定语）、情境背景（状语）以及预期的操作或结果（补语）。例如，我们输入"介绍北京的名胜"（动词+宾语结构）后，会得到如图 3-17 所示的回复。

由于得到的答案过于笼统，因此我们对提问进行了完善，并将其改为"详细介绍北京的历史名胜，如故宫和颐和园，包括它们的创建历史、文化意义及游览指南"。在这个调整后的提示中，我们通过添加定语"历史"来强调名胜的历史属性，使用了"创建历史、文化意义及游览指南"作为补充信息（补语），来明确我们期望模型在回答中包含的详细内容。这样的调整使文心一言生成了更符合的、信息丰富的输出，如图 3-18 所示。

图 3-17　文心一言对动宾结构提问的回复　　　　图 3-18　文心一言对完整语法提问的回复

3.3.5　风格调优

调整风格是优化提示词的重要方法，它可以帮助我们根据目标受众或特定场景来定制交互方式。例如，如果目标受众是儿童，我们可能会采用更简单、生动的语言，使用富有想象的描述和有趣的比喻。而针对专业人士，风格可能更加正式和信息密集，使用专业术语和精确数据。通过这样的微调，可以使交互更加贴近受众的预期，提高信息的传递效率和互动的个性化体验。

假设我们正在为不同年龄段的读者编写一个关于健康饮食的提示词，针对儿童的版本可以采用提示词"写一个有趣的故事，讲述一个勇敢的胡萝卜和它的朋友们如何打败糖果怪兽，从而告诉孩子们为什么要吃健康的食物"。这个版本使用童话故事的形式和生动的角色，使信息对儿童更加具有吸引力和易于理解，如图 3-19 所示。

针对成人就需要用更有说服力的证据来提供建议，可以输入提示词"撰写一篇文章，详细说明均衡饮食的科学原理和实际健康益处，包括推荐的膳食结构和食物选择"。这个版本采用了更正式和信息密集的风格，强调了数据和研究结果，以满足成人对详细信息的需求，得到的回复如图 3-20 所示。

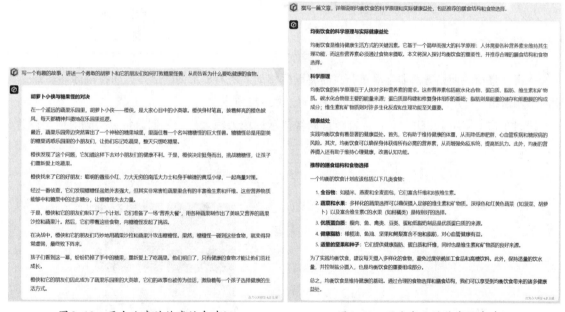

图 3-19　面向儿童的健康饮食建议　　　　图 3-20　面向成人的健康饮食建议

3.4　文心一言提示词市场："一言百宝箱"

一言百宝箱是百度基于文心一言推出的一个功能板块，它集成了各个主题的优质提示词，适合 AI 初学者或希望快速找到合适提示词的用户使用。一言百宝箱可以直接在文心一言主页找到，用户可以通过它快速掌握各种实用的技巧。一言百宝箱涵盖了多个领域，包括创意写作、代码设计、数据分析和学习成长等，几乎包含了用户需要的所有提示词，其使用方式非常便捷和高效，如图 3-21 所示。

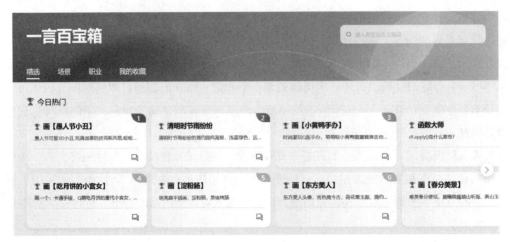

图 3-21　一言百宝箱首页

3.4.1　使用方法

一言百宝箱的使用方法非常简单，只需将鼠标移动到所需提示词的上方，如将鼠标移动到"清明时节雨纷纷"上方，就会显示【使用】按钮，如图 3-22 所示。

这时单击【使用】按钮，文心一言会自动将提示词填入输入框，我们就可以得到对应的图片，如图 3-23 所示。

图 3-22　鼠标移动到提示词上方后显示按键

图 3-23　快捷提示词生成图片

3.4.2　场景划分

目前文心一言百宝箱涵盖了 18 个 AI 应用场景的数百个优质提示词。这些场景包括创意写作、灵感策划、情感交流、人物对话、商业分析、教育培训、求职招聘、美食之窗、热门问答、功能写作、热门节日及编程辅助等。例如，"创意写作"应用场景下，有 30 个不同写作类型的优秀提示词，如图 3-24 所示。

图 3-24　一言百宝箱场景列表

这些场景及优秀提示词具有以下重要作用。

（1）满足多样化需求：一言百宝箱精细化的应用场景分类能够满足各种行业和个人的特定需求。例如，编程人员可能需要编程辅助，而创意工作者可能需要创意写作的支持。

（2）提升效率与便捷性：针对特定场景优化的 AI 功能可以帮助用户更快速、更准确地完成任务。例如，在数据分析场景中，AI 可以提供数据洞察和预测；而在旅行度假场景中，AI 可以快速提供行程建议和目的地信息。

（3）个性化体验：通过对场景的分类，一言百宝箱可以为用户提供更加个性化的服务。用户可以根据自己的需求和兴趣选择相应的场景，从而获得更加贴合自己需求的 AI 支持。

（4）推动 AI 技术的广泛应用：一言百宝箱不仅展示了 AI 的多样性和灵活性，还促进了 AI 技术在各个领域的广泛应用和普及。

（5）简化操作和学习曲线：一言百宝箱针对特定场景设计的 AI 功能，因其围绕特定任务或需求而构建，所以可以降低用户的学习成本，并提高他们的工作效率。

（6）推动创新：通过不断探索和拓展 AI 的应用场景，一言百宝箱促进了技术和应用的创新。这种创新不仅体现在技术层面，而且体现在推动各行业变革和发展方面。

3.4.3　职业辅助

在一言百宝箱中，我们可以找到与各种职业相关的应用，比如针对企业管理者、市场营销人员、销售人员、行政人力、学生、自媒体等职业的特定功能和建议。此外，还有针对技术研发、老师、产品运营等更多职业的专业支持，我们可以根据自身职业进行选择，如图 3-25 所示。

图 3-25　一言百宝箱职业列表

在职业辅助领域，文心一言大模型具有以下优势。

（1）专业化支持：通过将 AI 应用场景与具体职业相对应，一言百宝箱能够为每个职业提供更加专业化的支持和解决方案。

（2）提高工作效率：针对特定职业优化的 AI 工具可以显著减少冗余任务和烦琐工作，从而让专业人员更专注于创新和核心工作。例如，市场营销人员可以利用 AI 工具进行市场分析、定位目标客户群和精准营销，销售人员可以利用 AI 来预测销售趋势和优化销售策略。

（3）解决具体问题：通过将 AI 应用场景与职业相对应，一言百宝箱可以帮助专业人员更好地解决他们面临的具体问题。比如，技术研发人员可以利用 AI 进行代码优化和测试，教育工作者可以利用 AI 制定更有效的教学计划和评估学生表现。

（4）促进职业发展：随着技术的不断进步，许多传统职业都在经历转型；一言百宝箱通过为不同职业提供定制化的 AI 支持，有助于专业人员适应这种变革，提升他们的技能水平，甚至可能开辟新的职业道路。

（5）个性化学习和培训：针对特定职业的 AI 应用场景还可以作为学习和培训工具。它们可以根据个人的学习需求和职业特点提供个性化的学习资源和建议，帮助人们不断提升自己的专业能力。

（6）拓展职业可能性：随着 AI 技术的普及，越来越多的职业开始与科技融合。一言百宝箱通过提供多样化的 AI 应用场景，为专业人员展示了他们职业发展的更多可能性，激发了创新和跨领域的合作。

专家点拨

技巧 01：提示词工程师职业介绍

清华大学新闻与传播学院教授沈阳在接受媒体采访时，提到"提示词工程师是专门针对人工智能系统（尤其是生成型人工智能软件）的职位，负责设计和优化指令，以帮助这些系统更好地理解和响应用户的需求。他们的主要职责包括创建和完善人们向人工智能输入的文本提示，从而获得最佳结果。"

国外 AI 圈知名网红莱利·古德赛德（Riley Goodside）在 2022 年花费大量时间对 OpenAI 的 text-davinci-002 模型进行了深入探索，经过长时间与大模型的对话，摸索出具有价值的提示词技巧和经验。随后，他将这些经验发布到社交媒体，迅速在 AI 领域引起广泛关注。正因为如此，他接受了人工智能独角兽企业 Scale AI 提供的高额年薪职位，成为"第一个被聘用的提示词工程师"。成为一名提示词工程师不仅需要深厚的自然语言处理和机器学习知识，还需要有文学、情报学、传播学等交叉学科的背景和研究能力，加之对所在行业的深刻理解，才能够不断创新和优化 AI 的提示语。

在国内某知名招聘网站搜索"Prompt Engineer"（提示词工程师），可看到大量相关职位招聘信息，要求应聘者具备开发、人工智能及交互设计等经验，其中不乏月薪数万的高薪职位，如图 3-26 所示。

在如今大模型"百花齐放"的背景下，各行各业训练垂直大模型都需要提示词工程师的不懈努力。例如，自然语言处理交互领域，涵盖从医疗咨询到英语教学等多个应用场景，可为医疗机构、教培组织及各类企业提供服务。在 AI 制图领域，如利用 Midjourney 等文生图工具，提示词工程师可根据用户照片定制个性化头像、定制化生成广告宣传图及动画游戏原画等，为广告公司、游戏公司及影视公司提供服务。诸如此类的工作如雨后春笋般在各行各业中出现，而提示词工程师也慢慢成为各个企业走向智能化的"香饽饽"。

图 3-26　提示词工程师招聘信息

技巧 02：AI 提示词工程的未来发展与挑战

近年来，提示词工程作为优化大语言模型性能的一种方法迅速崛起。如图 3-27 所示，随着技术的进步，这一领域正面临着重大的挑战和变革，其中一个重要的论调是：人类提示词工程是否将要终结？

提示词工程起初因其在优化大语言模型性能上的显著效果而受到重视。许多公司利用它来开发产品助手、优化自动化流程和

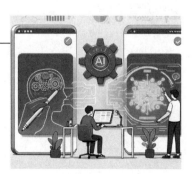

图 3-27　提示词工程领域的挑战

打造个人助理。然而，人类工程师编写的提示词往往不如自动生成的提示词有效。VMware公司的研究人员里克·巴特尔（Rick Battle）和Teja Gollapudi指出，最佳的提示词通常是针对特定模型和数据集量身定制的，而这些任务更适合由模型自身完成。

例如，百度文心一言开发了一种自动修饰提示词的工具，可以根据输入内容自动优化提示，以生成更准确和高效的结果。通过这种方式，简单的提示词可以被增强，从而大大提高模型的性能和输出质量。这一技术的发展显示出自动化提示词生成在提高AI模型表现上的巨大潜力。

在图像生成领域，自动化提示词生成也展现了其优势。Intel Labs开发的NeuroPrompts，通过自动生成和优化提示词，使图像生成模型能够输出更详细、视觉效果更佳的图像。这样的应用不仅提高了生成结果的质量，也减少了人类工程师在提示编写上的反复试验和时间投入。

展望未来，尽管自动化提示词生成显示出强大的潜力，但这并不意味着提示词工程师的角色会完全被替代。生成式AI的复杂性和行业需求的多样性，仍然需要人类的参与。这将催生出新的职位，如大语言模型操作工程师。他们将在AI系统的管理和优化中发挥关键作用。

未来，提示词工程师需要不断学习和适应新技术，以在快速变化的AI领域中保持竞争力。他们可以通过与AI模型的互动，改进和适应AI系统，以满足复杂的行业需求。例如，药剂师可以利用生成式AI来检查处方标签上的警告信息，从而提高工作效率和准确性。

总的来说，虽然传统意义上的提示工程可能面临挑战，但其在AI系统优化中的重要性仍不可忽视。随着自动化提示词生成技术的发展和应用，提示词工程师的角色将不断演变，以适应新时代的需求。未来，人类和AI的协作将变得更加紧密，共同推动技术的创新和应用。

本章小结

本章深入探讨了提示词工程的使用方法，旨在帮助读者更有效地与大型语言模型交互，提高模型输出的质量与个性化程度。首先通过分析人类大脑的语言认知过程、计算机模拟人类语言的早期尝试以及自然语言处理的快速发展，展现了大模型技术的进步及其对提示词工程的需求。然后对提示词工程进行了深入介绍。接下来通过示例，为读者提供了构建、调优提示词的具体方法，包括提示词基本格式，以及提示词递进式、关键词、语法和风格调优。最后，对一言百宝箱的功能进行了详细介绍。

第4章

强大功能：
使用文心一言的智能体

本章导读

　　本章详细介绍如何使用百度文心一言平台中的智能体背景、平台功能，以及各类智能体（AI Agent）的实际应用。无论是信息检索、创作提效，还是生活辅助，文心一言的智能体都展现出强大的适应性和广泛的应用场景。

4.1 文心智能体简介

　　文心智能体（Baidu Agent）是百度基于其强大的文心大模型推出的一系列智能助手，旨在帮助用户在各种场景中完成复杂任务。从自然语言处理到多模态交互，再到主动思考和任务分解，文心智能体具备高度的智能化和自主性，在感知、推理、学习、行动和反馈等方面均表现出色，广泛应用于多种行业和场景。

4.1.1 什么是智能体

　　我们准备一份重要的演讲稿时，需要快速找到最新的数据支持，并整理成结构清晰的内容。这时，只需打开文心一言，向智能体询问最新的市场趋势和数据报告，它不仅能迅速给出准确的信息，还能帮助我们将这些数据转化为图表，甚至为演讲稿提供逻辑清晰的框架。这种智能助手就是智能体的一个典型应用，帮助我们在繁忙的工作中提高效率，节省时间。

　　智能体概念起源于20世纪50年代，随着计算机科学的发展，逐渐演变为现代意义上的AI智能体。最早的智能体多用于简单的规则和逻辑判断。例如，早期的专家系统能够在特定领域内模仿人类专家的决策过程，广泛应用于医疗诊断、金融分析等领域。

1956年的达特茅斯会议标志着人工智能作为一个独立研究领域正式诞生。智能体的概念在随后几十年里经历了多个重要阶段的发展，包括20世纪80年代的专家系统和20世纪90年代的基于统计模型的自然语言处理和机器学习技术。随着计算能力的提升和数据资源的增加，智能体的能力逐步扩展。20世纪末，智能体开始应用于更加复杂的任务，如IBM的Deep Blue在1997年击败国际象棋世界冠军，加速了智能体在战略规划和复杂决策中的应用。

现代智能体已经不限于简单的规则执行，还能够通过机器学习和深度学习算法自主学习并优化决策。例如，自动驾驶汽车中的智能体可以实时感知道路环境，进行复杂的路径规划和风险评估，从而实现安全驾驶。

4.1.2 智能体的工作原理

智能体是一种能够感知环境、处理信息并作出决策的自主系统。它的工作原理涉及多个核心组件和技术，确保其能够高效地执行任务。

1. 智能体的主要工作原理

（1）感知（Perception）。智能体首先通过各种传感器或数据输入渠道感知环境。这些输入可以是文本、语音、图像或其他形式的数据。感知阶段的目标是将外部环境的信息转换为智能体能够理解和处理的内部表示。例如，在智能家居系统中，智能体可以通过麦克风感知用户的语音指令，通过摄像头识别环境中的人物和物体。

（2）信息处理与推理（Information Processing and Reasoning）。感知到的信息会进入智能体的核心处理模块。在这一阶段，智能体利用预先定义的规则或机器学习模型来分析和处理数据。对于复杂任务，智能体可能会使用多步骤推理过程，逐步解决问题。例如，在语音助手中，智能体首先将语音信号转换为文本，然后通过NLP技术理解用户的意图。

推理通常涉及以下3个步骤。

- 语义理解：智能体需要理解用户的语言输入，确定其含义和意图。
- 目标分解：对于复杂任务，智能体将整体目标分解为多个子任务，并按步骤执行。
- 推理与决策：智能体根据当前环境状态和预设的规则或模型，选择最优行动方案。例如，在自动驾驶系统中，智能体会根据传感器数据推理出最佳驾驶路径。

（3）记忆与学习（Memory and Learning）。为了提高任务的完成效率和准确性，智能体通常具备一定的记忆和学习能力。记忆模块允许智能体存储和回忆先前的交互信息，从而在未来的决策中加以利用。学习模块则使智能体能够通过处理大量的数据和反馈，不断优化其推理和决策模型。例如，在推荐系统中，智能体会根据用户的历史行为学习其偏好，并提供更个性化的推荐。

智能体的学习方式主要包括以下3种。

- 监督学习：通过标注的数据集训练模型，使其能够做出准确预测。
- 强化学习：通过与环境交互，智能体在试错过程中逐步优化决策策略，以获得最大化的累计奖励。
- 无监督学习：从未标注的数据中发现模式和结构，帮助智能体更好地理解复杂的数据集。

（4）行动（Action）。在完成感知、推理和学习之后，智能体进入行动阶段。在这一阶段，智能体将决策结果转化为实际操作。这可以是物理行动（如自动驾驶车辆的转向和加速），也可以是虚拟操作（如回复用户的文本或语音消息）。智能体的行动能力通常与其使用的执行设备或软件系统密切相关。例如，在金融交易系统中，智能体可以自动执行买卖指令；在机器人系统中，智能体可以控制机械臂进行精密操作。

（5）反馈与优化（Feedback and Optimization）。智能体在完成任务后，会根据实际效果获取反馈信息，并调整其内部模型和策略。这一过程使智能体能够在长期的使用过程中不断优化其表现，提高任务完成的质量和效率。反馈机制是智能体自我改进和适应复杂环境的重要途径。例如，自动驾驶系统中的智能体会在每次行驶结束后分析驾驶数据，并调整其驾驶策略以提高安全性和效率。

通过这些步骤，智能体能够在复杂、多变的环境中自主完成各种任务，从而展现出其强大的适应性和智能化水平。

2. 文心智能体的核心能力

文心智能体（Baidu Agent）是百度基于其文心大模型推出的先进智能体，旨在为用户提供更智能、更个性化的服务。文心智能体不仅能够处理复杂的自然语言任务，还能够在多种场景下帮助用户完成复杂信息处理和多模态交互全过程。例如，在智能客服系统中，文心智能体能够快速理解用户的需求，并提供精准的解决方案。

文心智能体的核心能力有以下3点。

（1）自然语言理解与生成。文心智能体能够理解复杂语境下的自然语言输入，并生成符合情境的输出。这在需要高效信息处理和精准表达的场景中尤为重要，如商业报告生成和市场分析。

（2）主动思考与任务分解。文心智能体能够自主分解复杂任务，并逐步执行每个步骤。例如，在项目管理中，文心智能体可以根据项目需求自动生成任务列表并跟踪进展。

（3）多模态交互。文心智能体支持文本、图像、语音等多种输入和输出方式，能够在医疗咨询、教育辅导等多个领域中提供智能化服务。

目前，文心智能体已被广泛应用于多个行业，如金融分析、医疗咨询、智能家居等。通过集成各种外部API和工具，文心智能体能够为用户提供全面、个性化的解决方案。

4.1.3　智能体的应用场景

智能体在众多领域得到了广泛的应用。常见的智能体应用场景如表4-1所示。

表4-1 常见的智能体应用场景

场景	应用概述	实例
智能客服与虚拟助手	智能体广泛应用于客户服务和虚拟助手领域，能够替代人工处理大量重复性任务，如回答常见问题、指导用户操作等。智能客服能够全天候提供服务，大幅提高了客户响应速度和满意度	文心一言的智能体已在多个企业的客服系统中部署，通过自然语言处理技术，能够理解用户的问题并提供实时答案。相比传统客服，智能体不仅降低了运营成本，还提升了服务质量
自动驾驶与智能交通	在自动驾驶领域，智能体起到了关键作用，负责感知周围环境、规划路径、避让障碍等。智能交通管理系统中，智能体还能够分析交通流量数据，优化交通信号灯的调控，减少拥堵	百度的Apollo平台通过智能体技术，实现了复杂城市环境中的自动驾驶。智能体不仅能处理实时交通信息，还能在紧急情况下作出快速反应，确保行车安全
医疗辅助与健康管理	智能体在医疗领域主要用于辅助诊断和健康管理。它们能够分析病人的历史病历和实时数据，提出诊断建议，甚至生成个性化的治疗方案	在医疗影像分析中，智能体可以识别X光片、CT扫描图像中的异常，并给出可能的诊断结果，帮助医生更快速地判断病情
个性化推荐与内容生成	基于用户行为和偏好的数据，智能体能够生成个性化推荐和内容。这在电商、娱乐、新闻等领域尤其重要，智能体可以根据用户的浏览历史和兴趣提供量身定制的商品、视频或文章推荐	在文心一言平台上，智能体能够根据用户的阅读历史，推荐相关的文章或新闻报道。此外，它还可以自动生成摘要或总结，帮助用户快速获取关键信息
智能制造与工业自动化	智能体在工业自动化中发挥着重要作用，能够自主控制生产线上的设备，优化生产流程，并对设备故障进行预测和预防	在智能工厂中，智能体通过实时监控生产数据，自动调整生产参数，以提高产品质量和生产效率。此外，它还能预测设备的维护需求，减少因设备故障导致的停机时间
金融服务与风险管理	智能体被广泛应用于金融领域，如自动化交易、风险评估、信用评分等。它们能够实时分析市场数据，作出快速交易决策，或评估贷款申请人的信用风险	智能体在股票市场中，可以根据实时市场波动进行高频交易，捕捉市场机会。此外，在银行业，智能体可以根据用户的信用历史，快速生成信用评分，为贷款决策提供参考

这些应用场景展示了智能体技术的广泛性和灵活性。文心智能体凭借其强大的自然语言处理和数据分析能力，能够在这些领域中提供高效、精准的服务，推动各行业的智能化进程。

4.1.4 文心智能体平台简介

文心智能体平台（AgentBuilder）是百度基于文心大模型推出的一个全面智能体开发与管理平台，如图4-1所示。

图4-1　文心智能体平台

文心智能体平台凭借其强大的技术支持、广泛的应用场景和灵活的开发方式，成为各行业开发智能体应用的理想选择。平台的目标不仅是降低智能体开发的门槛，更是为各类使用者提供一个可以充分发挥创意和技术的智能化平台，充实了百度搜索引擎的搜索体验。该平台具有以下特点。

（1）全面的开发支持。文心智能体平台为开发者提供了从零代码、低代码到全代码的多种开发方式，满足不同技术水平读者的需求。零代码开发环境允许用户通过简单的拖曳和配置操作来创建智能体，而高级用户则可以利用平台提供的API和SDK进行深度定制开发。

（2）多功能集成与应用。该平台支持智能体在各种场景中的应用，包括企业办公自动化、客户服务、数据分析、内容创作等多个领域。文心智能体不仅可以独立运行，还能与其他系统和应用无缝集成，形成一体化的智能解决方案。

（3）智能体模板与示例集成。为了降低开发门槛，文心智能体平台提供了丰富的智能体模板和开发案例。我们可以基于这些模板快速创建符合自己需求的智能体，或者参考开发案例学习如何构建复杂的智能体应用。

（4）强大的社区与技术支持。文心智能体平台拥有活跃的开发者社区，用户可以在社区中交流经验、分享资源、解决开发中的问题。百度还提供了全面的文档支持和技术培训课程，帮助开发者快速上手并提高开发效率。

（5）企业级解决方案。针对企业用户，文心智能体平台提供了企业级的开发与部署方案，包括智能体的版本控制、团队协作、权限管理等功能。这些功能帮助企业在开发和管理智能体时保持高效和规范。

4.1.5 文心一言智能体广场简介

文心一言智能体广场可以为我们提供丰富多样的智能体，如图4-2所示。这些智能体不仅可以用于回答问题，还能够在对话过程中主动提供帮助、执行复杂任务，并根据上下文进行推理和判断，从而提升文心一言的整体体验。

图4-2　文心一言智能体广场

1. 智能体广场的特色

（1）增强对话功能的智能体。在文心一言智能体广场中，我们可以直接调用各种智能体来增强对话体验。这些智能体涵盖了从文本生成、内容创作到信息查询、数据分析的广泛应用。无论是在对话中需要生成文案、获取实时资讯，还是进行专业领域的知识检索，使用者都可以通过调用相应的智能体来完成。

（2）无缝集成与智能推荐。文心一言平台通过智能推荐机制，为我们在对话过程中提供最合适的智能体。这些推荐基于过往对话内容和互动历史，使智能体更好满足对话需求。例如，在开始与文心一言进行对话时，系统会根据过往对话智能推荐相关的智能体，如奥运会期间自动推荐的体育智能体等，帮助我们快速解决问题，如图4-3所示。

图 4-3　对话开始阶段文心一言自动推荐的智能体

（3）多场景应用支持。文心智能体广场中的智能体不仅在文本对话中发挥作用，还支持多场景的应用。例如，我们可以在工作场景中使用 PPT 助手来快速生成演示文稿，或在学习场景中使用学术检索专家来查找相关文献。这些智能体的多功能性使文心一言平台不仅是一个聊天工具，更是一个全方位的智能助理。

（4）定制化与扩展性。我们可以根据自己的需求，定制化使用文心智能体广场中的智能体。同时，开发者也可以通过平台提供的开发工具，创建新的智能体并将其集成到对话系统中。这种定制化和扩展性使文心一言平台能够不断适应不同用户的需求，并随时更新和扩展其功能。

2. 智能体应用场景

（1）精选智能体。这些智能体是广场中特别推荐的应用，它们通常具有广泛的适用性和高使用频率，能够为我们提供实用的功能。

（2）创作提效。通过文心智能体广场中的写作助手、PPT 助手等工具，可以提升完成各类创作任务的工作效率。

（3）垂类知识。文心智能体广场为我们提供了深度专业知识支持。例如，学术检索专家和自然语言处理专家，可以帮助我们在特定领域中获取所需信息。

（4）生活助手。文心智能体广场中的生活助手类智能体，如旅游指南、健康饮食助手等，可以帮助使用者优化日常生活，提供便捷的服务。

4.2　文心一言精选智能体的使用

文心一言平台会推荐一些智能体用于处理各种日常任务和专业需求。这些精选智能体涵盖了多个应用领域，从体育资讯到写作辅助，再到专业领域的咨询服务。以下是文心一言精选智能体的具体使用方法和特点介绍。

4.2.1 热点体育智能体

在巴黎奥运会期间，文心一言协同直播吧联合发布了该智能体，通过聊奥运八卦、追明星选手、奥运小知识和赛事预言家四个板块为我们增加了奥运观赛体验，在欣赏紧张紧凑赛事同时，增添了更加沉浸式的体验，可随时随地获得与奥运相关的各类小知识，如图4-4所示。未来，该智能体还可在不同大型赛事举办期间切换主题，增加知识库，以适应当季举办赛事的问答要求。

图4-4　热点体育智能体问答图

4.2.2 仔细想想

该智能体在输入与输出环节增强了文心一言的思考能力，可作为深层次逻辑性分析的助手。其在输入环节引入慢思考机制，能够深入理解和分析我们提出的需求，在输出环节可自主拆解答案并进行精准校验，极大地提升了回答的准确性和可靠性。该智能体当前只对文本创作和知识问答任务生效，暂不支持与其他智能体同时使用。

在被问及"快乐和幸福是一个含义吗"这样的问题时，该智能体将问题的分析分为两步，第一步通过大模型得到了问题的回复，如图4-5所示。

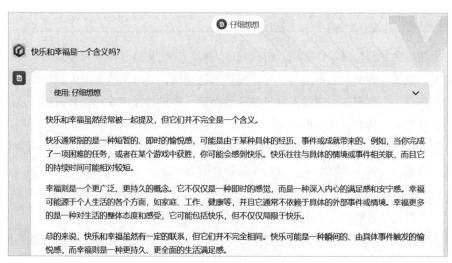

图 4-5 仔细想想分析问题步骤①

第二步，智能体对问题进行了反思，为了验证观点查找了多个不同数据源，验证了"快乐"和"幸福"的不同定义并进行交叉比对，并对"快乐和幸福"之间的逻辑关系进行了分析，进而确定回复中不存在需要核实并修正的观点，确保了逻辑上的严谨，如图 4-6 所示。

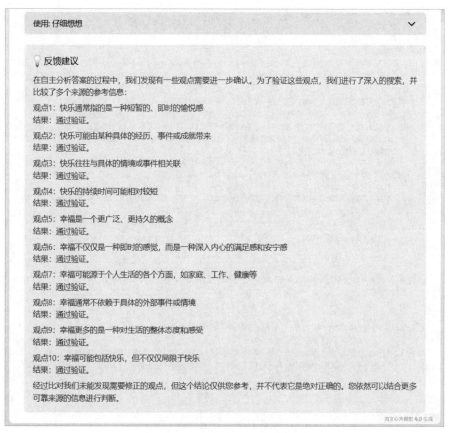

图 4-6 仔细想想分析问题步骤②

4.2.3 写作助手

写作助手能协助我们梳理写作思路、生成内容大纲、优化文稿，提升写作效率。写作助手通过识别语法错误、逻辑问题和表达不清的部分，提供改进建议，同时支持资源引用与链接整合，提升文稿的学术严谨性。它还具备创意激发和灵感提示功能，提供写作建议和素材拓展，适用于商业文案、学术论文及创意写作的多种应用场景。

（1）商业文案写作。写作助手能够帮助市场营销人员、品牌策划者等撰写高质量的广告文案、品牌故事或市场报告，确保内容准确、吸引人且符合商业需求。

（2）学术论文撰写。对于研究人员和学生，写作助手提供了从文献综述到数据分析的全面支持，帮助他们撰写出符合学术规范的高质量论文。

（3）创意写作。写作助手为小说家、剧作家等创意工作者提供了灵感激发和情节设计的辅助工具，帮助他们打破写作瓶颈，创造出更加丰富和有趣的作品。

例如，在被要求撰写巴黎奥运会中足球比赛的总结时，该智能体通过一系列的思考和行动，从一个创意开始逐渐收集线索并进行规划，最终形成了巴黎奥运会足球比赛的总结大纲，如图4-7所示。

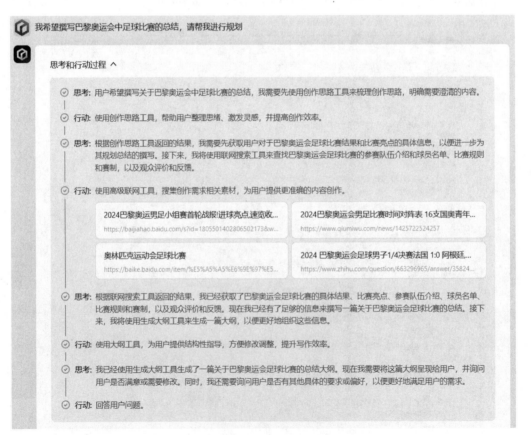

图4-7　写作助手进行写作规划的过程

4.2.4　智慧图问

智慧图问是一款"图生文"智能体，能够通过自然语言生成对图像的详细描述和分析。不论是生活照、艺术作品，还是学术图表，智慧图问都能深入挖掘图像背后的故事和意义，为我们提供准确且富有深度的解读。

使用时，我们只需上传一张图像，智慧图问便会自动生成一段描述性文字，细致地解读图像的视觉元素和情感氛围。例如，当我们上传一张机场候机厅的照片，智慧图问能够捕捉到图像中的细节，如夕阳的色彩变化、窗外的景象，以及室内乘客的神态与动作，并将这些元素编织成一段富有诗意且贴近生活的描述，如图4-8所示。这种深度解读不仅帮助我们更好地理解和欣赏图像，还能为创作提供丰富的灵感。

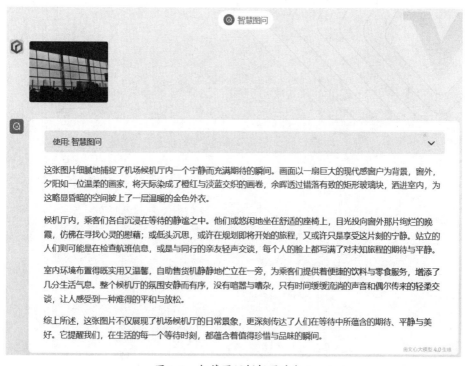

图4-8　智慧图问解析图片含义

4.2.5　文心快码 Comate

文心快码Comate是一款智能编程助手，帮助开发者提升代码编写的效率与质量。它具备200多种语言的编程能力，能够根据我们输入的需求自动生成相应的代码。

例如，在我们请求用Pascal语言编写一个简单的计算器程序时，文心快码Comate不仅提供了完整的代码示例，还进行了解释。即使对特定编程语言不熟悉，我们也能快速理解并应用这些代码，如图4-9所示。

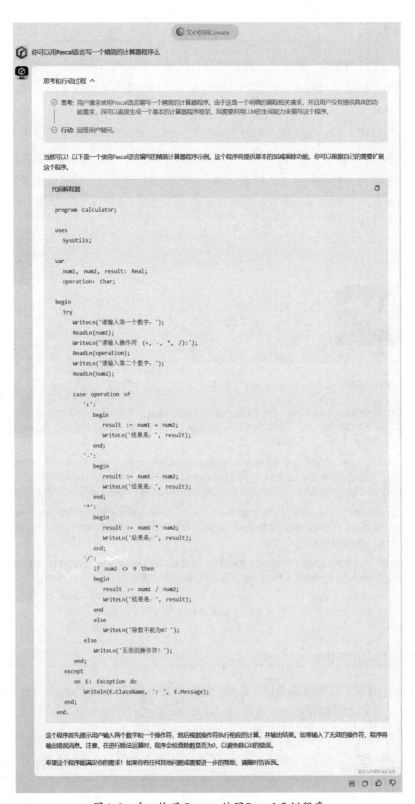

图4-9　文心快码 Comate 编写 Pascal 示例程序

该智能体还支持代码优化与错误检查，能够识别代码中的潜在问题并提出改进建议，从而提升代码的性能和可维护性。它可广泛应用于以下各类场景中。

（1）应用场景。文心快码Comate为编程初学者提供了极大帮助，通过自动生成代码示例和解释，帮助快速掌握编程基础。

（2）复杂问题解决。对有经验的开发者来说，它能够在面对复杂编程任务时提供精准的代码解决方案，加速开发进程。

（3）跨语言支持。无论使用哪种编程语言，该智能体都能够提供相应的代码支持，使开发工作更加便捷高效。

文心快码Comate作为智能编程助手，不仅提升了编程效率，也降低了编程的技术门槛。通过智能代码生成与优化功能，成为开发者的得力工具。

4.2.6　农民院士智能体

农民院士智能体通过连接丰富的农业数据库和专家知识库，可以提供科学、实用的农业知识和技术指导，根据不同的农业生产问题提供精准建议。例如，当我们讨论旱地优质稻品种的选择时，智能体可以依据土壤条件、气候特征和市场需求，推荐适合种植的稻米品种，并详细解释这些品种的关键特性，如分蘖力、耐旱性、抗病性等，如图4-10所示。这些信息有助于我们优化种植策略，提高产量和经济效益。

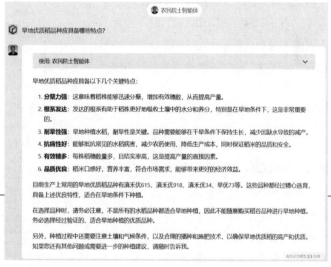

图4-10　农民院士智能体提供建议

4.2.7　爱情 MBTI 测试助手

爱情MBTI测试助手是一款基于MBTI性格类型理论设计的智能工具，旨在帮助我们更好地了解自己的爱情性格特质。通过一系列精心设计的测试题目，爱情MBTI测试助手能够揭示内心深处的爱情人格，帮助我们在恋爱关系中更加清晰地认识自己和伴侣的互动模式，如图4-11所示。

图4-11　爱情MBTI测试助手

4.2.8 阅读助手 plus

该智能体可帮助我们对文档或链接进行内容摘要、知识问答和文案创作。在智能体内上传Word、PDF、TXT、Excel、PPT等格式的文件，或将链接粘贴到输入框后，即可得到该内容的概要，极大地缩短了泛读材料所需的时间，如图4-12所示。

4.3 创作提效智能体的使用

在现代创作和工作中，效率与创意同样重要。文心一言平台提供了一系列创作提效智能体，帮助我们在各类创作任务中提高效率并激发灵感。这些智能体涵盖了从图像生成到代码转换，再到动画制作等多种应用场景，成为创作工作的有力助手。

4.3.1 AI 绘画提示词生成器

AI绘画提示词生成器可以帮助我们快速生成绘画创作的灵感和提示词。生成器通过分析输入的主题或描述，生成一组完整的提示词，包括主体、视角、情绪、光线和色彩等方面的建议，帮助我们将抽象的创意转化为具体的视觉元素。

例如，在选择幻想（神秘的星空）的主题后，生成器能够提供多组包含主体构图、色彩搭配、光线处理和情感表达等多方面的提示词，如图4-13所示。

图 4-12 阅读助手 Plus 智能体输出结构化概要

图 4-13 AI绘画提示词生成器生成图片提示词

4.3.2　CSS 转换器

CSS 转换器智能体是一款为网页设计师和前端开发人员提供的智能工具，旨在简化 CSS 代码的编写与转换过程。

例如，当我们需要创建一个带有渐变背景的按钮时，只需输入需求，CSS 转换器就能生成对应的代码，并且会根据具体要求，如颜色、字体、内边距、边框半径等进行调整，如图 4-14 所示。

4.3.3　E 言易图

该智能体基于 Apache ECharts 可以提供数据洞察和图表制作，目前支持柱状图、折线图、饼图、雷达图、散点图、漏斗图、思维导图。该智能体可结合大模型的分析能力及数据获取能力，以单一指令直接获得最终图表，极大地方便数据分析及撰写各类报告时的数据采集及整理分析工作。例如，我们要求该智能体画出样例散点图，可以看到它不仅画出了所需散点图，同时很严谨地列出了详细信息，供我们参考，如图 4-15 所示。

4.3.4　AI 词云图生成器

AI 词云图生成器可以根据我们的指令生成对应的词云图片，方便在演示及分析中将文本中最重要的关键词提炼出来。这里我们以一段文字为例，通过该智能体生成了词云的图片，如图 4-16 所示。从图中可见叶子是该段话的主题，和我们的内容一致。

图 4-14　CSS 转换器智能体生成网页样式代码

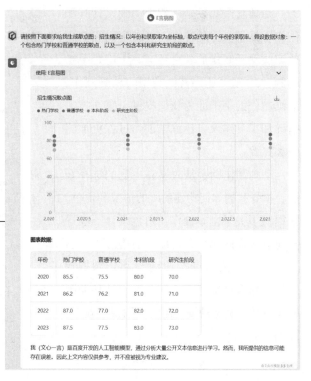

图 4-15　E 言易图绘制数据柱状图

图4-16　AI词云图生成器生成词云

温馨提示：词云（Word Cloud）是一种基于词频的文本可视化技术，由美国西北大学新闻学副教授、新媒体专业主任里奇·戈登（Rich Gordon）提出。他通过形成"关键词云层"或"关键词渲染"的方式，对网络文本中出现频率较高的"关键词"进行视觉上的突出，从而帮助浏览者快速领略文本的主旨。在词云中，每个词的大小表示它在文本中的出现频率或重要性。

4.3.5　动画制作助手

动画制作助手是一款为动画设计师和创作者提供支持的智能工具，帮助我们高效完成动画制作的各个环节。无论是手绘动画、2D动画还是其他类型的动画制作，动画制作助手都能为我们提供灵感、技术指导和工具建议，让整个创作过程更加流畅和高效。

动画制作助手从故事和主题的选择开始，指导我们如何构建动画的情节和角色。它提供了关于剧本创作、角色设计、场景搭建等方面的建议，帮助我们构思一个引人入胜的故事。同时，助手还可以根据我们的创作风格推荐合适的分镜设计和动画制作技巧，确保动画的流畅性和视觉效果，如图4-17所示。

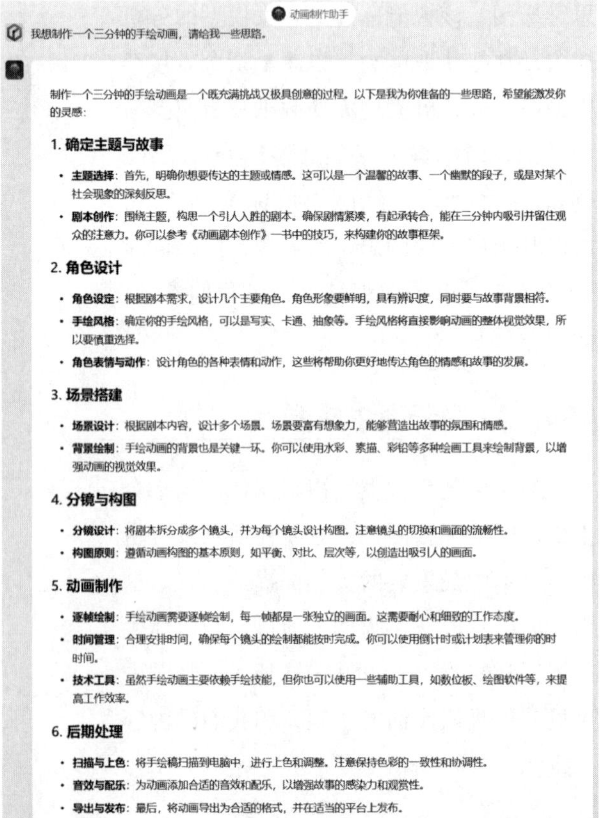

图4-17　动画制作助手智能体生成动画制作建议

4.3.6 PPT 助手

PPT助手智能体可一键生成精美PPT，支持对生成的PPT进行AI二次编辑、手动编辑、格式转换及导出等多样化操作。覆盖营销、教学、会议、知识总结、沟通讲解、开题报告、述职答辩等分享与汇报场景。

我们以"全球视角下的金融科技新趋势"为题，要求该智能体生成PPT，如图4-18所示。

图4-18　PPT助手生成PPT预览图

单击右下方的【查看文件】按钮后，可获取该PPT详情。该智能体生成了30页PPT，如图4-19所示。由于学习了百度文库相关内容，生成的大纲结构丰富、内容翔实。

图4-19　PPT助手生成PPT详情

4.3.7 一镜流影

该智能体可以利用文字直接生成视频，依托文心跨模态大模型，突破了不同模态之间语义对齐等技术难题。它可以根据我们输入的主题词、语句、段落篇章等文字描述内容，以及背景音乐、播报语音、视频时长及风格等要求，一键生成 AIGC 短视频，为大模型+视频带来了全新的效率升级与想象力突破。

在智能体生成的回复中，可直接播放视频，也可全屏播放及下载视频，如图 4-20 所示。该智能体可为旅游宣传、产品展示、教育培训、新闻报道及个人自媒体创作提供强大的支撑，降低文案撰写、视频剪辑及配音等工作量。

图 4-20　一镜流影智能体"文生视频"

4.4 垂类知识智能体的使用

垂类知识智能体是文心一言平台提供的一系列专注于特定领域的智能助手，旨在为我们提供深入的专业知识和实用的技能指导。这些智能体覆盖了生物化学、自然语言处理、学术研究、商业信息、驾考辅导、职场技能、百科知识以及加盟咨询等多个领域，帮助我们在各自的专业或兴趣领域中提升效率、解决问题。

4.4.1 生物化学学习助手

生物化学学习助手是一款专为学习和研究生物化学的读者设计的智能体，帮助我们深入理解生物化学的复杂概念和实验过程。无论是基础知识的学习，还是高级领域的探索，生物化学学习助手都能提供详细的理论解释、实验指导和疑难解答，帮助我们在生物化学领域中更加自信地应对各种挑战，如图4-21所示。

图 4-21 生物化学学习助手解释生物问题

4.4.2 自然语言处理专家

自然语言处理专家是一款为从事NLP研究和应用的用户提供全面支持的智能体。它能够帮助我们深入理解和应用NLP技术，从而在文本数据的处理与分析中发挥更大的作用，如图4-22所示。

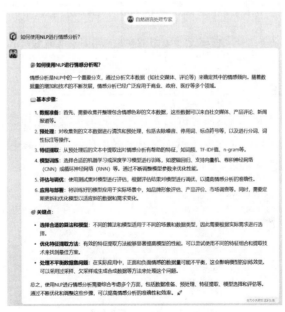

图 4-22 自然语言处理专家智能体解释NLP相关问题

4.4.3 学术检索专家

学术检索专家是一款专为研究人员、学者和学生设计的智能体，基于百度学术的丰富资源，帮助我们高效地检索和筛选学术文献。无论是在撰写论文、进行课题研究，还是准备学术报告，学术检索专家都能为我们提供精准的文献支持，提升研究的效率和质量。

以"计算机中的模糊测试技术的研究"为例，该智能体通过搜索百度学术海量数据体，为我们提供了10项相关参考材料，便于快速找到与研究主题相关的学术论文、期刊文章、会议记录等，如图4-23所示。这一功能极大地减少了我们在海量文献中筛选所需文献的时间和精力。

图4-23　学术检索专家智能体提供学术论文搜索结果

4.4.4 商业信息查询

该智能体对于撰写市场报告或竞品分析尤为有用。它链接爱企查提供的商业信息检索能力，可用于查企业工商、上市等信息以及老板任职、投资情况。在这里我们查询百度公司董事信息，可得到该智能体提供的基础信息，如图4-24所示。

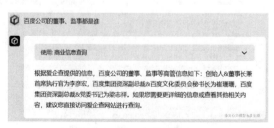

图4-24　商业信息查询结果

4.4.5　驾考导师

驾考导师智能体是一款专为驾照考试学员设计的学习助手，致力于帮助我们顺利通过驾驶考试，从理论学习到实际操作，提供全方位的指导与支持。无论是备考初学者还是需要复习的老司机，驾考导师都能为我们提供个性化的学习路径和实用的练习建议，提升驾考通过率，如图4-25所示。

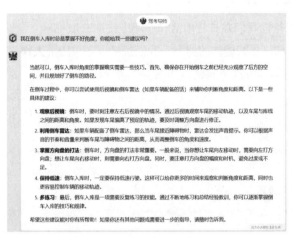

图 4-25　驾考导师提供驾驶问题诊断

4.4.6　职场先锋

职场先锋智能体是一款致力于提升我们职业发展和职场竞争力的智能体。无论我们是职场新人还是经验丰富的从业者，职场先锋都能帮助我们规划职业路径、提升专业技能，并在不断变化的职场环境中保持竞争优势。

职场先锋能够帮助我们了解最新的行业发展趋势和市场需求变化。例如，我们可以通过它查阅行业研究报告、市场数据和政策文件，获得对未来行业前景的全面了解，确保我们在职业规划中做出明智的决策，如图4-26所示。

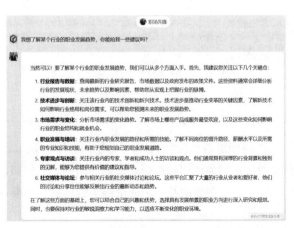

图 4-26　职场先锋智能体提供行业学习建议

此外，该智能体还能够给出职业规划与技能提升、求职市场需求与变化分析、专家见解与访谈及职业发展社区与社交网络等多方面建议。通过职场先锋智能体，我们可以更好地规划职业路径，提升自身竞争力，抓住每一个职业发展的机会，实现职业生涯的持续进步。

4.4.7 百科同学

百科同学智能体可以帮助我们在日常生活和学习中快速获取准确、全面的信息，如科学、历史、文化与艺术等知识。为了验证该智能体的能力，我们选择了一位历史人物"王韶"，并以其生平提问，可以看到百科同学正确的回答了这个问题，如图4-27所示。

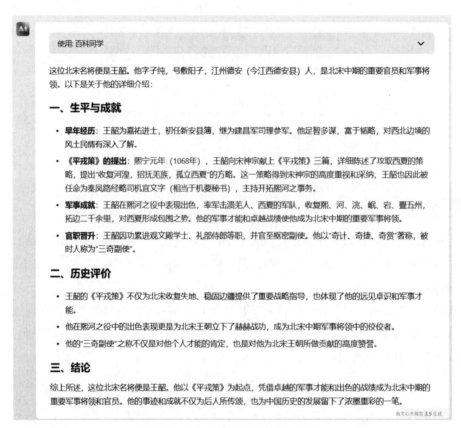

图 4-27 百度百科回答历史人物提问

4.4.8 加盟信息查询

该智能体对接加盟星，提供加盟信息检索能力，可用于查询具体品牌的加盟流程、加盟费用、加盟条件等信息，帮助创业者更精准地评估和选择合适的加盟项目。例如，我们咨询某奶茶品牌的加盟条件，很快就得到驻店要求、公司要求及法定要求等关键信息，如图4-28所示。

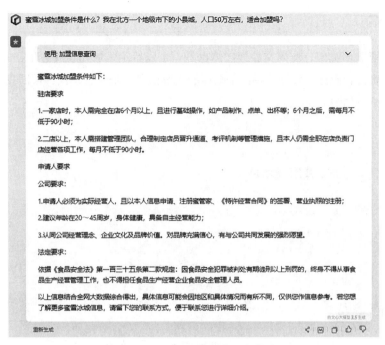

图 4-28　加盟奶茶门店信息查询

4.5 / 生活助手智能体的使用

生活助手智能体是文心一言平台专为满足日常生活需求而设计的一系列智能工具，涵盖了从旅游、汽车维护到园艺等方面。无论是计划一次旅行，处理日常事务，还是提升生活品质，生活助手智能体都能为我们提供便捷、实用的服务，帮助我们更好地管理生活的方方面面。

4.5.1 大连文旅

大连文旅智能体是专为大连市及其周边地区的旅行者设计的旅游助手，提供一站式的旅游信息与服务。通过大连文旅智能体，我们可以轻松获取有关大连的景点推荐、最佳观海打卡点、城市漫步路线等信息，让旅行变得更加便捷和愉快，如图4-29所示。

图 4-29　大连文旅智能体页面

4.5.2　沈阳文旅

与大连文旅智能体类似，沈阳文旅智能体也是一个以特定区域知识库为依托的文旅问答服务。专为沈阳地区的旅行者设计，智能体提供了全面的旅游信息和个性化建议，帮助我们深入探索沈阳这座历史文化名城，如图4-30所示。

图4-30　沈阳文旅智能体页面

4.5.3　新加坡旅游局

新加坡旅游局智能体是专为计划前往新加坡的游客设计的旅行助手。与前面提到的智能体类似，它也依托于特定的区域知识库，为我们提供全面的旅游信息和个性化问答服务，如图4-31所示。然而，作为一个国际旅行助手，新加坡旅游局智能体在信息的广度和深度上更为丰富，可以满足我们对境外旅游的多样化需求。

图4-31　新加坡旅游局智能体页面

4.5.4　汽车维修大师

汽车维修大师智能体是一款专为车主设计的助手，提供全面的汽车维护和维修指导。它依托广泛的知识库，通过问答形式解答各种车辆维护和故障排除的问题，侧重实用性和操作性，为我们提供详尽的保养建议和维修指南，保持车辆的最佳状态。

如图4-32所示，该智能体针对"汽车发动机出现故障"的问题提供了完整的解决方案，不仅帮助我们快速诊断故障原因，还提供了安全停车、联系专业维修人员等实用建议。

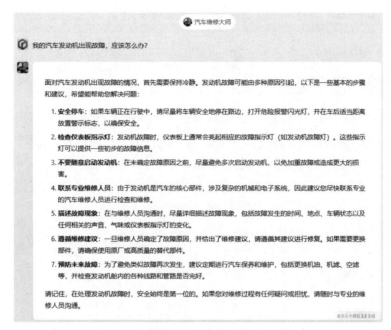

图4-32　汽车维修大师智能体解答故障问题

4.5.5　园艺养护顾问

园艺养护顾问智能体是一款为园艺爱好者设计的助手，提供全面的植物养护建议和园艺知识指导。依托丰富的植物学知识库，智能体通过问答形式帮助我们识别问题，并提供了科学的解决方案，使植物能够在理想的环境中茁壮成长。

例如，该智能体帮助我们解决富贵竹叶子发黄的问题。通过分析可能的原因，如光照不足、施肥不当或空气流通不良，智能体提供了具体的调整建议，确保植物恢复健康，如图4-33所示。

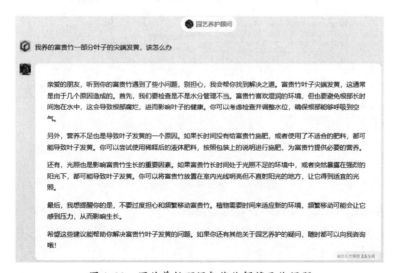

图4-33　园艺养护顾问智能体解答具体问题

专家点拨

技巧 01：快速创建文心智能体

作为百度推出的一款强大 AI 工具，文心智能体平台专为各类应用场景中的智能体开发提供支持。无论是企业用户还是个人开发者，都可以通过文心智能体平台，使用快速创建及低代码两种模式轻松创建、配置和部署具备高度智能化和个性化功能的智能体，以满足各类业务需求。

这里我们重点简介快速模式，该模式适合没有编程基础或想要快速生成智能体的用户，如图4-34所示。

图 4-34　快速模式创建智能体

通过这一模式，用户只需简单操作，即可快速创建一个功能完善的智能体，基本步骤如下。

第1步　基础配置：通过快捷设置智能体角色的背景信息及任务设定等信息，使智能体快速具有自己的"角色"和"灵魂"。

第2步　高级配置：在配置基础参数后，我们可以根据自己的实际需求对模板进行深入的参数配置。例如，设置智能体的知识库及数据获取形式、工作流及对话配置等，使智能体的定制化程度更高。

第3步 ● 一键生成：完成配置后即可便捷发布智能体，平台会自动完成智能体的创建和部署。整个过程无须编写任何代码。

快速创建模式大大简化了智能体开发的过程，使即使是技术小白也能轻松上手，并快速实现从创意到落地的转化。这一模式非常适合需要在短时间内完成智能体开发的场景，如营销活动、临时客服等。

技巧 02：他山之石——ChatGPT 的 GPTs 智能体体系

GPTs智能体商店于2024年1月11日开放，是一个浏览和共享自定义GPT智能体的平台。我们可以浏览和试用各种模型，这些模型由企业和部分爱好者专为特定任务和需求设计，如写作工具、生产力工具、研究与分析应用、教育助手、生活方式项目和编程助手等，如图4-35所示。

每个智能体页面都有详细的功能描述、创建者信息和用户评价，帮助我们选择最适合的助手。在商店中选用智能体非常简单。通过分类浏览或搜索找到感兴趣的智能体，点击"开始聊天"按钮即可直接使用，无须下载或复杂配置，如图4-36所示。这种方式大大降低了技术门槛，使任何人都可以轻松上手。

图 4-35　GPT 智能体商店页面

图 4-36　应用商店中 Data Analyst 智能体详情页面

当然，也可以在ChatGPT的聊天对话框中 输入"@"符号呼叫对应的智能体，做到随用随写及在一个对话中调用多个智能体的能力，完成更加复杂的任务，如图4-37所示。

我们不仅可以使用现有的智能体，还可以创建并分享自己的GPT智能体。单击主页右上方的"创建"按钮，可以进入创建GPT智能体的页面。创建者可以将自己的智能体提交审核，通过后便可上架供其他用户使用。使用过智能体的用户可以对其进行评分和评价，这些反馈不仅有助于其他用户了解智能体的性能和可靠性，还帮助创建者不断改进智能体。点击GPT应用商店首页右上方"我的GPT"按钮，可以查看自己创建的各个智能体及其使用人数，如图4-38所示。

图 4-37　在 ChatGPT 的聊天对话框调用其他智能体　　　　图 4-38　我的 GPT 页面

高质量和受欢迎的智能体有机会在商店中被推荐到精选频道，增加曝光率和使用量。创建者可以通过优化智能体的性能和用户体验来提高其竞争力。

GPT智能体商店为我们提供了一个便捷的平台，极大地扩展了ChatGPT的应用场景和功能。无论是个人用户还是企业用户，都可以通过GPT商店找到适合自己需求的智能体，提升工作效率和创造力。

本章小结

通过学习本章内容，我们对文心一言智能体有了全面的认识。文心智能体通过强大的自然语言处理、多模态交互和自主学习能力，在工作、学习和生活中展现出卓越的智能化水平。无论是企业级应用还是个人日常使用，文心一言智能体都能够满足多样化的需求，提供高效、可靠的解决方案。随着这些智能体的不断发展和完善，未来我们将在更多场景中看到它们的广泛应用。

⚠️ **温馨提示：** 由于百度文心一言AI大模型的功能与应用场景在不断地更新和完善，因此读者在学习时可能部分功能与书中介绍有所不一样，但重在学习和理解相关功能模块的应用方法。

第5章

应用实战：
文心一言在日常办公领域的应用

本章导读

　　本章将深入介绍文心一言在日常办公领域的应用，分为文案撰写、课程教学、创意设计、效能助手四大部分，通过具体案例展示如何借助文心一言提升工作效率和创造力。

　　本章不仅为内容创作者、教育工作者和设计师提供了价值，也为寻求办公效率和创新方法的专业人士开辟了新途径。通过专家点拨和技巧分享，本章可加深读者对文心一言功能及其在职场应用潜力的理解。

5.1　文案撰写

　　AI时代，大模型在文案撰写中发挥着关键作用，它通过深度分析和创新策略，为各种场景提供精准文案。本节将介绍文心一言在文章构思、话术生成、广告方案等方案撰写工作中的多重应用。

5.1.1　文章构思

　　文章构思是写作过程中至关重要的一步，它关乎文章的主题确定、结构规划，以及内容的丰富程度。本小节将通过一个例子来演示利用文心一言构思文章的主题、摘要和结构。

　　例如，如果我们计划写一篇关于"远程工作的未来"的文章，可以让文心一言提供关于远程工作的最新研究报告、统计数据以及未来趋势的预测，以引导其通过联网插件搜索足够多的背景信息。

⌨ **用户提问：**

　　请提供关于远程工作的最新研究报告、统计数据和未来趋势的预测，包括但不限于远程工作的普及度、它对企业和员工的影响以及可能的长远变化。请着重于最近一两年的数据和研究成果，以确保信息的时效性。同时，如果可能的话，也请提供一些权威机构或研究机构的观点，以及他们对于远程工作未来发展的看法和预测。这些信息将用于构思一篇关于"远程工作的未来"的文章，因此请确保数据和预测的准确性和深度。

文心一言回答：

远程工作的最新研究报告、统计数据和未来趋势预测

一、远程工作的普及度

近年来，远程工作已成为全球范围内越来越普遍的工作模式。新冠肺炎疫情的爆发无疑加速了这一趋势，使远程工作不再局限于特定行业或职位，而是广泛普及到各行各业。根据最新的统计数据，××××年，全球有超过××%的员工至少有一部分时间在进行远程工作，这一比例在新冠肺炎疫情期间及之后显著上升。

二、远程工作对企业和员工的影响

1. 对企业的影响

- 成本效益：企业可以节省办公空间租赁、设备购置和维护等费用，同时减少员工通勤相关的开支。
- 招聘范围扩大：不再受地理位置限制，企业可以从全球范围内招聘最优秀的人才。
- 效率和产出：多项研究表明，远程工作并不降低工作效率，反而有时会因为减少了通勤时间和办公室政治的干扰而提高工作效率。

2. 对员工的影响

- 工作与生活平衡：远程工作为员工提供了更大的灵活性，使他们能够更好地平衡工作和生活。
- 减少通勤压力：省去了通勤时间和成本，员工可以将这些时间和资源用于更有价值的活动。
- 工作满意度提升：多项研究显示，远程工作能极大地提高员工的幸福感。

三、长远变化及未来趋势预测

（1）灵活工作时间的普及：随着对工作效率和员工健康的双重关注，越来越多的企业将采用灵活的工作时间制度，允许员工根据自身的工作效率和生活实际情况安排工作时间。

（2）高效工作管理工具的需求增加：为了更有效地管理远程团队，企业会投资于项目管理工具、时间跟踪软件和协作平台等技术，以提高工作效率和降低员工过度劳累的风险。

（3）远程工作的常态化：权威机构预测，远程工作将成为一种常态化的工作模式，尤其在知识密集型行业和服务业中更为普遍。

（4）新型工作空间的兴起：随着远程工作的普及，共享办公空间和联合办公空间等新型工作模式也将得到发展，为那些需要偶尔面对面交流或临时办公空间的远程工作者提供服务。

四、权威机构观点

根据国际劳工组织（ILO）的研究报告，随着技术的进步和劳动市场的变化，远程工作将成为未来劳动力市场的一个重要特征。

综上所述，远程工作已经成为并将继续成为未来工作模式的重要组成部分。对于企业和员工而言，适应和利用好这一趋势，将有助于提高工作效率、降低成本并提升工作满意度。

可以看到文心一言首先根据提示词在网上查询了关于远程办公、远程协作的市场报告，并根据这些报告总结出了远程工作的普及度、对企业和员工的影响、长远影响及长远变化和未来趋势预测，

并引用了权威机构观点，供我们参考。

接下来，我们要求文心一言根据这些信息进行详细构思，它很贴心地生成了主题、摘要和文章结构。我们可以依照这些信息开始文章的撰写工作。

🔟 **用户提问：**

根据这些信息构思文章的主题、摘要和结构。

🗝️ **文心一言回答：**

标题：《远程工作的革命：现状、影响与未来趋势》

文章概要：

本文将深入探讨远程工作的现状、它对企业和员工产生的深远影响，以及预测其未来可能的发展趋势。我们将从远程工作的普及度开始，分析它如何在全球范围内变得越来越普遍，并探讨新冠肺炎疫情是如何加速这一变革的。接着，我们将详细讨论远程工作对企业和员工带来的具体影响，包括成本效益、招聘范围的扩大、工作与生活平衡的改善等方面。最后，我们将展望远程工作的未来趋势，包括灵活工作时间的普及、高效工作管理工具的需求增加、远程工作的常态化和新型工作空间的兴起。通过本文，读者将能够全面了解远程工作的全貌，并为未来的职场变化做好准备。

文章结构：

一、引言

（1）简述远程工作的定义与背景。

（2）强调新冠肺炎疫情对远程工作的推动作用。

（3）提出文章的核心议题：远程工作的现状、影响及未来趋势。

二、远程工作的现状

（1）统计数据揭示远程工作的普及程度。

（2）全球范围内远程工作的行业分布与特点。

（3）企业在远程工作中的实践与挑战。

三、远程工作对企业的影响

（1）成本效益分析：节省办公成本，提高运营效率。

（2）招聘与人才策略的变化：全球招聘，优化人才结构。

（3）企业文化与团队协作的新挑战与机遇。

四、远程工作对员工的影响

（1）工作与生活平衡的改善与心理健康的提升。

（2）减少通勤时间与成本的实际效益。

（3）工作满意度与职业发展的新机遇。

五、远程工作的未来趋势

（1）灵活工作时间的普及与高效工作管理工具的需求。

（2）远程工作的常态化及其在知识密集型行业中的应用。

（3）新型工作空间的兴起与远程工作者的新选择。

六、结论

（1）总结远程工作的现状、影响与未来趋势。

（2）强调企业与员工应如何适应并利用远程工作的机遇。

（3）展望远程工作在未来劳动力市场的角色与挑战。

5.1.2　话术生成

在如今竞争激烈的市场中，提供优质的客户服务成了品牌脱颖而出的关键。但这并非易事，因为企业需要同时快速响应客户需求并确保服务质量。随着客户期望的不断升高，他们不仅希望问题能迅速得到解决，还期待每次服务都具有个性化的体验。面对这些挑战，大模型就派上用场了。利用先进的自然语言处理技术，大模型能够理解和生成针对具体情况的回答，不仅提升了响应速度，还能根据不同客户的需求提供个性化的服务。无论是处理常规咨询还是解决复杂问题，大模型都能确保每一位客户都得到满意的答复。这样一来，企业不仅能提升客户满意度，还能在激烈的市场竞争中保持领先。

以传统客服场景为例，我们可以利用文心一言来生成最优的话术。在这一过程中，首先要明确告诉文心一言它的角色和任务，同时也指明应对各种常见情境的具体要求。

用户提问：

在这个场景中，你将扮演一名客户服务代表，负责处理来自不同客户的查询和投诉。你的任务是提供准确、有帮助的信息，并以友好和专业的态度与客户互动。请确保你的回答是简洁明了的，并尽可能在第一时间解决客户的问题。以下是你可能会遇到的几种情况。

常见问题解答：客户可能会询问关于产品的详情、订单状态、退货政策等。你需要确保提供详细准确的信息，并指导客户进行操作。

处理投诉：当客户对产品或服务不满意时，他们可能会提出投诉。你需要耐心倾听，表达同情和理解，并提出有效的解决方案，以恢复客户的信任和满意度。

提供产品信息：客户可能会询问某一产品的功能、规格或可用性。你应提供全面的产品信息，并帮助客户了解如何最大限度地利用这些产品。

你的目标是通过提供卓越的客户服务来增强客户的满意度和忠诚度。请始终保持积极的态度，并尽力确保每一位客户都能获得积极的体验。

文心一言回答：

您好！我是客户服务代表，很高兴为您服务。请问您有什么需要帮助的？无论是产品详情、订单状态还是退货政策，我都会尽力为您提供详细准确的解答。如果您对某一产品的特定功能或规格有疑问，我也会为您提供全面的产品信息。如果您对我们的产品或服务有任何不满，我非常愿意倾听并帮助您解决问题。请随时告诉我您的需求，我会尽力为您提供满意的答复和解决方案。

文心一言给出的回复直接而贴切，有效指导了客户如何自助查询订单，并明确提供了联系客服的解决方案，传达出了快速解决问题的承诺，并展现了良好的服务意识。

> **☞ 用户提问：**
> 我的订单还没有收到，怎么办？

> **🌐 文心一言回答：**
> 非常抱歉给您带来困扰。如果您的订单还没有收到，请首先确认您的订单状态。您可以通过我们的官方网站或 App 查看订单状态，检查订单是否已经发货。
>
> 如果订单已经发货，请查看物流信息，了解订单的配送进度。如果发现物流信息长时间没有更新或出现异常情况，请及时联系我们的客服团队，我们将尽快为您查询和解决问题。
>
> 如果订单还未发货，可能是由于库存、配送等原因导致的延迟。您可以联系我们的客服团队了解具体情况，并催促我们尽快发货。
>
> 另外，如果您选择了自提或指定了收货时间，也请确认一下是否按照约定的时间和地点去取货或等待收货。
>
> 如果您已经等待了很长时间，而且物流信息也没有更新，建议您直接联系我们的客服团队，提供订单号码和相关信息，我们将尽快为您查询订单状态并给出相应的解决方案。
>
> 最后，再次感谢您的耐心等待和理解！我们会尽快处理您的问题并确保您的订单能够顺利送达。如有其他问题，也请随时与我们联系。

在处理客诉场景时，文心一言给出的回复充满了同情心和责任感，回复内容具体、礼貌，并给出了清晰的解决方法。

> **☞ 用户提问：**
> 我收到的产品和图片不符，我很不满意！

> **🌐 文心一言回答：**
> 非常抱歉给您带来不愉快的体验！我理解您收到的产品与图片不符会让您感到非常失望。为了解决这个问题，我建议您首先拍摄一张您收到的产品的照片，并通过我们的客户服务渠道（如官方网站上的在线客服、电话客服或电子邮件）联系我们，详细描述您的问题，并附上产品照片作为证据。
>
> 我们将尽快对您的投诉进行调查，并为您提供一个满意的解决方案。通常情况下，我们可能会提供退换货服务，并确保您获得与图片一致的产品，或者根据您的偏好提供其他适当的补偿。
>
> 请您放心，我们非常重视客户的反馈，并会尽一切努力解决您的问题，以确保您对我们的产品和服务感到满意。感谢您的理解和耐心，我们会尽快与您联系并提供具体的解决方案。

在查询场景中，文心一言提供了多个解决途径，并预先告知了若遇到问题可以联系客服团队。回复中的语气友好，能够让客户感到被关怀，增加销售转化率。

> **☞ 用户提问：**
> 我可以在哪里查看产品的详细规格？

文心一言回答：

您可以在我们的官方网站或购买平台上查看产品的详细规格。通常，产品页面会有详细的规格参数，包括尺寸、重量、材质等。如果您在购买时已经有产品说明书或产品手册，那么这些资料中通常也会有产品的详细规格。

如果在线查看，您可以访问我们的官方网站，然后在网站上搜索您想要了解的产品。在产品页面上，您应该能够找到一个"规格"或类似的选项，单击进去就可以看到详细的规格信息了。

如果您有产品的实体说明书或手册，那么可以直接在这些资料中查找规格信息。通常，这些信息会被清晰地列出，并配有必要的图解和说明。

如果您在查找过程中遇到任何问题，如规格信息不够清晰，您可以随时联系我们的客户服务团队，我们会尽力为您提供帮助。

5.1.3 广告文案

在数字化时代，社交媒体成为品牌与年轻用户互动的主要渠道。然而，创造既能够吸引注意又能激发行动的广告文案并非易事。面对这一挑战，大模型展现了其在精准把握用户需求和创造引人入胜文案方面的强大能力。它可以通过理解用户的使用动机和社交需求，生成个性化且具有吸引力的广告内容，有效地提高用户参与度和下载率。

以一个健身App的推广为例，我们在提示词中详细介绍了该款App的背景及特点。文心一言回复的文案直接针对年轻用户的需求，口吻活泼且符合社交媒体趋势，能够与年轻用户产生共鸣，并且通过提供二维码和免费试用，明确指示了用户下一步应该做什么，激发了用户下载并尝试这款App的愿望。

用户提问：

你的任务是为一款新上市的健身App撰写社交媒体广告文案。这款App专为年轻用户设计，可提供个性化训练计划，并融入了社交功能。你的文案需要突出以下几点。

（1）个性化训练计划：介绍App如何根据用户的健康数据和健身目标定制个人训练计划。

（2）社区和交友：强调App的社交功能，展示用户如何在此平台上找到健身伙伴和参与社区活动。

（3）吸引年轻用户：使用年轻化和时尚的语言，吸引年轻用户下载App。

（4）易用性和快速入门：简述App的易用性和如何快速开始使用，让新用户轻松开始他们的健身之旅。

（5）免费试用或特别优惠：介绍相关促销活动，包括免费试用或下载时的特别优惠，以增强吸引力。

请确保文案既富有创意又具说服力，能够激发潜在用户的兴趣和下载意愿。同时，文案还应简洁明了，易于在社交媒体上阅读和分享。

文心一言回答：

💪新一代健身"神器"来啦！你还在为找不到适合自己的健身方法而烦恼吗？

✨我们的全新健身App，专为年轻人量身打造，不仅能提供个性化的训练计划，更有一个充满活力的社区等你来撩！

📊 **个性化训练**

输入你的身高、体重、健身目标，我们的智能算法就会为你打造独一无二的训练计划。增肌、减脂、塑形，随你选！

👬 **社区&交友**

这里不仅有志同道合的健身小伙伴，还有各种有趣的社区活动。一起打卡，一起挑战，健身路上不再孤单！

🔍 **年轻、时尚、有活力**

我们的界面设计简洁时尚，功能强大又不失年轻感，是你健身路上的好帮手，更是你展现自我、分享生活的好平台。

🚀 **简单易用**

无须复杂的设置，下载、注册、开始锻炼，就这么简单！我们的教程和视频指导会让你迅速成为健身达人。

⏱ **限时免费试用**

现在下载，还能享受××天的免费试用期！别等了，快来加入我们，开启你的健身之旅吧！

📲 扫描下方二维码，立即下载体验！

你的健康生活，从这里开始。🌿

#新一代健身App #个性化训练 #健身社区 #年轻人的选择 💪🔥

5.1.4　方案撰写

在这个快节奏的时代，新产品的成功上市不仅取决于其创新性，还要依靠精确的市场定位和有效的营销策略。利用文心一言这类大模型，能够帮助我们准确描绘市场画像，智选营销渠道，分配预算，并预测可能的成果，降低前期规划的难度。下面我们来看看它如何给一款智能手表制定市场营销方案。文心一言生成的智能手表新产品的营销方案，涵盖了从产品定位到具体的执行步骤，不仅清楚地定义了目标市场，还精心规划了多元化的营销渠道，包括数字营销、线下活动及传统媒体和合作伙伴策略。此外，方案还根据市场反应制定了灵活的调整策略，显示出策略的适应性和前瞻性。

🔟 **用户提问：**

我们在生产一款智能手表产品，这款手表具备常规的时间显示功能，以及健康追踪、睡眠监测及个性化健身教练等智能化功能，其目标消费者是科技爱好者和健康意识强的年轻专业人士。

利用你的先进分析能力，为这款新产品创建市场营销方案。方案应考虑目标市场的细分，选择最有影响力的营销渠道，并智能分配预算以最大化ROI。同时，确保策略具备弹性，以便根据市场反应快速进行调整。最后，明确如何衡量成功，并设立一个清晰的监测和优化计划。

⊘ **文心一言回答：**

市场营销方案

一、目标市场定位

我们的目标消费者是科技爱好者和健康意识强的年轻专业人士。在市场推广中，我们将重点突出产品的智能化健康追踪功能，以及它如何满足这些消费者在忙碌的工作和生活中对健康管理、便捷性和科技体验的追求。

二、营销渠道策略

1. 数字营销

● 社交媒体广告：在Facebook、Instagram、X等社交平台定向投放广告，特别关注科技和健康相关的社群和话题。

● 内容营销：通过博客、视频、直播等形式，发布与产品功能相关的内容，吸引潜在用户。

● 网红/影响者合作：与科技和健康领域的知名网红或影响者合作，通过他们来推广产品。

2. 线下活动

● 健康科技博览会：参加行业展览和健康科技相关的博览会，展示产品并进行现场体验活动。

● 健康讲座/研讨会：组织或赞助健康讲座，邀请行业专家和潜在客户，展示产品的实际应用。

3. 传统媒体广告

● 杂志：在健康和科技类杂志上发布广告。

● 电视和广播：在目标受众可能更为关注健康和科技产品的时段——早晨和傍晚，在该渠道投放广告。

4. 合作伙伴关系

● 健身房和健康中心：与健康俱乐部、健身房等建立合作关系，提供产品试用和购买优惠。

● 企业和健康保险公司：与大型企业和健康保险公司进行合作，使产品被纳入其员工健康计划。

三、预算分配

● 数字营销：××%。

● 线下活动与展览：××%。

● 传统媒体广告：××%。

● 合作伙伴关系建设与维护：××%。

（具体百分比根据公司的财务状况和市场调研来调整。）

四、弹性策略调整

我们将通过实时监控营销活动的成效，收集用户反馈，并根据市场反应进行快速调整。可能的调整包括增加在特定社交平台的广告投入，与客户加强互动，或调整合作策略以增强品牌曝光度。

五、成功衡量与优化计划

关键衡量指标如下。

● 销售额增长率。

● 市场占有率。

● 品牌知名度和认可度。

● 客户满意度和忠诚度。

● 营销活动的ROI。

我们将定期评估这些指标，并根据结果优化营销策略，如重新分配预算，调整广告内容，或寻求新的合作机会。同时，我们将通过客户反馈和市场调研来持续改进产品，确保它始终符合目标市场的需求。

六、执行时间表
- 第 1 个月：完成营销方案的制定，启动初步的市场推广活动。
- 第 2～3 个月：分析初步推广效果，调整策略，并加强与客户和潜在客户的互动。
- 第 4～6 个月：根据市场反馈进行产品优化，并继续监控营销活动的效果。
- 每 6 个月为一个周期，重新评估营销策略并进行必要的调整。

七、风险评估与应对
- 市场竞争：若竞争对手推出类似产品，我们将加大在创新和客户服务方面的投入。
- 技术风险：建立强大的技术支持团队，快速响应用户反馈，不断优化软件更新和硬件性能。
- 市场变化：保持对市场趋势的敏感性，定期审查并更新营销策略，以确保与市场需求保持一致。

5.2 课程教学

在教育领域，大模型的应用同样正变得越来越广泛，特别是在提升教学质量和效率方面。本节将从课程设计、教案生成、作业批改及出题帮手四个方面介绍大模型如何帮助教师高效地准备和执行教学计划，提供个性化学习支持，从而优化学生的学习体验和成果。

5.2.1 课程设计

在进行课程设计时，教师常常面临资源有限、时间紧张和缺乏个性化教材的挑战。大模型可以通过其数据分析和生成能力，帮助教师快速获取和整合教育资源，自动化生成符合学生需求和背景的定制化教学计划和材料，并根据学生反馈持续进行课程优化，极大地减轻教师的工作负担，提高教学效率和质量。

此处我们以创业精神与创新思维课程设计为例让文心一言进行课程设计。文心一言生成的课程设计清晰地介绍了课程的目标和内容，强调理论与实践相结合。通过创业基础教学、案例研究、团队项目实践，以及项目的展示和评估，课程旨在培养学生的创业精神和创新能力。

> 🔟 **用户提问：**
> 设计一门旨在培养学生创业精神和创新思维的课程。课程内容将覆盖创业基础知识、通过实际案例研究深化理解，以及通过团队合作项目实践学习。确保课程设计明确了学习目标，内容包含从市场研究到商业模型构建的全方位知识。利用大模型挑选并整合适用的案例研究，并为团队项目提供结构化的指导和评估标准。此外，设计需要包括互动讨论和实际操作环节，利用大模型提供的工具和资源来支持课程的互动性和实用性，最终通过设置评估标准和定期优化，确保课程能有效提升学生的创业精神和创新思维。

🔹 **文心一言回答：**

课程名称：创新创业实践

课程概述：

本课程旨在培养学生的创业精神和创新思维，通过结合理论与实践，使学生能够理解创业的全过程，并培养学生的创新思维和解决问题的能力。课程将通过基础知识讲解、案例研究、团队项目实践等方式，全面提升学生的创业素养和实践能力。

课程目标：

（1）掌握创业的基本概念、流程和关键要素。

（2）学会运用创新思维解决问题。

（3）能够进行初步的市场分析和商业模型构建。

（4）通过团队合作，完成一个实际的创业项目计划。

课程大纲：

第一部分：创业基础知识（2周）

（1）创业的定义、类型和流程。

（2）创业者的特质与能力培养。

（3）创业机会识别与评估。

（4）市场研究与竞争分析基础。

第二部分：案例研究（2周）

（1）利用大模型挑选并分析成功的创业案例（如百度、字节跳动、阿里巴巴等）。

（2）分析案例中的创新思维和商业模型。

（3）讨论案例中的成功因素和面临的挑战。

（4）从案例中提炼创业经验和教训。

第三部分：团队项目实践（3周）

（1）组建学生团队，并确定创业项目方向。

（2）进行深入的市场研究和商业模型构建。

（3）制定创业项目计划，并准备项目提案。

（4）利用大模型提供的工具和资源进行项目评估和优化。

第四部分：项目展示与评估（1周）

（1）各团队进行项目展示，分享创业理念和计划。

（2）根据预设的评估标准，对各团队的项目进行评分和反馈。

（3）邀请行业专家进行点评和指导。

（4）为优秀项目进一步提供资源支持。

课程评估与反馈：

（1）课堂参与度与讨论质量（20%）。

（2）案例分析报告（30%）。

（3）团队项目提案与展示（50%）。

课程特色与亮点：

（1）理论与实践相结合，注重培养学生的实际操作能力。

（2）利用大模型提供的丰富案例和资源，增强课程的互动性和实用性。

（3）通过团队合作和项目实践，锻炼学生的团队协作和领导能力。

（4）邀请行业专家参与课程，为学生提供更广阔的视野和资源。

课程优化与改进：

（1）定期收集学生和行业专家的反馈，对课程内容进行调整和优化。

（2）根据行业发展趋势，更新案例研究和相关资源。

（3）加强与行业内的合作，为学生提供更多的实践机会和资源支持。

通过本课程的学习，学生将能够全面掌握创业的基础知识和技能，培养创业精神和创新思维，提升解决实际问题的能力，为未来的创业之路打下坚实的基础。

5.2.2　教案生成

教案设计如何进行内容创新及适应不同学习风格，是教师经常遇到的一大难题。大模型可以快速提供多样化、针对性强的教学内容和活动建议，帮助教师设计更符合学生需求的教案。

在如下人工智能课程教案设计的例子中，文心一言从学生的学习需求出发，设计涵盖了从课程目标设定到具体教学内容和评估方法的各个方面。它巧妙地结合了理论教学和实践操作，强调了互动学习和案例分析，使学生能够深入理解人工智能的关键技术和伦理问题。此外，设计中还包括了丰富的教学活动和资源，如小组讨论、角色扮演和编程实践，可提高学生的参与度和实际操作能力。通过这样的结构化和多元化教学方法，使该课程能有效培养学生的技术理解力、创新思维和伦理审视能力。

🔟 用户提问：

请为一门入门级的人工智能课程设计基础教案。教案应全面介绍人工智能的历史发展、关键技术、典型应用案例及涉及的伦理问题。确保教案内容丰富且易于理解，同时提供互动性强的学习活动，帮助学生深入理解人工智能的基本概念和实际应用，培养他们的批判性思维和伦理素养。此外，配备适当的评估工具以监测和评估学生的学习进展和理解深度。

📄 文心一言回答：

人工智能基础入门级课程设计

一、课程目标

- 理解人工智能的基本概念。
- 认识人工智能的历史发展和现状。
- 探索人工智能的关键技术及其原理。
- 分析人工智能在现实生活中的典型应用案例。
- 讨论人工智能带来的伦理道德问题。

二、教学内容

1. 人工智能简介

- 定义人工智能并讨论其重要性。
- 介绍人工智能、机器学习、深度学习的关系。

2. 人工智能的历史

- 从图灵测试讲起，简述人工智能的起源。
- 概述人工智能发展的三次浪潮及其标志性事件。

3. 关键技术

- 机器学习：监督学习、无监督学习、强化学习。
- 自然语言处理。
- 计算机视觉。
- 专家系统和知识表示。

4. 人工智能应用案例

- 自动驾驶汽车。
- 智能家居系统。
- 语音助手（如Siri、小度、天猫精灵等）。
- 机器人技术和工业自动化。
- 医疗诊断辅助系统。

5. 人工智能的伦理问题

- 数据隐私和安全。
- 自动化带来的失业问题。
- 人工智能决策的透明性和可解释性。
- 机器自主权与人类责任的界定。

三、教学方法与活动

1. 讲授与讨论

- 通过PPT和视频材料介绍人工智能的基础知识和历史。
- 组织课堂讨论，探讨人工智能在日常生活中的应用及潜在问题。

2. 案例分析

- 学生分组，每组选择一个人工智能的应用案例进行研究。
- 小组展示并讨论所选案例的工作原理、技术挑战、社会影响及伦理问题。

3. 互动练习

- 设计互动游戏或问答环节，加深学生对人工智能概念和应用的理解。
- 利用编程平台（如Python的机器学习库）进行简单的机器学习实验。

4. 角色扮演与辩论

安排学生扮演不同角色（如科技开发者、政策制定者、消费者、伦理学家等），对某一人工智能议题进行辩论。

四、评估方法

1. 课堂参与度：评估学生在课堂上的主动性和互动情况。

2. 小组展示：根据所选案例分析的深度、准确性和创造性进行评估。

3. 书面作业：布置关于人工智能技术的论文或报告，评估学生的理解和分析能力。

4. 期末考试／测验：通过选择题、简答题和案例分析题等形式，全面评估学生对课程内容的掌握情况。

五、教学资源

- 教材与参考书目推荐。
- 相关的在线课程和视频资源链接。
- 编程平台和机器学习库的访问指南。

六、教学计划（示例）

第一周：人工智能简介与历史（2课时）

- 介绍人工智能的基本概念和历史发展。
- 课堂活动：讨论人工智能对日常生活的影响。

第二周：关键技术概览（2课时）

- 深入讲解机器学习、自然语言处理和计算机视觉等关键技术。
- 实践活动：简单的机器学习编程实验。

第三至第四周：应用案例分析（4课时）

- 学生分组选择和研究人工智能应用案例。
- 小组展示和讨论。

第五周：伦理问题探讨（2课时）

- 探讨人工智能涉及的伦理道德问题。
- 角色扮演与辩论：不同利益相关者对人工智能技术的看法和立场。

第六周：复习与评估（2课时）

- 复习课程内容，准备期末考试／测验。
- 进行期末考试／测验，评估学习效果。

七、注意事项

- 确保课程内容适合学生的年龄和知识水平。
- 鼓励学生积极参与，以增强学习效果。
- 调整教学进度和活动，以适应不同学生的学习风格和节奏。

八、课程评估与反馈

- 通过学生的参与度、作业质量、小组展示和期末考试／测验成绩等多方面进行评估。
- 定期收集学生的反馈，以改进教学方法和内容。

5.2.3　作业批改

作业批改是教师每日耗时较多的工作，评分不一致和难以提供个性化反馈也成为很大的挑战。大模型通过其自动评分和文本分析能力，能够快速且一致地批改作业，显著提高效率。同时，它还能根据学生的具体表现生成定制化反馈，从而帮助学生有针对性地改进学习中的不足，同时也为教师腾出更多时间关注课程设计和教学质量的提升。

例如，英语教师将题目及学生作文输入文心一言，要求其自动批改作文，寻找语法错误、拼写错误及内容的连贯性三类问题并做分析。文心一言仔细对学生的英语作文进行了批改和反馈，不仅准确地指出了语法和语义上的错误，还提供了具体的改进建议，这有助于学生理解自己的弱点并进行相应的提升。在批改过程中，文心一言清晰地列出了每一项错误的正确形式，并解释了为何需要进行改正。这样的方法有助于提高学生的语法理解和应用能力。此外，还对作文的内容连贯性进行了评价，并提供了关于如何通过阅读提高写作技巧的建议。这些都是非常实用的指导，可以帮助学生进一步提高写作技巧。

用户提问：

分析和评估以下学生作文中的语法错误、拼写失误及内容的连贯性，并对每一项进行详细反馈。此外，提供具体的改进建议，帮助学生明确了解如何提升他们的写作技巧。

作文题目：The Importance of Reading Books

学生提交的英语作文：

Reading books are very important for everyone. It can help us to learn many things about the world and improve our knowledges. I love reading books because they take me to places I've never been before. I have read many books and every book has give me a different experience.

Reading books also help us in relaxing our minds. When I read a good book, I forget all my worries and just enjoy the story. It is like entering into a different world where anything is possible.

Books are also great teachers. From books, we can learns about history, science, and many other subjects. I think everyone should read books because it make us more knowledgeable and understanding.

文心一言回答：

批改与反馈：

1. 语法错误

• "Reading books are very important for everyone." 应改为 "Reading books is very important for everyone." 因为 "reading books" 作为一个整体是单数。

• "It can help us to learn many things about the world and improve our knowledges." 中的 "knowledges" 是不可数名词，应改为 "knowledge"。

• "every book has give me a different experience" 中的 "give" 应使用现在完成时 "given"，与前面的 "has" 搭配。

• "From books, we can learns about history, science, and many other subjects." 中的 "learns" 应改为原形 "learn"。

• "because it make us more knowledgeable and understanding" 中的 "make" 应与主语 "it" 保持数的一致，改为 "makes"。

2. 拼写错误

文中未发现拼写错误。

3. 内容连贯性

作文内容整体连贯，但部分句子可以进一步优化以增强表达的流畅性。例如，"I love reading books because they take me to places I've never been before"可以改为"I love reading books because they transport me to places I've never been before"，使表达更生动。

4. 改进建议

- 可以多读英文原著，以提高英语语感和表达能力。
- 可以尝试使用更丰富的词汇和句型来增强作文的层次感和表达力。
- 在写作前，可以先列一个简要的大纲，以确保内容的条理性和连贯性。

批改后的英语作文：

Reading books is very important for everyone. It can help us learn many things about the world and improve our knowledge. I love reading books because they transport me to places I've never been before. I have read many books, and each one has given me a different experience.

Reading books also helps us relax our minds. When I read a good book, I forget all my worries and just enjoy the story. It is like entering into a different world where anything is possible.

Books are also great teachers. From books, we can learn about history, science, and many other subjects. I think everyone should read books because it makes us more knowledgeable and understanding.

5.2.4 出题帮手

教师在设计测验时常常面临制作时间长、难以确保题目质量和适应学生不同水平等挑战。文心一言可根据课程内容和学生表现，智能调整题目的难度和类型，确保测验与教学目标相匹配，并提高题目的多样性和覆盖面。这不仅节省了教师的宝贵时间，还能更加精准地评估学生的学习成果。

下面我们让文心一言设计一套适合小学三年级学生的英语语言能力测验，要求内容涵盖听力、阅读理解、语法和词汇四个关键部分，每个部分均提供具体的例题，以全面评估学生的英语语言能力；根据学生的知识掌握程度智能调整题目的难度和类型，确保测验分数结果呈现正态分布。

> **用户提问：**
>
> 设计一套针对小学三年级学生的英语语言能力小测验，涵盖听力、阅读理解、语法和词汇四个部分。根据班级内学生掌握知识的不同程度，即三分之一学生已熟练掌握现有知识，三分之一未能熟练掌握，智能调整题目难度和类型，确保题目能准确评估学生的语言水平。此外，设计题目时需注意，测验的分数结果应呈现正态分布，以合理反映学生的整体语言能力和学习差异；精准地识别学生在英语学习中的强项与弱点，为后续的教学提供指导。

⊘ **文心一言回答：**

一、听力部分

（1）听录音，选择与录音内容相符的图片。

录音：The girl is dancing beautifully in the studio.

A. 一个男孩在画画

B. 一个女孩在跳舞

C. 一群孩子在唱歌

（2）听句子，判断正误。

录音：My favorite color is blue.

• True

• False

（3）听对话，选择正确的答案。

录音：

Boy: What do you want to be when you grow up?

Girl: I want to be a teacher.

问题：What does the girl want to be?

A. A doctor

B. A teacher

C. A policeman

二、阅读理解部分

（1）阅读短文，回答问题。

This is my family. My dad is a doctor. My mom is a teacher. I have a younger sister. She is five years old. We have a dog named Buddy.

问题：What does the author's mom do?

A. She is a doctor

B. She is a teacher

C. She is a vet

（2）阅读短文，根据短文内容判断句子正误。

Yesterday, I went to the zoo with my family. We saw elephants, lions and monkeys. The elephants were very big. The lions were sleeping. The monkeys were jumping around.

句子：The lions were playing in the zoo.

• True

• False

三、语法部分

（1）改写句子，使其成为否定句。

原句：She likes apples.

改写：She _____ _____ apples.

（2）选择正确的疑问词填空。

_____ is your favorite color?

A. What

B. Who

C. Where

四、词汇部分

（1）写出"big"的近义词。

答案：_____。

（2）根据英文解释，写出对应的英文单词。

an animal with a long nose and big ears

答案：_____。

5.3　创意设计

在这个数字化和视觉驱动的时代，创意设计成为品牌和个人表达自我、吸引观众注意力的重要方式。本节将探讨大模型"多模态"能力在不同的创意设计领域中的作用，以及提高创作效率与创新性上的潜力。通过这一节，我们将了解如何利用大模型的高级功能，为各种媒体和平台制作引人入胜的内容，从而在激烈的市场竞争中脱颖而出。

5.3.1　制作 Logo

在传统创意设计中，Logo设计是需求量较大的一个类别。但传统制作Logo需要进行需求沟通、需求分析、风格选择、草图设计、初审、彩图设计、复审及最终定稿多个步骤，同时寻找合适的美工又需要碰运气、花时间。在大模型时代，需求方可自行使用文心一言来设计Logo。这种方式不仅费用低廉，而且减少了沟通时间。

以童书出版社Logo设计为例，假设某出版社主要出版儿童早教图书，需要设计一个能吸引儿童和家长注意的Logo。这时可让文心一言辅助生成该Logo，传达出版社教育理念的核心价值，从而有效提升品牌的吸引力和市场竞争力。

用户提问：

请设计一个适合童书出版社的Logo，该出版社主要出版儿童早教图书。Logo需要能够吸引儿童和家长的注意力。在设计中，请确保使用明亮的颜色方案和有趣的字体样式，同时整合寓教于乐的图形元素。这些设计要素不仅要符合儿童的视觉喜好，而且能传达出版社教育理念的核心价值，从而有效提升品牌的吸引力和市场竞争力。

文心一言回答：

5.3.2 短视频脚本助手

当今社会各行都在追逐短视频的风口，健身教练也不例外。通过利用大模型来创建关于健康生活方式的短视频脚本，健身教练能够有效地传达关键的健康信息，包括正确的锻炼方法、营养饮食建议和心理健康提示。大模型能够基于广泛的健康数据和当前的健身趋势，生成科学准确且观众易于理解的内容。这些脚本不仅有助于教练在社交媒体上建立权威性，还能激励观众接纳更加健康的生活方式，增强个人健康和幸福感，让每部视频都能最广泛地触达受众，最大化影响力和观众参与度。

用户提问：

请为一名健身教练设计一个关于健康生活方式的短视频脚本。脚本应涵盖正确的锻炼方法、营养饮食建议和心理健康提示，目的是通过提供专业而实用的信息来激励观众接纳更积极的生活方式，同时在内容上要吸引人，易于观众理解和执行。此外，脚本应包括引人入胜的开场白、动态的视觉元素和互动式的结尾，以增强观众的学习体验和互动。

文心一言回答：

健康生活启航

开场白

【背景音乐：轻快、动感的旋律。】

旁白："大家好，我是你们的健身教练××，欢迎来到今天的健康生活小课堂！你们是不是总觉得疲惫、焦虑，身体状况不尽如人意？别担心，今天我就给大家带来一套全方位的健康生活方式指南，包括锻炼、饮食和心理健康的实用建议。让我们一起成为更好的自己吧！"

【画面：教练本人出现在镜头前，背景是干净明亮的健身房。】

第一部分：正确的锻炼方法

旁白："首先，让我们一起来探讨正确的锻炼方法。"

【画面：教练开始示范一些基础而有效的锻炼动作。】

旁白："要想健身，不是简单地举举哑铃或跑跑步就行的，科学的锻炼计划至关重要。每周至少XX分钟的中等强度有氧运动，如快走、跑步或游泳，能显著提升心肺功能。"

【画面：展示几种有氧运动的动态图像。】

旁白："同时，不要忘了力量训练，它能增加肌肉量和基础代谢率。"

【画面：教练展示使用哑铃和器械的基本训练动作。】

旁白："最重要的是，锻炼前后都要进行适当的热身和拉伸，这能有效预防运动伤害。"

第二部分：营养饮食建议

【画面过渡：从健身房转到摆满各种健康食材的餐桌。】

旁白："接下来，让我们一起看看如何吃得健康。"

旁白："健康饮食的基石是均衡，我们应该摄入适量的蛋白质、碳水化合物和健康脂肪。"

【画面：展示鸡胸肉、全麦面包、牛油果等健康食材。】

旁白："同时，多吃蔬菜和水果，以获取足够的维生素和矿物质。"

【画面：各种色彩鲜艳的蔬果拼盘。】

旁白："另外，要尽量避免高糖、高盐和高脂肪的加工食品，选择水、纯牛奶或纯果汁等健康饮品来解渴。"

第三部分：心理健康提示

【画面过渡：一个人坐在公园的长椅上，表情平静，周围的景色宜人。】

旁白："除了身体健康，我们的心理健康同样重要。"

旁白："每天给自己一些正面的心理暗示，保持乐观态度，这对提升整体健康水平非常有益。"

【画面：展示一些心理健康小贴士，如冥想、呼吸练习和放松技巧。】

旁白："尝试一些放松技巧，如深呼吸、冥想或与亲朋好友交流，这些都能有效缓解压力和焦虑。"

结尾

【背景音乐渐强。】

旁白："好了，今天的健康生活小课堂就到这里。记住，健康是一种生活方式，而不仅仅是一时的冲动。让我们一起行动起来，迈向更健康、更快乐的生活吧！"

【画面：教练向观众挥手道别，背景是充满活力的健身房。】

旁白："如果你们觉得今天的内容对自己有帮助，别忘了点赞、分享和订阅哦！我们下期再见！"

【画面淡出，出现品牌标识和订阅提示。】

5.3.3 节日祝福视频助手

每逢佳节倍思亲，在短视频时代，节日祝福视频成为连接亲朋好友情感的重要桥梁。利用大模型，我们可以创作带有音乐和视觉效果的节日主题视频脚本来传递温馨的节日祝福并感受深度情感连接。

⌯ 用户提问：

请利用大模型撰写一个母亲节视频剧本，该剧本应突出母爱的伟大、家庭的温暖及对所有母亲的深切感激。确保剧本中包含感人的故事，讲述一段或多段展现母亲奉献和爱的真实生活片段，同时融入温馨的祝福语，以表达家庭成员对母亲的爱和感谢。这个视频应该能够触动人心，引发共鸣，使每位观看的母亲感受到社会和家庭对她们不懈努力的认可和感激。

⊙ 文心一言回答：

母爱的港湾

场景一：家庭客厅
【画面：一束柔和的晨光透过窗帘，家庭照片墙显得格外温馨。】
旁白："在这个温馨的小家里，每一刻都充满着母爱的温度。"
（切换至妈妈正在厨房忙碌的身影，轻快的音乐渐起。）

场景二：厨房
妈妈（微笑着）："宝贝们，早饭快好了，今天有你们最爱的煎蛋哦！"
【画面：孩子们兴奋地跑进厨房，画面中可以看见妈妈脸上洋溢着幸福的笑容。】
旁白："母亲总是第一个醒来，用她的爱，为家人筑起一个温暖的避风港。"

场景三：餐桌
【画面：一家人围坐在餐桌旁，妈妈给孩子们夹着食物，气氛融洽。】
孩子1："妈妈，你做的饭真好吃！"
妈妈（宠溺地摸孩子的头）："你们喜欢就好，多吃点，长大个儿！"
旁白："简单的话语，却蕴含着母亲无尽的关怀与期望。"

场景四：傍晚，孩子们在房间学习，妈妈静静地坐在一旁织毛衣。

【画面：镜头推近，聚焦在妈妈的手上，针线在指尖舞动。】

旁白："无论多忙，母亲总是不辞辛劳，默默地支持着我们的每一个梦想。"

场景五：晚上，妈妈轻轻地走进孩子们的卧室，为他们盖好被子。

妈妈（轻声地）："晚安，我的宝贝们，妈妈爱你们。"

【画面：孩子们安心地睡去，妈妈轻轻地关上门，退出房间。】

旁白："母爱如水，细腻无声，它渗透到我们生活的每一个角落。"

场景六：母亲节当天，孩子们为妈妈准备了一份特别的礼物。

【画面：孩子们在客厅里忙碌着，手上捧着自制的贺卡和手工花束。】

孩子2（兴奋地）："妈妈，母亲节快乐！这是我们为你准备的礼物！"

妈妈（眼含泪光）："哇，真是太美了，谢谢你们，我的孩子们！"

旁白："在这个特别的日子里，让我们用最真挚的心，感谢那位给予我们生命和爱的人。"

场景七：全家福

【画面：全家人聚在一起，面对镜头露出幸福的笑容。】

旁白："母爱是伟大的，它如同港湾，永远为我们遮风挡雨。在这个母亲节，让我们共同祝愿所有的母亲幸福安康！"

【画面淡出，温馨的祝福语缓缓显现："祝所有的母亲，母亲节快乐！您的爱，我们永远铭记在心。"视频结束，背景音乐缓缓降低直至停止。】

5.3.4　抖音爆款文案生成

在抖音等短视频平台上，制作爆款内容对于提高曝光度、增强互动及实现商业变现至关重要。大模型能够依据数据识别用户喜好，生成直击用户兴趣的创意文案，并实时调整策略以适应市场动态。这对于快节奏的社交媒体极为关键。

以下面的旅行博主爆款文案为例，文心一言可以通过具体的场景描绘和丰富的情感表达，成功地捕捉旅行中的趣事、文化冲击体验及实用旅行贴士，有效地激发观众的旅行欲望。文案的开头引人入胜，中间部分通过实际交互和文化探索深化了内容的吸引力，而结尾则巧妙地利用视觉和情感召唤，强化了旅行的感染力，通过真实而具有差异化的叙述方式引发观众共鸣。

> 🗣 **用户提问：**
>
> 你是一位粉丝百万的背包旅行博主。请以旅行博主为例，编写一个旅行日记视频的文案，描述旅途中的有趣经历、文化冲击的体验和旅行小贴士，以激发观众的旅行欲望。要求内容真实、有趣，和其他博主形成差异，能够吸引观众。

🌀 **文心一言回答：**

视频开头

【画面：背景音乐缓缓响起，镜头从蔚蓝的天空和几朵悠闲的白云开始，缓缓下移，逐渐聚焦到一个背着硕大背包的身影，那就是我，行走在蜿蜒的山路上。】

文案开始

旁白："大家好，我是你们的旅行博主×××，今天继续带大家深入神秘的××地区，探寻那些不为人知的美景和故事。这次旅行，我选择了徒步，因为我相信，最美的风景总在路上。好了，话不多说，让我们开始今天的旅程吧！"

旅途趣事

【画面：镜头切换，博主正在和几位当地村民交谈，大家脸上都洋溢着友好的笑容。】

旁白："在路上，我遇到了这些热情的村民。虽然我们的语言不尽相同，但笑容和手势成为我们沟通的桥梁。看，他们正在教我如何用当地的传统方式烹饪美食。哎呀，不小心把盐放多了，哈哈，他们笑着说没关系。这就是旅行的魅力所在——体验和学习。"

文化冲击

【画面：镜头再次切换，博主正站在一座古老的庙宇前，神情肃穆。】

旁白："这座庙宇据说已有千年的历史，每一块石头、每一处雕刻都承载着深厚的历史和文化。在这里，我深刻感受到了时间的流转和历史的厚重。当地的导游告诉我，这座庙宇见证了许多王朝的兴衰更迭，真的是让人心生向往呢。"

旅行小贴士

【画面：博主坐在一块大石头上，从背包中拿出地图和水壶，边喝水边讲解。】

旁白："走了这么久，来喝点水，也给大家分享几个实用的旅行小贴士。首先，一定要穿舒适的鞋子，因为很多时候，你可能会像我一样需要徒步很长时间。其次，随身携带足够的水和简易食物，这样在体力消耗大时能及时补充能量。最后，别忘了防晒和防蚊虫，保护好自己的皮肤和健康。"

结尾

【画面：博主站起来，指向远方的山脉和落日余晖。】

旁白："好了，今天的旅程就到这里啦。看，远方的山脉在夕阳的映照下显得格外神秘和壮丽。每一次旅行，都是一次与内心的对话，也是一次对世界的探索。希望你们也能像我一样，勇敢地走出去，感受这个世界的奇妙和多彩。我们下期再见啦！"

【画面：视频缓缓淡出，背景音乐也随之降低，直至结束。】

5.4 / 效能助手

　　无论是在商业、法律还是学术领域，高质量的文档都能够明确传达核心信息，影响读者的看法和行动。接下来的内容将探讨如何利用大模型的先进能力来高效处理文档及分析工作，提升工作效率。

5.4.1　项目汇报

　　对于一个新手项目经理而言，因考虑不够周全，在撰写周度项目进度报告时，经常会遭到领导及同事的质疑。文心一言生成的项目进度报告内容翔实、结构清晰，既总结了本周工作完成情况，也提出了前瞻性的工作计划，同时还对可能遇到的风险进行了合理预估并给出了应对措施，为项目经理提供了有效的决策支持，展现了项目团队的高效执行力和对项目的深入把控。

> 🔟 **用户提问：**
>
> 　　项目进度报告：为项目经理提供格式和内容指导，撰写周度项目进度报告，包括工作完成情况、下一步计划、可能的风险及应对措施。

🛡 **文心一言回答：**

项目进度报告

一、概述

本报告旨在详细阐述本周项目进展情况，包括工作完成情况、下一步工作计划、可能的风险和相应的应对措施。通过本报告，项目经理可以全面了解项目的当前状态，为下一步决策提供数据支持。

二、本周工作完成情况

1. 开发任务

- 完成了模块A的代码编写和初步测试，优化了代码性能，提高了程序运行速度。
- 进行了模块B的需求分析和设计，确定了关键功能和实现路径。
- 对模块C进行了BUG（故障）修复，解决了用户反馈的几个问题。

2. 测试与验证

- 完成了模块D的集成测试，所有测试用例均通过。
- 进行了系统性能测试，确保了系统在高负载下的稳定性。

3. 文档与沟通

- 更新了项目文档，包括需求规格说明书和设计文档。
- 与客户进行了两次线上会议，讨论了项目进展和后续功能调整。

三、下一步工作计划

1. 开发任务

- 继续完善模块B的开发工作，预计下周三前完成。

- 启动模块E的开发工作，并分配相关资源。

2. 测试计划

- 对模块B进行单元测试，确保功能正确性。

- 准备模块E的测试计划和测试用例。

3. 项目管理与协调

- 监控项目进度，确保按计划推进。

- 加强与客户的沟通及时反馈和解决问题。

四、可能的风险及应对措施

1. 技术风险

- 风险：模块E的开发中可能遇到技术难题。

- 应对措施：提前进行技术预研，加强团队内部的技术交流和协作。

2. 时间风险

- 风险：项目进度可能因各种原因而延误。

- 应对措施：制定详细的项目进度表，并严格按照时间表执行，如有必要及时调整资源和计划。

3. 沟通风险

- 风险：与客户沟通不畅，导致需求变更频繁。

- 应对措施：建立有效的沟通机制，定期与客户进行项目进度评审和需求确认，减少不必要的变更。

五、总结

本周项目进展顺利，各项任务均按计划推进。下一步工作将集中在模块B和模块E的开发上，并加强测试工作以确保项目质量。同时，项目团队将密切关注潜在风险，并采取相应的应对措施，以确保项目能够如期完成。

项目经理可根据本报告对项目进度进行全面评估，以便做出合理的决策和调整。

报告日期：【具体日期】

报告人：【报告人姓名】

5.4.2 PPT 制作

对于销售团队而言，使用大模型结合PPT插件制作演示文稿可以大幅提升效率和效果。这种方式在内容生成、设计和布局方面具有优势，能在确保视觉吸引力的同时准确展示关键数据和图表。大模型的数据分析功能可以提供市场洞察，帮助销售团队精确把握客户需求和优化销售策略。这不仅缩短了准备时间，还增强了演示的说服力，直接促进销售业绩的提升。

以前面的健身App项目为例，我们以文心一言建议的营销文案为基础，调用PPT插件为销售团队快速制作了路演PPT。

> **用户提问：**
>
> 将下边的文案制作成销售团队路演PPT。
>
> 新一代健身"神器"来啦！你还在为找不到适合自己的健身方法而烦恼吗？

❋ 我们的全新健身 App，专为年轻人量身打造，不仅能提供个性化的训练计划，更有一个充满活力的社区等你来撩！

📊 个性化训练

输入你的身高、体重、健身目标，我们的智能算法就会为你打造独一无二的训练计划。增肌、减脂、塑形，随你选！

🎞 社区＆交友

这里不仅有志同道合的健身小伙伴，还有各种有趣的社区活动。一起打卡，一起挑战，健身路上不再孤单！

🔍 年轻、时尚、有活力

我们的界面设计简洁时尚，功能强大又不失年轻感，是你健身路上的好帮手，更是你展现自我、分享生活的好平台。

🚀 简单易用

无须复杂的设置，下载、注册、开始锻炼，就这么简单！我们的教程和视频指导会让你迅速成为健身达人。

⏱ 限时免费试用

现在下载，还能享受××天的免费试用期！别等了，快来加入我们，开启你的健身之旅吧！

📲 扫描下方二维码，立即下载体验！

你的健康生活，从这里开始。🦋

#新一代健身 App #个性化训练 #健身社区 #年轻人的选择 💪🔥

🔷 文心一言回答：

5.4.3 销售数据分析

销售后台分析人员每天都要花大量的时间来分析销售报表并撰写日报。这项工作对团队管理及问题发现非常重要，但枯燥且重复。在大模型的加持下，我们可以让其对销售数据自动分析并生成报告，减少后台分析人员每天的工作量，释放更多精力到销售规划及日常生活中，解放生产力。大模型生成的分析结果有助于我们更好地理解每位销售人员的业绩情况，并为未来的销售策略提供参考。

用户提问：

对以下销售数据进行分析，并生成几位销售人员业绩表现的详细分析报告。

日期	销售员	产品类别	收入(元)	成本(元)	利润(元)
2021/4/7	张华	服装	346.19	144.23	201.96
2021/10/3	王兴	服装	456.45	193.12	263.33
2021/4/18	张华	服装	608.88	338.32	270.56
2021/4/13	李刚	服装	362.93	249.3	113.63
2021/7/20	王兴	电子产品	114.79	64.64	50.15
2021/4/4	李刚	电子产品	157.56	105.76	51.8
2021/7/13	李刚	家具	979.75	597.54	382.21
2021/1/30	李刚	电子产品	819.28	563.46	255.82
2021/5/15	李刚	服装	309.01	165.71	143.3
2021/8/17	李刚	家具	788.79	417.37	371.42
2021/8/30	王兴	服装	667.4	358.69	308.71
2021/6/18	张华	服装	608.88	338.32	270.56
2021/5/16	张华	服装	349.87	201.62	148.25
2021/9/3	王兴	服装	456.45	193.12	263.33
2021/7/31	王兴	家具	267.07	127.83	139.24
2021/2/5	李刚	电子产品	539.25	370.91	168.34
2021/3/14	张华	家具	420.05	249.37	170.68
2021/2/2	李刚	服装	482.22	305.35	176.87

文心一言回答：

销售人员表现分析报告

张华：
- 总收入：2333.87元。
- 总成本：1271.86元。
- 总利润：1062.01元。

- 销售的产品类别：服装、家具。

张华的销售主要集中在服装和家具类别上。其实现了较高的总收入和利润，同时成本控制也相对较好，表明其销售能力较强，且能够有效地管理成本。

李刚：
- 总收入：4438.79元。
- 总成本：2775.40元。
- 总利润：1663.39元。
- 销售的产品类别：服装、电子产品、家具。

李刚的销售能力非常突出，总收入远高于其他销售人员。他销售的产品类别较为广泛，包括服装、电子产品和家具。尽管总成本高，然而其总利润也相应较高，显示出其强大的销售和成本控制能力。

王兴：
- 总收入：1962.16元。
- 总成本：937.40元。
- 总利润：1024.76元。
- 销售的产品类别：服装、电子产品、家具。

王兴在销售服装、电子产品和家具方面表现出色。其总收入和总利润均处于中等水平，但成本控制方面表现优秀，总成本相对较低。这表明王兴在销售过程中能够很好地平衡收入与成本的关系。

综上所述，每位销售人员都有其独特的销售特点和优势。张华在服装和家具销售方面表现突出，李刚则以其广泛的销售类别和高总收入著称，而王兴在成本控制方面展现出较强的能力。

5.4.4　文章校对

文章校对工作中的主要难点包括确保文本语法正确、风格一致及语言表达准确。这些工作细节繁多且易出错，特别是在处理长篇文档时。大模型在此环节中的价值体现在其能够自动检测和纠正语法错误、拼写错误及用词不当等问题。此外，大模型还能根据文档的目标受众和用途，提供风格和语调的调整建议，从而提高文本的可读性和专业度。通过这种方式，大模型不仅提升了校对的效率，也保证了文档质量，支持创建更精准和高质的写作输出。

以求职信优化为例，大模型可以分析信件内容的结构，补全所有关键信息，如个人技能、经验和适职原因。此外，它能够根据特定行业的写作惯例，调整语言风格以匹配求职信的正式程度，同时确保语调积极、礼貌。如下方例子所示，大模型优化了求职信的针对性、具体细节，并通过明确展现个人背景、专业技能、项目与工作经验，以及对所申请岗位的热情，使求职信更能吸引招聘者的注意并突显申请者的优势。

🔟 **用户提问：**

请优化下面求职信。

尊敬的人力资源经理：

您好！

我叫李华，从大学毕业两年，专业是计算机科学。我对贵公司的软件开发岗位非常感兴趣，希望能够加入并为公司贡献我的能力。

在大学期间，我学习了很多编程语言，如 Java、Python 和 C++。我也参与了一些项目，其中有一个是开发一个在线购物平台。这个项目让我学到了很多团队合作和项目管理的经验。

毕业后，我在一家小型科技公司工作，主要负责软件开发和维护。在那里，我进一步提高了我的编程技能，并学会了如何在紧迫的时间限制下完成任务。

我认为我具备贵公司所需的技能和经验，并且我对软件开发有着浓厚的兴趣。我相信我能为贵公司带来价值。感谢您考虑我的申请，期待有机会与您面谈。

此致

敬礼！

李华

🔷 **文心一言回答：**

尊敬的人力资源经理：

您好！

我是李华，一名拥有两年工作经验的计算机科学专业毕业生。在深入了解贵公司的软件开发岗位后，我深感自己与该职位高度匹配，希望能为贵公司贡献我的专业技能与热情。

在大学四年的学习期间，我熟练掌握了 Java、Python 和 C++ 等多种编程语言，并积极参与了多个实战项目。其中，我主导开发的一个在线购物平台项目，不仅锻炼了我的团队协作能力，还让我深刻理解了软件开发的全流程管理，从需求分析、系统设计到最终的测试与部署，我都有所涉猎。

毕业后，我加入了一家科技创新型公司，担任软件开发工程师。在那里，进一步提高了我的编程技能，并学会了如何在高压环境下高效完成任务。

我对软件开发有着浓厚的兴趣。我坚信，凭借我的专业技能与工作经验，我能够为贵公司的软件开发团队注入新的活力。

非常感谢您抽出宝贵时间阅读我的求职信，期待能有机会与您进行更深入的交流，共同探讨未来的合作可能。

此致

敬礼！

李华

专家点拨

技巧 01：大模型可能会替代哪些行业

随着大模型技术在自然语言处理和机器学习领域的迅猛发展，其在客户服务和内容创作两大行业的应用已日趋成熟，显著提升了操作效率并改变了行业工作模式。

（1）在客户服务领域，在大模型技术加持下，智能聊天机器人和智能客服系统逐步取代了传统的客服角色。这些系统能高效处理大量客户咨询，无论是简单的账户查询还是复杂的交易处理，均能迅速响应。例如，利用 OpenAI 的 GPT 模型，我们训练出了能理解和生成自然语言的机器人，提供 7×24 无间断的客户支持，极大提升了客户满意度并降低了人力成本。然而，这也引发了人们对工作机会减少的忧虑，并面临如何处理复杂情感交流的挑战。

（2）在内容创作领域，大模型技术正在重塑内容生产方式。传统的内容创作，如新闻报道和市场营销文案，需大量人力资源进行研究、撰写和编辑。但现在，GPT 等模型可自动完成此过程，生成结构严谨、语法正确的文本，并根据特定风格和语境调整内容。这加快了高质量文本的生产速度，并拓展了以往因成本限制而无法触及的领域。例如，自动化新闻报道生成系统可实时从数据中提取信息，快速产出新闻稿件，极大地提升新闻的时效性。但同时，大模型技术的应用也带来了信息准确性和原创性的问题，如何确保 AI 生成内容的质量和可信度成为新挑战。

总的来说，大模型技术为客户服务和内容创作行业带来了空前的效率提升和便捷，但也对就业结构和质量控制提出了新挑战。其未来发展需平衡技术效率与人类工作的不可替代性，并考虑技术伦理问题。

技巧 02：聊天机器人——智能交互的新纪元

在数字化浪潮中，聊天机器人以其独特的交互性和智能化特点，正逐渐成为我们日常生活中不可或缺的一部分。它们不仅是简单的自动回复系统，更是能够理解和回应人类复杂情感与需求的智能伙伴。

1. 功能特点

聊天机器人的技术原理包括自然语言处理、对话生成技术、深度学习算法。它们能够理解人类的语言结构，对用户的提问或陈述进行智能分析，并生成相应的回应。这种交互方式打破了传统机械式对话的局限，使机器与人的沟通更加自然流畅。

除了基本的文本对话，聊天机器人还能整合多媒体内容，如图片、视频和音频，为用户提供更加丰富多彩的交互体验。一些高级的聊天机器人甚至能识别用户的情绪，并作出相应的情感回应，这种能力在客户服务、心理咨询等领域具有极高的应用价值。

2. 应用场景

聊天机器人在多个领域都有着广泛的应用。在电商平台上，它们可以作为智能客服，解答用户的疑问，提供购物建议，甚至处理订单和退换货等事务。这不仅提升了客户服务效率，也大大降低了企业的人力成本。

在医疗健康领域，聊天机器人能够提供初步的医疗咨询，帮助患者了解病情，引导其进行正确的自我护理或及时就医。对于心理健康问题，聊天机器人还能够提供匿名的心理支持，减少人们的心理压力。

此外，在教育领域，聊天机器人可以作为个性化的学习伙伴，为学生提供辅导和答疑；在金融领域，它们能够协助用户管理财务，提供投资建议等。

3. 优势与价值

聊天机器人的最大优势在于其可扩展性和无间断的服务能力。它们可以随时随地为用户提供服务，不受时间、地点的限制。同时，聊天机器人能够处理大量的并发请求，确保每个用户都能得到及时的回应。

此外，聊天机器人还可以通过不断学习和优化，逐渐提升服务质量。它们能够根据用户的反馈进行自我调整，以提供更加精准和个性化的服务。

4. 案例展示

以某知名电商平台的智能客服为例，该聊天机器人通过自然语言处理技术，能够准确识别用户的购物需求，并提供相应的商品推荐。在用户遇到购物问题时，它能够迅速给出解决方案，大大提升用户的购物体验。

综上所述，聊天机器人作为人工智能技术的杰出代表，正在改变我们与机器的交互方式。它们不仅是工具，更是我们的智能伙伴，帮助我们解决问题，提升生活质量。随着技术的不断进步，聊天机器人的未来将更加广阔。

本章小结

本章详细介绍了文心一言在日常办公领域的应用，包括文案撰写、课程教学、创意设计、效能助手。在文案撰写方面，文心一言能提供精准文案，增强营销品牌影响力和用户互动。在课程教学上，它可以丰富教育资源，提供个性化教学内容，优化学习体验和成果。在创意设计中，文心一言能够利用其多模态能力制作引人入胜的内容。同时，作为效能助手，它能自动生成专业演示文稿和销售数据分析报告，提升工作效率和决策质量。文心一言的广泛应用可以帮助企业和个人实现提质增效。

第6章

应用实战:
文心一言辅助编程应用

本章导读

　　本章探讨文心一言在编程辅助中的实际应用,包括编程学习、项目开发、代码调试和智能编程。文心一言可以帮助初学者选择编程语言、生成基础代码示例,并在项目开发中提供技术选型、架构设计等指导。此外,文心一言还能优化代码结构,提高运行效率,并在调试阶段快速定位问题根源。通过与智能编程工具(如GitHub Copilot)和平台(如LangChain)结合,文心一言能够全面提升开发者的编程效率和代码质量。

6.1　辅助编程学习

　　在本节中,我们将介绍文心一言如何辅助编程学习。从选择适合的编程语言,到理解基础代码,再到逐步提高编程技能,文心一言可以在编程学习的各个阶段提供支持。通过具体的案例和实用的代码示例,读者将了解到如何利用文心一言快速上手编程,解决常见学习难题,提升学习效率。

6.1.1　编程语言选择建议

　　在编程之路上,挑选一门适合自己的编程语言,是每位开发者都要迈过的第一道坎。选对了语言,学习之路会顺畅许多,对未来的职业发展也大有裨益。之所以要精挑细选,是因为不同的编程语言各有千秋,适用于不同的场景。比如,有的语言适用于快速开发和原型设计,有的则更擅长处理庞大复杂的系统逻辑。

　　编程语言的种类繁多,犹如人类的语言各具特色,每种都是为了解决特定问题而诞生的。Python因为语法简洁、库函数强大,深受数据科学和机器学习领域的喜爱。JavaScript在网页开发中有着广泛应用，其重要性不言而喻。Java则凭借其跨平台和强大的内存管理能力，成为企业级应用开发的佼佼者。对于初学者来说，如果对构建交互式网页应用感兴趣，那么JavaScript无疑比C++更合适。同样，如果想开发高性能的服务器后端系统，Go或Java可能是更好的选择。

当然，市场需求和学习资源也是选择编程语言时不可忽视的因素。根据最新的行业报告和市场分析，某些编程语言因其广泛的应用和强大的社区支持，在求职市场上更具竞争力。比如，随着云计算和移动设备的兴起，Python和Swift的需求也水涨船高。从学习资源的丰富程度看，Python和JavaScript拥有庞大用户和开发者社区的语言，有大量的教程、论坛、视频和开源项目可供参考，这无疑会大大降低学习难度。

现在有了文心一言，企业和程序员可以利用它对海量经验的学习，来进行编程语言的辅助选择，下边我们一起来看一个编程语言选择的案例。

---

⑩ 用户提问：

我需要为新项目选择一种编程语言。项目是为小型企业设计的供应链业务管理系统，包括Web界面和移动应用，同时在设计过程中要考虑安全性、易用性和容器化部署等方面。你有什么建议吗？

◎ 文心一言回答：

针对您的新项目——为小型企业设计的供应链业务管理系统，以下是我对编程语言选择的建议。

1. 安全性考虑

• Java：Java语言在安全性方面有着很好的表现，其丰富的安全特性和强大的社区支持使它在企业级应用中广受欢迎。Java的安全管理器可以限制代码的权限，防止恶意代码的执行。

• C#：作为微软开发的语言，C#在安全性方面也表现出色。它运行在.NET框架上。该框架提供了许多内置的安全特性，如代码访问安全（CAS）和基于角色的安全性。

2. 易用性考虑

• JavaScript（前端）+ Node.js（后端）：JavaScript在Web前端开发中是不可或缺的，而Node.js使它能够在服务器端运行。这意味着您可以使用同一种语言进行全栈开发，从而简化开发过程和提高易用性。此外，JavaScript和Node.js的社区非常活跃，有大量的教程和资源可供参考。

• Python：Python语言的语法简洁明了，易于学习和使用。它拥有丰富的库和框架（如Django和Flask），可以快速构建Web应用程序。Python也是数据分析和人工智能领域的常用语言，如果您的项目需要这些功能，Python会是一个很好的选择。

3. 容器化部署考虑

对于容器化部署，语言的选择并不是决定性因素，因为任何主流的编程语言都可以与Docker等容器技术集成。不过，选择具有轻量级运行环境的语言可能更有助于优化容器的大小和性能。例如，Go语言编译后的二进制文件通常较小，且运行时占用资源少，这使它非常适合容器化部署。

综合建议：

如果您的团队对Java或C#比较熟悉，且看重安全性和易用性，那么可以选择这两种语言进行开发。Java在企业级应用中有广泛的应用和丰富的安全特性；而C#则与微软的.NET框架紧密集成，提供了良好的开发体验和安全性。

如果您希望使用同一种语言进行全栈开发，并看重易用性和丰富的社区资源，那么 JavaScript（前端）+ Node.js（后端）是一个不错的选择。

对于容器化部署，您可以选择任何主流的编程语言，但如果希望优化容器的大小和性能，可以考虑使用 Go 语言。

请注意，以上建议仅供参考。在选择编程语言时，还需要考虑团队的技能和经验、项目的具体需求及技术栈的兼容性等因素。

在这个案例中，文心一言结合项目的实际需求，针对安全性、易用性和容器化部署三个关键点列出了各种语言的优点，还考虑了团队技能、项目需求和技术栈兼容性，给出了具体的编程语言建议。文心一言在项目初期能够帮助决策人在丰富的编程语言中做出更有远见的选择，从而助力项目的长远发展和技术升级。

6.1.2 基础代码生成与解读

在学习编程的过程中，理解书中的样例代码固然重要，但更关键的是培养独立编写代码的能力，这是每位编程入门者必备的核心技能。初学者在面对一个新的编程任务时，常常感到无从下手，不知该从何处开始编写。文心一言能够生成初步的代码样例，为初学者指明一个明确的方向。这样的辅助不仅能帮助初学者顺利迈出编程的第一步，而且还为他们提供了一个高效、直观的学习路径。

例如，我们正在学习如何在 Python 中使用网络请求解析和处理 JSON 数据，所以希望构建一个简单的命令行天气查询工具用来进行练习。

用户提问：

帮我写一段代码，构建一个简单的命令行天气查询工具。这个工具使用公开的 API 来获取指定城市的天气信息，允许用户输入城市名，然后查询并显示该城市的当前天气情况。

文心一言回答：

这是一个使用 Python 编写的简单命令行天气查询工具的例子。这个工具使用了 OpenWeatherMap 的 API（你需要在 OpenWeatherMap 官网注册并获取一个 API 密钥）。

```python
import requests
import json
  def get_weather(city_name, api_key):
    base_url = "http://api.openweathermap.org/data/2.5/weather?"
    complete_url = f"{base_url}q={city_name}&appid={api_key}&units=metric"
        response = requests.get(complete_url)
    data = response.json()
        if response.status_code == 200:
      weather = data['weather'][0]['description']
      temperature = data['main']['temp']
      humidity = data['main']['humidity']
```

```
            wind_speed = data['wind']['speed']
            print(f"当前天气：{weather}")
            print(f"温度：{temperature}℃")
            print(f"湿度：{humidity}%")
            print(f"风速：{wind_speed} m/s")
        else:
            print("无法获取天气信息，请检查城市名或网络连接。")
def main():
    api_key = "YOUR_API_KEY"  # 替换为你的OpenWeatherMap API密钥
    city_name = input("请输入要查询的城市名：")
    get_weather(city_name, api_key)
if __name__ == "__main__":
    main()
```

这段代码首先定义了一个get_weather函数，该函数通过OpenWeatherMap的API获取指定城市的天气信息，并打印出来。然后在main函数中，我们请求用户输入要查询的城市名，并调用get_weather函数进行查询。

注意，你需要将"YOUR_API_KEY"替换为你在OpenWeatherMap网站上申请的API密钥。另外，由于网络请求可能会失败，因此在实际使用时你可能需要添加更多的错误处理代码。

此外，OpenWeatherMap的API调用是有限制的，所以请确保你的使用在允许的范围内。

文心一言为我们快速提供了一个基于Python的天气查询工具实现方案，并详细指导了如何使用OpenWeatherMap API。代码中对于API请求的构造、响应的处理及天气信息的提取都写得非常清晰，特别是错误处理部分考虑了网络请求可能失败的情况，体现了代码的鲁棒性。这样的例子不仅让我们了解如何使用外部API，也演示了如何解析和处理JSON数据，帮助用户快速上手并解决实际问题。

6.1.3 问题求解支持

编写程序时，时常遇到调试出报错但难以解决的情况。在传统情况下，我们会打开搜索引擎搜索错误代码，或者在类似Stack Overflow这样的网站上查找类似问题。由于开发环境和逻辑的差异，自行筛选和解读搜索结果后，通常还需要进行多次搜索来获得全面的答案，效率非常低下。但大模型能够与我们进行对话式的交流，通过多轮对话理解我们遇到的实际问题，从而根据具体的错误代码和描述直接提供解决方案。

假设一个初学者在学习Python时，尝试编写一个程序来计算一个整数数组的平均值，但遇到了"IndexError: list index out of range"错误。这是一个典型的新手编程错误，通常由于试图访问数组中不存在的元素引起，于是他向文心一言求助。

🔟 **用户提问：**

编写一个程序来计算一个整数数组的平均值，但遇到了"IndexError: list index out of range"错误，请帮我分析错在哪里并予以解决。

```
total = 0
for i in range(1, len(numbers) + 1):
    total += numbers[i]
average = total / len(numbers)
print(average)
```

文心一言回答：

你的代码出现 "IndexError: list index out of range" 错误，是因为在 for 循环中，i 的取值范围是 1～len(numbers)（包含），而 Python 的列表索引是从 0 开始的，因此当 i 等于 len(numbers) 时，numbers[i] 将会导致索引越界。

为了解决这个问题，你需要将循环的范围改为 0～len(numbers)－1。下面是修改后的代码：

```
numbers = [1, 2, 3, 4, 5]
total = 0
for i in range(len(numbers)):   # 修改这里，从 0 开始到 len(numbers)-1
    total += numbers[i]
average = total / len(numbers)
print(average)
```

现在，这段代码将正确地遍历数组中的每个元素，并计算它们的总和。然后，通过将总和除以数组的长度，得到平均值。

如果你想使用 range(1, len(numbers) + 1) 的形式，你需要对索引做减一操作，以避免索引越界：

```
numbers = [1, 2, 3, 4, 5]
total = 0
for i in range(1, len(numbers) + 1):
    total += numbers[i - 1]   # 修改这里，使用 i-1 作为索引
average = total / len(numbers)
print(average)
```

但是，通常更推荐使用第一种方法，因为它更符合 Python 的习惯用法，并且更加直观。

在两种修正后的代码中，平均值都应该是 (1+2+3+4+5)/5 = 3.0，所以 print(average) 应该输出 3.0。

　　文心一言详细分析了问题的根源后，给出了两种修正方案。回复中明确指出了索引越界的原因，并具体解释了如何修改代码以避免这种错误。其中，第一种修正方案直接且符合 Python 习惯用法，第二种方案则展示了如何在不改变循环范围的情况下通过调整索引来解决问题。文心一言快速、准确地诊断了问题所在，不仅提供了具体的解决方案，还展示了灵活的问题解决思路，可以帮助读者迅速纠正代码错误。

6.2 项目开发辅助

本节将介绍文心一言在项目开发中的应用。通过需求分析、技术选型、架构设计等方面的指导，文心一言可以帮助开发者在项目各阶段做出更明智的决策。我们将展示具体案例，说明如何利用文心一言解决项目中的实际问题，提高开发效率和项目质量。

6.2.1 项目规划与设计建议

在软件开发过程中，项目规划与设计是确保最终产品质量和可维护性的关键步骤。项目规划和设计阶段包含确定软件需求、功能规格、技术栈选择、架构设计等多个关键的方面。在这一阶段，合理的决策可以极大地减少后续开发中的重构和"技术债"，提高开发效率。

例如，一位开发者正在准备帮助公司开发一个自营电子商务网站，用来沉淀和转化私域流量，但他缺乏工程管理经验，于是向文心一言寻求帮助。

💬 **用户提问：**

我正在开发一个电子商务网站，需要同时构建小程序和App端，主要销售公司自产的小型电子商品。请问如何进行规划并设计这个网站？

⊘ **文心一言回答：**

开发一个电子商务网站、小程序和App端涉及多个方面，以下是详细的规划和设计流程。

一、市场调研与定位

（1）分析目标市场和潜在用户群体：了解目标用户的需求、购买习惯及喜好。

（2）研究竞争对手：分析他们的优劣势，找出自己的差异化和创新点。

（3）明确网站定位：确定网站的核心价值和特色，以便在后续设计中突出重点。

二、产品规划

（1）商品分类与展示：根据公司自产的小型电子商品特点，进行合理分类，并设计吸引人的展示页面。

（2）购物车与结算系统：设计简单易用的购物车功能，以及安全快捷的结算流程。

（3）订单管理系统：建立完善的订单管理系统，方便用户查看订单状态、物流信息等。

（4）用户评价系统：为用户提供评价商品和服务的平台，增加互动性和信任度。

三、用户体验设计

（1）界面设计：采用简洁明了的设计风格，确保用户在任何设备上都能获得良好的视觉体验。

（2）交互设计：优化操作流程，减少用户单击次数和跳转页面，提高转化率。

（3）响应式设计：确保网站、小程序和App在不同设备和屏幕尺寸上都能良好显示。

四、技术实现

（1）选择合适的技术栈：根据项目需求和团队经验，选择合适的前后端技术栈。

（2）数据库设计：根据商品、用户、订单等数据量，设计合理且高效的数据库结构。

（3）安全性保障：加强网站、小程序和App的安全性防护，防止数据泄露和恶意攻击。

（4）性能优化：确保网站、小程序和App加载速度快，提高用户体验。

五、测试与上线

（1）功能测试：确保所有功能都能正常运行，无明显缺陷。

（2）性能测试：测试网站、小程序和App在不同场景下的性能表现，找出并优化瓶颈。

（3）兼容性测试：测试在不同浏览器、设备和操作系统上的兼容性。

（4）安全测试：检查潜在的安全风险，并采取相应的防护措施。

（5）上线部署：在确保所有测试都通过后，进行上线部署，并持续监控运行情况。

六、运营与推广

（1）制定营销策略：结合市场分析，制定有效的营销策略，提高网站知名度。

（2）社交媒体推广：利用社交媒体平台进行内容营销和广告投放，吸引潜在用户。

（3）优惠活动与促销：定期举办优惠活动和促销，刺激用户消费。

（4）数据分析与优化：通过数据分析工具监控网站、小程序和App的运行情况及时调整优化策略。

七、维护与升级

（1）定期更新内容：确保商品信息、用户评价等内容的实时更新。

（2）技术支持与售后服务：为用户提供及时的技术支持和售后服务，解决使用过程中遇到的问题。

（3）系统升级与维护：根据市场变化和用户需求，对网站、小程序和App进行迭代升级和维护。

文心一言对网站的设计进行了全面和细致的分析，涵盖了市场调研、产品规划、用户体验设计等基础方面，还深入到了技术实现、测试上线、运营推广及后续的维护与升级，形成了一个完整且系统的规划流程。特别是在用户体验设计部分，它强调了交互优化和响应式设计的重要性，这符合当下C端用户对流畅、便捷体验的追求。文心一言智能化的信息处理和推荐加持，能够帮助我们进一步提升用户体验，助力企业精准营销，优化客户服务。

⚠ 温馨提示： *"技术债"一词由沃德·坎宁安（Ward Cunningham）提出，指的是通过紧急的软件开发来获得暂时的速度提升，但代价是放慢未来的开发速度。"技术债"就像一笔真正的债务，虽然短期内可能带来好处，但长期来看必须偿还。技术债的产生有多种原因，包括最小化成本的执行指令、商业决策、糟糕的软件或架构决策、过时或不存在的企业架构、软件质量差及糟糕的软件开发过程等。这些因素都可能导致开发人员选择短期效益而忽视长期的可维护性和可扩展性。解决"技术债"需要采取一系列步骤，包括感知、评估信息、建立技术债务登记表、决定要解决的问题及采取行动等。这些步骤需要循序渐进地集成到软件开发和业务治理实践中，以减少和消除技术债的影响。*

6.2.2　代码实现与调试指导

代码实现是指将设计转化为实际工作软件的过程，而调试则是指确保这些软件按预期运行且无错误的关键步骤。大模型在这个阶段可以针对具体功能需求生成示例代码或模板，并帮助开发者分析提供的代码片段，给出优化建议，如改进算法效率、增强代码可读性和可维护性。同时，在调试阶段当开发者遇到错误信息时，大模型可以帮助解释错误的原因，并提供备选解决方案。在代码编写完成后，大模型可以进行代码审查，指出潜在的逻辑错误、性能瓶颈或不符合最佳实践的代码，并帮助开发者生成测试用例，确保代码的每个部分都经过充分测试，从而减少未来的维护工作。

假设一位开发者在开发一个在线票务预订系统时遇到了并发问题，向文心一言询问如何解决这个问题。

用户提问：

我们在开发一个在线票务预订系统，当多个用户同时尝试预订最后一张剩余的票时，系统错误地允许了多个预订，导致超售。请问如何解决？

文心一言回答：

在开发在线票务预订系统时，处理并发预订是一个关键问题。超售问题主要是由于并发控制不当导致的。以下是一些避免超售的可能的解决方案。

1. 使用数据库锁

在预订过程中，对相关的数据行或表使用乐观锁或悲观锁，以确保同一时间只有一个用户可以更改数据。

● 乐观锁通常是通过版本号或时间戳来实现的，当数据被修改时，版本号会增加。在更新数据时，会检查版本号是否发生变化，如果版本号与原始读取的版本号不匹配，则更新操作会失败。

● 悲观锁则是在数据被修改时直接锁定，直到事务完成。

2. 使用事务

将整个预订流程包含在一个数据库事务中。这样，如果出现并发冲突，事务会回滚，从而确保数据的一致性。

3. 分布式锁

如果系统是分布式的，可能需要使用分布式锁来确保跨多个服务器或数据库实例的数据一致性。例如，可以使用Redis的分布式锁功能。

4. 库存预留

当用户开始预订流程时，可以尝试预留票。这需要在数据库中有一个"预留"状态，以及一个与之相关的超时机制，以防用户在预留后没有完成支付或其他步骤。

5. 队列处理

使用消息队列（如RabbitMQ、Kafka等）来处理预订请求。将所有请求都加入队列，然后由后台工作线程按顺序处理。这确保了每次只有一个请求被处理，从而避免了并发问题。

6. 限制并发量

设置并发量的限制，以确保系统不会同时处理过多的预订请求。这可以通过各种限流算法（如令牌桶、漏桶等）来实现。

7. 实时库存更新

确保在每次预订成功后都立即更新库存，以减少并发导致的超售机会。

8. 前端控制

在前端也可以加入一些控制逻辑。例如，当用户单击预订按钮后，可以禁用该按钮一段时间，或者显示一个加载指示器，以防止用户重复单击。

9. 监控和告警

建立一个监控系统来跟踪和记录所有的预订活动。如果出现异常或可疑的活动（如短时间内大量的预订请求），系统可以触发告警，以便及时干预。

10. 测试

对系统进行压力测试和并发测试，以确保其在高并发场景下能够正常工作。这有助于发现潜在的问题并进行修复。

结合上述多种策略可以更有效地解决超售问题，并确保系统的稳定性和数据的准确性。

文心一言在因系统并发产生的票务预订系统超售问题上展示了全面的分析能力。它不仅从技术角度出发提供了多种并发控制策略，还考虑了前端控制、监控告警等非纯技术层面的措施，体现了对问题全方位、多层次的理解。特别是在提到分布式锁和库存预留策略时，显示出对现代分布式系统特性的深刻理解。文心一言在该场景中能够实时分析大量预订数据，提供智能化的监控和预警，帮助系统更快速地识别并应对潜在的超售风险。

6.2.3　版本管理与团队协作

在软件开发过程中，有效的版本管理和团队协作是确保项目成功的关键因素。

版本管理系统（如 Git）是现代软件开发中不可或缺的工具。它可以帮助团队管理代码变更的历史，解决代码合并冲突，并支持多人同时工作在同一项目上。正确使用版本管理系统能极大地提高开发效率和降低代码混乱的风险。大模型可以提供 Git 基础教程，包括如何配置环境、初始化仓库、提交更改、创建分支、合并分支等操作的详细步骤和最佳案例。在发生代码冲突时，大模型可以解释冲突的原因，并指导开发者如何手动解决冲突或使用合适的辅助工具，或指导开发者如何安全地回退到先前的版本以修复错误。

有效的团队协作不仅依赖技术工具，也依赖良好的沟通和管理经验。大模型可以帮助开发者建立或优化代码审查流程，确保每个功能提交前都经过彻底审查，从而提高代码质量并减少后期的BUG。在管理上，大模型可以提供关于如何有效沟通的建议，包括定期会议、代码审查会议和异步沟通工具等，并可以指导使用者使用各种项目管理工具（如 Jira、Trello）来跟踪任务、管理需求和优化工作流。

在上一小节介绍的并发问题中，开发者正进行开发时准备更新一个新的支付接口。开发团队的两个成员分别在两个不同的功能分支上工作：一个添加了新的支付接口，另一个优化了现有的购物车功能。当他们尝试将这些功能合并到主开发分支 develop 时，发现了合并冲突，于是向文心一言求助。

🗨 **用户提问：**

我们正在开发一个允许用户通过新的支付接口进行交易的功能。合并支付接口分支时遇到了冲突，主要是在 payment_processor.py 文件。有什么建议吗？

⑥ **文心一言回答：**

在版本控制系统中合并分支时遇到冲突是很常见的，特别是在多个开发者同时修改同一个文件的情况下。以下是一些解决合并冲突的建议。

1. 备份当前工作

在进行任何合并冲突解决操作之前，最好先备份你的项目，以防万一。

2. 理解冲突

查看payment_processor.py文件中的冲突部分。Git通常会在冲突的地方插入特殊的冲突解决标记，帮助你定位问题。标记方式如下。

<<<<<<< HEAD

你的当前分支的更改

=======

另一个分支的更改

>>>>>>> branch-name

3. 手动编辑文件

打开payment_processor.py文件，并手动编辑以解决冲突。你需要决定是保留你的更改、接受另一个分支的更改，还是将两者结合起来。删除Git插入的冲突标记（<<<<<<< HEAD，=======，>>>>>>> branch-name）。

4. 测试更改

在解决冲突并保存文件后，确保你的更改没有引入任何错误。运行单元测试和集成测试，以确保支付接口仍然按预期工作。

5. 提交更改

一旦你对文件进行了必要的修改并解决了所有冲突，你可以将更改提交回版本控制系统。使用git add payment_processor.py将文件标记为已解决冲突，然后使用git commit提交更改。

6. 与团队沟通

如果你在解决冲突时不确定某些更改是否应该保留，或者对代码的功能有疑问，请与你的团队成员沟通。他们可能能为你提供一些帮助。

7. 继续合并或拉取请求

如果你是在本地解决合并冲突，并且所有更改都已提交，你可以继续合并操作或创建一个拉取请求以供团队审查。

8. 预防未来的冲突

为了未来减少合并冲突，可以考虑采用一些策略，如更频繁地将合并主分支到特性分支、使用更小的提交粒度并加强团队协作和沟通。

记住，解决合并冲突可能需要一定的耐心和细心，但这也是团队合作和版本控制中不可避免的一部分。

文心一言在处理合并冲突的问题上提供了全面而实用的建议，不仅提供了技术性的解决方案，还强调了团队协作和沟通的重要性。它详细列出了解决冲突的步骤，从备份工作到预防未来冲突，内容完整且逻辑清晰。特别是提到在解决冲突过程中要与团队沟通，这是一个常被忽视但至关重要的环节。有了文心一言的帮助，我们可以快速查找和理解代码冲突的原因，获得智能建议和解决方案，从而提升解决冲突的效率。

> ⚠ **温馨提示：** Git 是一个分布式版本控制系统，最初由林纳斯·托瓦兹（Linus Torvalds）于 2005 年创建，旨在更有效地管理 Linux 内核开发的源代码。Git 不仅可用于跟踪文件的更改历史，还允许多个开发者同时处理同一个项目，极大地提高了协作开发的效率。
>
> Git 的主要作用是帮助开发者追踪和管理代码的变化。通过 Git，开发者可以记录每一次的代码修改，轻松回溯到任何一个历史版本，这为项目的稳定性和可维护性提供了有力保障。此外，Git 还支持分支功能，使开发者可以在不影响主线程的情况下进行新功能的开发和测试。
>
> 它已得到了广泛的认可，已成为软件开发行业的标准工具之一。其分布式特性使开发者可以在没有中央服务器的情况下进行工作，非常适合远程团队协作。同时，Git 的灵活性和强大功能也赢得了开发者的广泛赞誉。

6.3　智能编程

本节介绍文心一言在智能编程中的应用。通过需求分析、技术选型、架构设计等方面的支持，文心一言可以帮助开发者提高开发效率和项目质量。

6.3.1　人机协作编程

在现代软件开发领域，人机协作编程已经成为提高生产效率和代码质量的重要手段。之前我们都是通过在互联网中搜索类似案例或请教专家等方式解决部分代码编写困难的问题。有了大模型这种人机协作方式，开发者能够更高效地处理编程任务。

例如，某开发者正在使用 Python 和一个流行的 Web 框架如 Flask，创建一个事件日程管理应用。该应用允许用户创建、修改和查看即将发生的事件。这位开发者首先手动编写了一个基础的 Flask 框架，由于不清楚事件数据的处理方式，于是向文心一言寻求帮助。

> ↩ **用户提问：**
>
> 我在编写一个 Flask 框架，以下是示例代码，请告诉我如何接收并存储事件数据。
>
> ```python
> from flask import Flask, request, jsonify
> app = Flask(__name__)
> @app.route('/events', methods=['GET', 'POST'])
> def manage_events():
>     if request.method == 'POST':
>         # 创建新事件
>     else:
>         # 返回事件列表
> ```

```
if __name__ == '__main__':
    app.run(debug=True)
```

⚙ **文心一言回答：**

在Flask中，要接收并存储事件数据，你首先需要一个地方来保存这些数据。这可以是数据库、内存中的数据结构、文件等。在这个例子中，我将演示如何使用一个简单的Python列表来在内存中存储事件数据，并使用SQLite数据库作为更持久的存储方案。

使用内存中的列表存储事件

你可以创建一个全局列表来存储事件。这适用于演示和开发目的，但不适用于生产环境，因为它不是持久的。

【Python代码】

```
from flask import Flask, request, jsonify
  app = Flask(__name__)
  # 创建一个全局列表来存储事件数据
events = []
  @app.route('/events', methods=['GET', 'POST'])
def manage_events():
    global events
    if request.method == 'POST':
        # 创建新事件
        data = request.json
        event_id = len(events) + 1
        events.append({'id': event_id, 'data': data})
        return jsonify({'id': event_id}), 201
    else:
        # 返回事件列表
        return jsonify(events)


if __name__ == '__main__':
    app.run(debug=True)
```

使用SQLite数据库存储事件

对于更持久的存储，你可以使用SQLite数据库。以下是一个使用SQLite数据库的示例。

【Python代码】

```
from flask import Flask, request, jsonify
import sqlite3
app = Flask(__name__)
# 连接到SQLite数据库（如果不存在则创建）
```

```
    conn = sqlite3.connect('events.db')
    cursor = conn.cursor()
    cursor.execute('''CREATE TABLE IF NOT EXISTS events (id INTEGER PRIMARY
KEY AUTOINCREMENT, data TEXT)''')
    conn.commit()
    @app.route('/events', methods=['GET', 'POST'])
    def manage_events():
        if request.method == 'POST':
            # 创建新事件
            data = request.json
            cursor.execute("INSERT INTO events (data) VALUES (?)",
(str(data),))
            conn.commit()
            return jsonify({'id': cursor.lastrowid}), 201
        else:
            # 返回事件列表
            cursor.execute("SELECT id, data FROM events")
            events = cursor.fetchall()
            return jsonify([{'id': event[0], 'data': event[1]} for event in
events])
    if __name__ == '__main__':
        app.run(debug=True)
```

在这个示例中，我使用了一个SQLite数据库来存储事件数据。当收到POST请求时，它将JSON
数据插入数据库中，并返回新插入的事件的ID。在收到GET请求时，它将返回所有事件的数据。请注意，
在生产环境中，你可能需要处理更多的错误情况，并确保数据库连接在使用后被正确关闭。此外，为了性
能考虑，你可能还需要实现分页或其他优化措施。

　　文心一言的回答详细解释了如何在Flask框架中接收并存储事件数据，提供了两种实用的方法：
使用内存列表和SQLite数据库，并结合了理论与输入的代码框架，完善了可执行的代码部分。其
回答实用而易于理解，能够帮助开发者快速掌握数据存储技巧。

6.3.2　智能辅助测试

　　在软件开发过程中，测试是确保应用稳定、可靠并符合预期行为的关键环节。传统的测试方法
可能费时费力，而智能辅助测试利用AI技术，尤其是大型语言模型，提高了测试自动化的效率和
有效性。这种方法能够辅助开发者更快地识别潜在的错误和漏洞，同时提供更加精准和全面的测试
覆盖。

　　仍然以上一节的代码生成为例，在文心一言的帮助下，开发者编写了Flask框架下接受并存储
事件数据的代码。这时他希望对这段代码进行测试，于是继续请文心一言提供帮助。

⌃₁₀ **用户提问:**

为上边的例子编写一段测试代码。

 文心一言回答:

为了测试上述 Flask 应用程序的 /events 端点,您可以使用 Python 的 requests 库来发送 HTTP 请求。以下是一个简单的测试脚本,用于测试通过 POST 方法添加事件及通过 GET 方法检索事件列表。

首先,请确保 Flask 应用程序正在运行。然后,您可以使用以下测试代码。

【Python 代码】

```python
import requests
import json
# Flask应用服务器的URL
BASE_URL = 'http://127.0.0.1:5000/events'
# 测试添加事件
def test_add_event():
    event_data = {
        'name': 'Test Event',
        'description': 'This is a test event for demonstration purposes.'
    }
    response = requests.post(BASE_URL, json=event_data)
    assert response.status_code == 201, "Failed to create event"
    print(f"Event created with ID: {response.json()['id']}")
# 测试获取事件列表
def test_get_events():
    response = requests.get(BASE_URL)
    assert response.status_code == 200, "Failed to retrieve events"
    events = response.json()
    print(f"Retrieved {len(events)} events:")
    for event in events:
        print(f"Event ID: {event['id']}, Data: {event['data']}")
# 运行测试
if __name__ == '__main__':
    test_add_event()
    test_get_events()
```

请注意,您需要先安装 requests 库(如果尚未安装):

【bash 代码】

```bash
pip install requests
```

此测试代码首先定义了两个函数:一个是 test_add_event 函数,其用于通过 POST 请求向 Flask 应用程序添加一个新事件,并验证响应状态码是否为 201(表示成功创建);另一个是 test_get_events

函数，其用于通过GET请求检索事件列表，并验证响应状态码是否为200（表示成功检索）。

　　在运行测试之前，请确保Flask应用程序已经在本地服务器上运行，并且BASE_URL变量中的URL与Flask应用程序的实际URL匹配。如果Flask应用程序运行在不同的主机或端口上，请更新相应的BASE_URL。

　　这段代码是一个简单的测试示例，实际测试可能需要更复杂和全面的检查来确保应用程序的健壮性。

　　文心一言的回复为开发者提供了实际可操作的测试用例来验证Flask应用中/events端点的功能，还贴心地强调了测试前的关键准备步骤：安装requests库和确保Flask应用已在本地运行。其简洁明了的特性使理解和执行变得容易，为开发者提供了一个测试编写的实用范例。开发者能直接应用此代码，以确保相关功能准确无误，从而提升软件质量。

6.3.3　代码维护与优化

　　在进行系统维护时，开发工程师常常遇到技术债务累积，如长期的功能迭代导致代码基础脆弱、难以维护，用户界面响应缓慢，数据库查询效率低下等问题。同时新的开发人员很难在原有代码的基础上进行有效开发，导致系统运维效率低下，系统有随时可能"暴雷"的隐患。

　　例如，一家公司运营着一个已经开发了十多年的电子商务平台。随着时间的推移，该平台的代码库变得庞大且复杂，其中充斥着未经优化的代码段、过时的库和框架及未解决的错误和性能问题。尤其是该电子商务网站的后端系统中包含一段用于处理用户订单数据的早期Python代码。这段代码经常出现性能问题，特别是在高流量时段。于是，运维工程师请文心一言协助优化代码。

> **用户提问：**
> 下边这段老代码结构不清晰，可读性差，而且在数据量大时数据处理效率低。请帮我优化。
>
> ```python
> def process_orders(order_data):
>     results = []
>     for data in order_data:
>         order = {
>             "order_id": data[0],
>             "product_name": data[1],
>             "quantity": data[2],
>             "price_per_unit": data[3],
>         }
>         total_price = order["quantity"] * order["price_per_unit"]
>         order["total_price"] = total_price
>         results.append(order)
>     return results
> ```

> ⬡ **文心一言回答：**
>
> 要提高代码的可读性和效率，我们可以进行以下优化：
>
> （1）使用更具描述性的变量名。
>
> （2）将提取计算总价的功能封装到一个单独的函数中，以增强复用性和可读性。
>
> （3）如果order_data是一个很大的数据集，我们可以考虑使用列表推导式来提高效率。
>
> （4）使用字典推导式来创建订单字典，以增强代码的可读性。
>
> 优化后的代码如下：
>
> 【Python代码】
>
> ```python
> def calculate_total_price(quantity, price_per_unit):
>     return quantity * price_per_unit
> def process_orders(order_data):
>     return [{"order_id": data[0],
>             "product_name": data[1],
>             "quantity": data[2],
>             "price_per_unit": data[3],
>             "total_price": calculate_total_price(data[2], data[3])}
>             for data in order_data]
> ```
>
> 优化后的代码更加简洁和易读。我们使用了一个字典推导式来构建每个订单的字典，并调用了calculate_total_price函数来计算总价。这样做不仅提高了代码的可读性，而且在处理大量数据时也会更加高效。
>
> 此外，如果order_data是一个非常大的数据集，并且你希望进一步提高性能，你可以考虑使用并行处理或异步编程技术来处理数据。然而，这将需要更复杂的编程模型和额外的库支持，可能并不适合所有情况。在大多数情况下，上述优化应该已经足够提高代码的性能和可读性了。

文心一言针对老代码的问题，提出了优化代码的有效方法：通过使用字典推导式和提取函数使代码更加简洁清晰；通过引入辅助函数，增强代码的复用性，为优化代码、提升效率和代码可读性提供了指导。

专家点拨

技巧 01：GitHub Copilot 智能编程工具

GitHub Copilot 是由 GitHub 和 OpenAI 合作开发的一款先进的人工智能编程助手，旨在通过代码自动完成功能提高软件开发的效率和速度。它基于GPT模型，能够根据开发者输入的部分代码或注释自动生成代码建议。下面，以在Visual Studio Code中安装GitHub Copilot为例，介绍具体的操作方法。

第1步 ▶ 首先在 Visual Studio Code 搜索并安装 GitHub Copilot，然后按照指引登录 Github 账号，如图 6-1 所示。这里请读者确保 GitHub 账号已开通 Copilot 功能。

第2步 ▶ 成功安装后，创建一个新的 Python 文件时，可看到如图 6-2 所示提示，证明 GitHub Copilot 已可正常使用。

图 6-1　Visual Studio Code 中安装 Github Copilot 界面　　图 6-2　创建新代码文件时的 GitHub Copilot 提示

第3步 ▶ 如图 6-3 所示，按下【Ctrl+I】组合键，激活 GitHub Copilot 功能窗口，并写下我们希望它协助编写的内容。可以看到 GitHub Copilot 按照我们的要求，自动生成了科学计算器的 Python 程序代码。

第4步 ▶ 接下来，如图 6-4 所示，我们继续要求 GitHub Copilot 为程序编写注释，得到了如下中文注释内容，方便学习及使用。

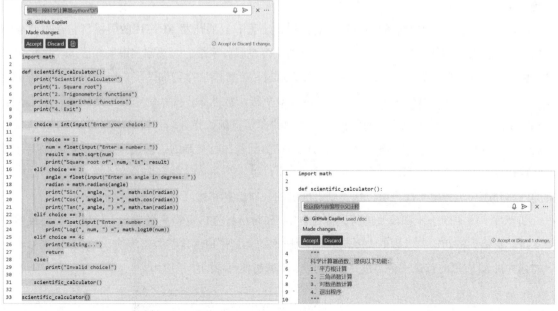

图 6-3　GitHub Copilot 生成计算器代码　　　　图 6-4　为程序编写注释

GitHub Copilot 代表了 AI 在软件开发领域的一大重要进步，它可以帮我们减轻编程负担，加速代码编写过程，显著提升生产力。

技巧 02：LangChain 大型语言模型集成与应用的革新平台

随着大模型的快速发展，如何快速学会利用大模型搭建应用场景成为很多开发者的困扰。2022年10月，哈里森·蔡斯（Harrison Chase）和安库什·戈拉（Ankush Gora）发明了 LangChain。它通过链接不同的大型语言模型，简化了模型的集成和应用开发过程，大大降低了 AI 应用开发门槛，使开发者能够轻松利用大模型的强大能力，推动大模型应用的进步与发展。

LangChain 通过提供下列工具和组件，来帮助开发者创建便捷的大模型应用。

- 模型（Models）：处理语言的理解和生成。
- 提示（Prompts）：指导模型的输出。
- 链（Chains）：定义复杂任务的步骤序列。
- 代理（Agents）：使模型能与外部环境（如 API 调用）交互。
- 嵌入与向量存储（Embeddings and Vector Stores）：支持模型理解语言所需的数据表示和检索。

这些组件协同工作，通过链进行连接。当用户给出提示后，代理会调用预定义的链。链中通常包括数据检索、数据处理和语言模型生成等步骤。在数据检索环节，嵌入与向量存储发挥关键作用，它们将文本转化为向量并存储，以便快速找到与提示最相关的信息。之后，这些信息会被送入大型语言模型，如 GPT 或文心一言等，由模型根据这些经过处理的信息生成最终响应。LangChain 像生产线一样，围绕大模型这颗"大脑"搭建了感官（眼、耳、鼻）及表达器官（手、口），让大模型应用变得简单。

LangChain 通过提供模块化和可扩展的架构，显著降低了开发 AI 应用的门槛。它在需要实时数据交互和决策制定的场景中特别有用，如自动化客户服务系统、能够预测市场趋势或个性化用户体验的高级分析工具。例如，LangChain 可用于创建一个智能法律咨询助手，帮助用户解答法律相关问题。实现步骤为首先配置 LangChain 以接入多个法律数据库，使系统能够检索到最新的法律信息和案例。其次，设计一系列针对常见法律问题的提示模板，指导语言模型生成有针对性的回答。然后，通过定义操作链，使系统能够根据用户的具体问题执行复杂的查询，并整合信息以提供详尽的法律建议。最终结果表明，这个智能助手能够自动处理多达 80% 的咨询需求，极大提高了法律咨询的效率和用户满意度，用户可以快速获得准确的法律信息和建议。

随着技术的不断进步和模型的持续优化，LangChain 将提供更多高级功能，如更加智能化的决策支持、更强大的跨语言处理能力及与其他 AI 技术的无缝集成。这些改进将使 LangChain 成为开发者构建先进 AI 应用的首选平台，进一步推动 AI 技术在各行业的广泛应用。

本章小结

　　本章详细介绍了文心一言在编程辅助中的多种应用场景。从编程学习到项目开发，再到智能编程，文心一言都能提供智能化支持。通过具体案例展示，读者可以了解如何利用文心一言选择编程语言、生成和优化代码、解决并发问题，以及如何与智能编程工具和平台结合，提升开发效率和代码质量。本章的内容将帮助读者全面掌握文心一言的编程应用技巧，提升自身的编程水平。

第7章

应用实战：
文心一言在学习成长领域的应用

本章导读

本章介绍大模型在学习和成长领域的应用。我们将展示AI如何作为智能导师提供学习资源、实时问答及考试模拟，以及如何优化从文献筛选到文章润色的论文写作全过程。同时，我们还探讨大模型如何助力成长规划和职业技能提升，通过数据分析和个性化建议，帮助用户规划未来发展。

7.1 AI 智能导师

本节介绍 AI 智能导师在教育领域的创新作用，通过具体例子演示 AI 如何帮助学生寻找学习资源、进行知识问答、资料答疑及模拟考试，展示其如何作为学习的助手，辅助家长培养孩子的学习能力，帮助学生提高学习效率和成果。

7.1.1 寻找学习资源

面对琳琅满目的学习材料，家长和学生常常感到选择困难，不知道如何选择教辅材料才能达到最好的学习效果。利用AI分析来推荐书籍和文章，可以精准地匹配学生的学习水平和兴趣，解决这一痛点。这种个性化的推荐不仅提升了学习效率，还确保了学习材料的相关性和适宜性，极大减轻了家长在教育资源选择上的压力，帮助学生更高效地达到学习目标。

假设一位家长有一个小学三年级的男孩，希望利用文心一言寻找合适孩子学习人工智能的材料。文心一言给出的回复可以看到它针对儿童的特征进行了精准推荐，其中包括生动有趣的书籍和视频课程，以及适合儿童使用的编程工具和在线学习平台，既具有教育价值，又能激发逻辑思维和创造力，同时鼓励家长参与，以促进孩子学习。

🔟 **用户提问：**

　　请推荐适合小学三年级男孩的人工智能学习资源，可以是书籍或视频课程，目标是帮助他通过有趣和互动的方式理解 AI 的基本概念和简单应用。推荐的资源应包括适合其年龄和能力水平的安全、易于使用的编程工具和在线学习平台。这些资源应具有明确的教育价值，能够传授科技基础知识和逻辑思维技能，并鼓励家长参与，促进孩子学习。

🔷 **文心一言回答：**

　　以下是一些适合小学三年级男孩的人工智能学习资源推荐：

　　书籍
《给孩子讲人工智能 》
这本书通过有趣的漫画和故事，通俗易懂地介绍了人工智能的基本概念和应用，非常适合小学生阅读。
《DK 编程真好玩 》
这是一本介绍编程基础知识的书籍，通过丰富多彩的插图和实例，孩子们能够直观地理解编程的基本原理。

　　视频课程
Code.org
Code.org 提供了大量免费的编程和视频课程，适合不同年龄段的孩子。其中的 "Hour of Code"
活动特别适合初学者，通过有趣的游戏和活动，孩子们在玩乐中学习编程基础。
Khan Academy
Khan Academy 是一个非营利性的在线教育平台，提供了关于计算机科学和编程的入门课程。课程内容生动有趣，适合小学生观看和学习。

　　编程工具和在线学习平台
Scratch
Scratch 是一个由麻省理工学院开发的面向儿童的图形化编程工具，适合 8 岁以上儿童使用。通过拖曳积木形式的代码块，孩子们可以轻松地创建动画、游戏和交互式故事，无须复杂的编程语法。
Tynker
Tynker 是一个在线编程学习平台，提供了一系列针对儿童的编程课程和项目。平台通过有趣的游戏和挑战，传授孩子们编程基础知识，并鼓励他们创造自己的项目。

　　家长参与
家长可以陪同孩子一起阅读推荐的书籍，观看视频课程，并一起参与编程项目。
家长可以鼓励孩子分享他们的编程作品，并给予积极的反馈和鼓励。

家长还可以利用这些资源，自己先学习相关知识，然后更好地辅导和支持孩子的学习。

这些资源不仅能够帮助小学三年级男孩理解AI的基本概念和简单应用，还能够培养他们的逻辑思维能力和创造力。同时，家长的参与和支持也是促进孩子学习发展的重要因素。

7.1.2 AI 百科全书

当学龄前儿童好奇地询问"为什么天空是蓝色的？"时，家长可能难以用适合孩子理解的方式解释这个复杂的科学概念。文心一言大模型可以有效解决这个问题。它不仅能即时提供简单、准确且适合儿童年龄的解答，还能通过图像和互动内容增强理解。利用大模型的海量知识库和高级自然语言处理能力，家长可以轻松解释日常遇到的各种问题，如自然现象、生物特征等。AI不仅能提供科学准确的答案，还能根据孩子的年龄调整解释的深度，确保信息既准确又易于消化。

以"为什么天空是蓝色的？"为例，文心一言的回答简洁易懂，通过生动的比喻解释了天空为何是蓝色，同时鼓励儿童观察和实验，既传授了知识又培养了孩子的好奇心和探索欲。

⤇ 用户提问：

学龄前儿童问"为什么天空是蓝色的？"，我该怎么回答？

⬡ 文心一言回答：

宝宝，天空是蓝色的，是因为阳光由很多颜色组成，就像彩虹一样。当阳光穿过大气层时，大气层像是一个大滤镜，把阳光中的蓝色光留下来，让天空看起来是蓝色的。你可以试试在不同的时间和角度观察天空，看看天空的颜色会不会变化哦。这样你就可以发现更多天空的秘密。

7.1.3 资料答疑

假设一个中学生在学习生物学时遇到了难题，他需要理解复杂的细胞分裂过程。使用传统的搜索引擎，他可能会被海量的信息所淹没，难以快速找到最适合自己当前学习水平的解释。相比之下，大模型可以提供更加个性化和精确的帮助。例如，提问"以中学生能够理解的方式解释有丝分裂过程"，文心一言将详细而系统地解释有丝分裂的整个过程，并对从间期到末期各个阶段的特点进行清晰说明。这样的解释有助于中学生全面了解有丝分裂，加深对细胞生物学基础知识的理解。

⤇ 用户提问：

以中学生能够理解的方式解释有丝分裂过程。

⬡ 文心一言回答：

有丝分裂是一个连续的过程。为了描述方便起见，习惯上按先后顺序将其划分为间期、前期、中期、后期和末期五个时期，在前期和中期之间有时还插入一个前中期。以下是各时期的详细解释。

（1）间期：完成DNA复制和有关蛋白质的合成。在细胞分裂间期，DNA完成复制后，新合成的DNA分子会数倍增加，与细胞质的有关物质合成、加工、分类及运输等活动密切相关，为细胞分裂期进行物质和能量的准备。

（2）前期：核膜、核仁逐渐消失，出现纺锤体和染色体。此时，每个染色体含有两条姐妹染色单体，其上的着丝粒连接在一起。

（3）中期：染色体清晰地排列在细胞中央的赤道板上。此时，染色体形态比较固定，数目比较清晰，便于观察清楚。

（4）后期：着丝粒分裂，姐妹染色单体分开成为染色体，并均匀地移向两极。此时，核膜和核仁重建，纺锤体消失。

（5）末期：染色体到达两极后解螺旋形成染色质丝，核膜、核仁重新形成，细胞质分裂，形成两个子细胞。此时，子细胞进入下一个细胞周期。

总的来说，有丝分裂是一个细胞周期中的重要过程，它确保了遗传信息的准确传递和细胞的正常增殖。在中学生物学中，理解有丝分裂的过程对于理解细胞的生长和分裂、遗传信息的传递及生物体的生长发育等生物学基本概念具有重要意义。

7.1.4　考试模拟

一名高中生正在为即将到来的高考做准备。化学是他觉得最难的科目，特别是有关有机化合物的反应机制。为了帮助自己有效地复习，他决定利用文心一言大模型提供的考试模拟来强化化学知识。通过输入具体的考试要点和他自认为薄弱的部分，大模型能够专门针对他的需求创建定制的模拟试题。

假设这名学生对"醇的氧化反应中间体的形成过程和如何判断最终产物"有疑问，不确定在反应中使用的氧化剂类型对产物的影响，比如使用铬酸钠与使用高锰酸钾作为氧化剂时产物的不同，可以向大模型输入提示词"生成涵盖醇的氧化反应的详细机制的化学练习题，特别是中间体的形成和不同氧化剂对最终产物的影响，并提供答案。"

生成的模拟试题不仅涵盖了有机化合物的各种反应机制，并附有详细的答案帮助这名高中生加深了对这些知识的理解和记忆。

> 🔟 **用户提问：**
>
> 我是一个高中生，请帮助我生成涵盖醇的氧化反应的详细机制的化学练习题，特别是中间体的形成和不同氧化剂对最终产物的影响，并提供参考答案。

🤖 **文心一言回答：**

练习题 1：醇的氧化反应基础

题目：解释伯醇在氧化剂重铬酸钠（$Na_2Cr_2O_7$）作用下氧化成醛的机制。请描述反应中的中间体及关键步骤。

参考答案。

（1）反应启动：重铬酸钠（$Na_2Cr_2O_7$）在酸性环境下将伯醇氧化。首先，伯醇的氧原子与氧化剂中的铬元素形成一个过渡态复合物。

（2）中间体形成：过渡态复合物中的铬元素将其部分氧原子转移给醇的羟基（OH），形成一个含氧的中间体（羟基化中间体）。

（3）产物形成：中间体迅速失去一个水分子（H_2O），形成醛。此步骤完成了伯醇到醛的转化，同时铬元素被还原。

练习题 2：氧化剂选择对产物的影响

题目：比较和分析使用重铬酸钠（$Na_2Cr_2O_7$）和高锰酸钾（$KMnO_4$）作为氧化剂，对伯醇和仲醇氧化产物的差异。请指出在不同氧化剂影响下，可能产生的主要产物。

参考答案。

（1）重铬酸钠氧化伯醇：使用重铬酸钠氧化伯醇通常会产生醛。重铬酸钠在酸性条件下能有效将伯醇氧化为醛，并在进一步氧化时生成羧酸。

（2）高锰酸钾氧化伯醇：高锰酸钾通常将伯醇直接氧化为羧酸，由于其强氧化性，醛很难作为稳定的中间产物存在。

（3）氧化剂对仲醇的作用：仲醇在重铬酸钠和高锰酸钾的作用下通常被氧化为相应的酮。在这两种情况下，反应通常会停留在酮阶段，不进一步氧化成更高氧化态的化合物。

7.2 论文提效

本节介绍如何利用大模型提升论文写作效率与质量。我们将详细介绍其在文献筛选、大纲生成、内容扩写及润色等方面的应用，帮助高校师生优化研究过程及论文写作。通过本节，读者可以掌握使用大模型高效进行论文撰写的关键策略。

7.2.1 文献筛选

文献筛选是学术研究、撰写论文或开展科学项目中的关键步骤。它可以帮助研究者把握其研究领域的现状，理解最新发现、理论和学术争议，构建出合理的研究假设，为论证提供支持，并避免重复研究前人成果，确保研究内容的新颖性。大模型能够通过自动化的关键词搜索和相关性分析，帮助研究者高效地筛选出具有参考价值的文献。

假设一位环境科学专业研究者正在准备一项关于气候变化对海平面上升影响的研究，使用大模型迅速筛选出近几年的5篇重要文献，包括最新的研究报告、学术论文和综述文章。这一过程极大地节省了该研究者在寻找和阅读文献上所花费的时间，而且能够帮助他研判该研究方向的相关性和创新性，为其研究提供坚实的基础。

请注意，由于大模型非实时训练，网络搜索插件可能存在片面性，利用大模型做文献筛选可能存在一定的滞后性。

🔟 **用户提问：**

请使用大模型帮我筛选近五年内关于"气候变化对海平面上升影响"的相关学术论文。文献中应包括最新的研究报告、学术论文和综述文章，重点关注海平面上升的速度、影响给特定地区生态系统带来的长期效应。希望能够识别出该领域内较少涉及的研究方向或观点，为我的研究提供创新的角度。

🤖 **文心一言回答：**

近五年"气候变化对海平面上升影响"部分相关学术论文

1.《气候变化背景下海平面上升对中国沿海地区的灾害风险研究》

发表年份：2023

主要内容：本文研究了全球气候变化下海平面上升对中国沿海地区的影响，特别是灾害风险的评估。

创新点：通过高精度的模型预测了未来海平面上升的趋势，并分析了其对沿海地区洪涝灾害的潜在影响。

2.《全球气候变化下海平面上升的生态系统响应与适应性策略》

发表年份：2022

主要内容：综述了海平面上升对全球不同类型生态系统的影响，并探讨了生态系统的适应性策略。

创新点：提出了一系列生态系统对海平面上升的适应机制，为生态保护提供了新的视角。

3.《区域海平面上升速度及其影响因素分析——以××海湾为例》

发表年份：2021

主要内容：以某一特定海湾为例，详细分析了该区域海平面上升的速度及其主要影响因素。

创新点：通过实地观测数据和气候模型，精确量化了多种因素对海平面上升的具体贡献。

4.《海平面上升对沿海城市基础设施的长期影响研究》

发表年份：2020

主要内容：研究了海平面上升对沿海城市基础设施，如道路、排水系统等的影响。

创新点：从城市规划与基础设施设计的角度，提出了应对海平面上升的策略和建议。

5.《气候变化下海平面上升对珊瑚礁生态系统的影响》

发表年份：2019

主要内容：专注于海平面上升对珊瑚礁这一脆弱生态系统的影响，并探讨了珊瑚礁的适应与恢复能力。

创新点：揭示了珊瑚礁生态系统在应对海平面上升时的复杂响应机制。

较少涉及的研究方向或观点：

- 海平面上升与人类活动（如地下水开采、大型工程建设等）的复合影响研究。
- 不同类型沿海地区（如沙质海岸、岩质海岸等）对海平面上升的差异化响应。
- 海平面上升对海洋生物多样性及食物链的长期影响。
- 结合社会经济学，探讨海平面上升对沿海地区经济发展、人口迁徙和文化传承的综合影响。

这些较少涉及的研究方向或观点，可以为您的研究提供创新的角度和深入探讨的空间。

7.2.2 大纲生成

　　构建大纲是撰写文章的关键环节。通过预先设定文章的主要论点和论据大纲为文章提供清晰的结构，帮助作者理清思路，确保内容的逻辑连贯性，提高写作效率，同时确保所有关键点被全面覆盖，从而优化文章的质量和深度。

　　假设一位能源政策分析师在撰写关于可再生能源技术进展的综述文章前，利用大模型自动生成了研究大纲。她输入了她的研究主题和一系列关键问题，如不同国家在采纳新能源技术方面的策略、技术成本的变化以及市场接受度的增长。文心一言生成的大纲结构清晰，全面涵盖了可再生能源技术进展的多个关键方面，包括不同国家的采纳策略、技术成本变化及市场接受度的增长，为深入研究提供了详细的指导框架。

🔟 **用户提问：**

　　请帮我生成一份关于可再生能源技术进展的研究大纲，重点关注不同国家采纳这些技术的策略、技术成本变化及市场接受度的增长。希望大纲能够明确文章的结构，聚焦关键研究节点和论证逻辑。

⊘ **文心一言回答：**

可再生能源技术进展研究大纲

一、引言

介绍可再生能源的重要性和全球能源转型的背景

简述可再生能源技术的种类及其在全球能源体系中的作用

提出研究目的：分析不同国家采纳可再生能源技术的策略、技术成本变化及市场接受度的增长

二、正文

1. 不同国家采纳可再生能源技术的策略

1.1 发达国家策略分析

1.1.1 举例说明欧洲、北美等地区国家的可再生能源政策与激励机制

1.1.2 分析这些策略对技术发展和市场推广的影响

1.2 发展中国家策略分析

1.2.1 举例说明亚洲、非洲和拉丁美洲等地区国家的可再生能源发展策略

1.2.2 探讨这些策略如何结合当地资源和经济条件推动可再生能源的普及

2. 技术成本变化

2.1 太阳能技术的成本降低趋势

2.1.1 分析光伏电池效率提升与制造成本下降的关系

2.1.2 讨论政府补贴、规模效应及技术进步对成本的影响

2.2 风能技术的成本分析

2.2.1 研究风力发电机组成本的构成及降低趋势

2.2.2 分析海上风电与陆地风电的成本差异及发展前景

2.3 其他可再生能源技术的成本概述

2.3.1 简述生物质能、地热能等技术的成本现状及发展趋势

2.3.2 简述氢能技术的成本现状及发展趋势

3. 市场接受度的增长

3.1 消费者认知与接受度

3.1.1 分析消费者对可再生能源的认知变化

3.1.2 探讨影响消费者接受可再生能源的因素

3.2 工业界的接受与应用

3.2.1 举例说明工业界如何整合可再生能源技术以降低运营成本

3.2.2 分析可再生能源在工业领域的应用前景

3.3 政府角色与市场推动

3.3.1 评估政府政策在推动市场接受度方面的作用

3.3.2 分析公私合作模式在可再生能源项目中的应用及效果

三、结论

1. 总结不同国家在可再生能源技术采纳策略上的异同及其对技术发展的影响

2. 归纳可再生能源技术成本的变化趋势及其背后的动因

3. 阐述市场接受度增长的关键因素和未来可能面临的挑战

4. 提出对未来可再生能源技术发展的展望及政策建议

7.2.3　内容扩写

在进行学术研究时，初步的研究结果和数据通常需要更多的文本来支持和解释。内容扩写可以帮助研究者深入分析数据，收集背景信息，引入理论框架，并详细阐述研究的意义和影响。这不仅增强了文章的深度，也使其更容易被学术期刊接收。

例如，在撰写关于城市化对生物多样性影响的论文中，一位环境学家利用大模型进行内容扩写。她面对的困难是如何将初步的研究发现转化为一篇内容丰富、论证充分的文章。通过输入她的初步研究结果和与主题相关的关键词，她利用大模型扩展了研究背景部分，增加了关于全球城市化趋势的详细讨论，并引入了其他研究中未触及的相关生态理论。文心一言的扩写不仅提升了文章的深度，而且引入了新的研究视角，增强了文章的发表潜力。

> ⌒ **用户提问：**
>
> 假设一位农业科学家在她的初步研究中发现了一个有趣的现象：在温带气候区，随着平均温度的升高，某些作物的产量意外地提高了。请扩展相关的理论背景、研究数据和文献支持。此外，请通过内容扩写增强文章的论证深度，引入新的研究视角，并阐述这种方法如何提升文章的学术价值和发表潜力。

⊘ **文心一言回答：**

《温带气候区温度升高对作物产量的影响研究》

在近年来全球气候变化的大背景下，温度的变化对农业生产的影响日益受到科学家们的关注。最近，一位农业科学家在初步研究中发现了一个令人意外的现象：在温带气候区域，随着平均温度的适度升高，某些作物的产量不仅没有下降，反而出现了提高。

这一现象背后可能涉及多种生物学和生态学机制。首先，从生物学角度来看，温带作物可能存在一定的温度适应性。在适宜的温度范围内，作物的光合作用效率、养分吸收和转运速率都可能得到提升，进而促进作物的生长和发育。此外，温度的适度提升也可能加速了作物的生理代谢过程，包括营养物质的合成与分解，这对于提高作物的生物量和产量具有积极影响。

从生态学角度来看，温带地区的气候特点使作物在生长季节内可能受到温度波动的限制。温度的适度提升可能打破了这种限制，使作物有更长的生长期和更多的机会积累生物量。同时，较高的温度也可能促进了土壤微生物的活性，改善了土壤环境，为作物提供了更加丰富的养分。

为了验证上述观点，该农业科学家进行了一系列详细的田间试验。她选取了多个具有代表性的温带作物品种，在不同温度条件下进行了长期的观察和测定。研究数据显示，在平均温度提高 X 度的情况下，某些作物的产量比对照组提高了 Y%。这一发现与之前的研究结果形成了鲜明的对比，之前的研究普遍认为温度升高会对作物的产量产生负面影响。

此外，该科学家还进行了深入的文献调研，发现了一些支持她发现的证据。例如，有研究表明，在某些温带作物中，适度的温度升高可以促进种子的萌发和幼苗的生长。还有研究指出，温度升高可以增强作物的抗逆性，使其更能适应多变的气候条件。

这项发现不仅挑战了传统的认知，也为农业生产带来了新的启示。随着全球气候的变暖，如何合理利用这一趋势，提高作物的适应性和产量，将是未来农业科学研究的重要方向。

7.2.4 内容润色

内容润色在准备任何专业文档，如学术论文、企业报告或政策建议书时，都显得尤为重要。它不仅解决了可能的语言表达问题，如语法错误或表述不清，也提升了文档的整体质量，使之更加专业和有说服力。

例如，在撰写完关于城市可持续发展的政策建议报告初稿后，为了确保其语言的专业性与说服力，以及文本的清晰度和流畅性，一位政策分析师在最后阶段应用了大模型进行内容润色。

⌂ **用户提问：**

用专业研究性文章的风格润色以下段落。

"城市绿地，尤其是大面积的公园和街头绿化带，对改善城市空气质量起着至关重要的作用。我们的研究数据显示，这些绿地区域能有效降低周边地区的空气污染物浓度。然而，实现这一效果的关键是植被的种类选择和密度配置。例如，一些树种能比其他树种更有效地吸收污染物，比如细颗粒物和二氧化硫。此外，我们还发现，绿地的布局和维护也同样重要，不仅要保证植被能够生长并发挥其环保功能，还要注意美观和市民的休闲需求。"

文心一言回答：

　　城市绿地，特别是大规模的公园与街道绿化带，在提升城市空气质量方面具有举足轻重的地位。根据我们的研究成果，这些绿色空间能显著削减其周边环境中的空气污染物浓度。然而，达到此效果的关键在于精心选择植被种类及合理配置植被密度。例如，某些树种在吸收空气污染物，如细颗粒物和二氧化硫方面，表现出比其他树种更高的效率。此外，我们的研究还进一步揭示，绿地的规划和维护工作亦具有不可忽视的重要性。这既要确保植被能够茁壮成长并有效发挥其环境保护的作用，同时也需兼顾景观美学和市民的休闲娱乐需求。

7.3　成长规划

　　在迅速变化的教育和职场环境中，个人成长规划显得尤为重要。接下来我们将探讨如何利用大模型来规划学习和职业路径，包括设计详细的学习计划、选择适合的专业和职业以及制定实现职业发展目标的策略，从而帮助个人更有效地适应未来的挑战，实现职业成功。

7.3.1　学习计划规划

　　在繁忙的学习生活中，有效的学习计划规划显得尤为关键。当学生面临繁重的课业和多样的课外活动时，时间管理和学习重点的把握就变得至关重要。缺乏计划往往导致学习效率低下，甚至遗漏重要知识点，影响学业成绩。学习计划规划能够帮助学生合理分配时间，确保每个学科都得到充分的复习，同时留出足够的时间进行课外拓展和个人兴趣的发展。

　　以一位高中生为例，他在准备高考的过程中，发现自己要复习的科目众多，内容繁杂。开始时，他没有明确的学习计划，经常是想到哪里学到哪里，结果导致某些重要知识点被忽视，而一些已经掌握的内容却重复学习。随着时间的推移，他感到压力越来越大，学习效率却不断下降。这时，他利用大模型生成了一份详尽的学习计划规划。这份计划不仅满足了他的所有要求，还兼顾了学习、休息与娱乐的平衡，并且具有灵活性，可以适应学习进度和实际情况的变化。

用户提问：

　　请帮我规划一份详细的学习计划。我需要涵盖所有要复习的科目，并明确每天的学习时间和内容。请确保计划中有重点难点的针对性复习，并合理安排课外活动和休息时间，以提高我的学习效率。同时，我希望这份计划能够灵活调整，以适应我的学习进度和实际情况。

文心一言回答：
学习计划规划

目标：全面复习各科目，提高学习效率，确保掌握所有关键知识点，同时保持身心健康。

科目涵盖

- 语文
- 数学
- 英语
- 物理、化学、生物（根据选修科目来定）

学习时间规划

周一至周五

- 早晨（1小时）：早读，主要复习前一天学到的内容，加强记忆。
- 上午（3小时）：按照学校课程安排学习。
- 中午（1小时）：休息与吃饭，可以看些轻松的书籍或听些音乐放松心情。
- 下午（3小时）：学校课程＋自主复习，针对早晨复习的内容进行深入学习。
- 傍晚（1.5小时）：体育活动或其他课外活动，确保身心健康。
- 晚上（2.5小时）
- 前1.5小时：针对白天的疑难问题进行深入研究，或进行针对性的练习。
- 后1小时：预习第二天的学习内容，为新的一天的学习做好准备。

周六

- 上午（3小时）：集中复习一周中遇到的难点和重点。
- 中午（1小时）：休息与吃饭。
- 下午（3小时）：进行模拟测试或历年真题练习。
- 晚上（1小时）：评估自己的练习效果，找出不足，为下周制定更明确的复习目标。

周日

- 上午（2小时）：复习上周学到的内容，确保知识点不遗漏。
- 中午（1小时）：休息与吃饭。
- 下午（2小时）：进行兴趣阅读或拓展学习，如看一些与学科相关的书籍或视频。
- 晚上（1小时）：为新的一周制定学习计划，明确每天的学习目标和重点。

灵活调整

（1）每周结束时，应对本周的学习情况进行总结，根据实际效果调整下周的学习计划。

（2）如遇到特殊情况或突发事件，可以随时调整学习计划，确保既能完成学习任务，又不会过于紧张或疲劳。

希望这份学习计划能够帮助你更高效地复习，取得好成绩！

7.3.2 报考专业辅助选择

选择正确的专业是高中毕业生面临的重大决策之一，这一选择将直接影响他们的未来发展路径。专业选择不当可能导致学生在未来学习和工作中感到不满意和挫败。因此，找到与个人兴趣和职业目标相匹配的专业至关重要, 这不仅能提高学习动力, 还能在日益竞争激烈的职场中获得优势。

例如, 某用户的孩子是一名对技术和设计均有浓厚兴趣的高中生。在面临大学专业选择的时候, 他希望帮助孩子找到一个既能满足孩子对机械和技术的热情, 又能允许他发挥创造力和设计才能的专业。为了做出最佳选择, 该用户决定利用大模型来辅助选择专业。文心一言的回复内容翔实、专业, 针对孩子情况提供了多个合适的大学专业建议。每个建议都结合了孩子的兴趣、技能和未来职业规划, 展现了模型的高度智能和实用性。

🔟 **用户提问:**

我的孩子是一名高中生, 即将面临大学专业选择。他在物理和数学方面表现出色, 这些是理工科专业的基础。他还积极参与学校的机器人俱乐部和地方艺术展览的活动, 展现了技术应用和创新设计能力。对于未来职业, 我希望他能在一个结合技术创新和产品设计的领域中工作。请根据这些信息, 推荐适合他的大学专业。

💮 **文心一言回答:**

以下是基于孩子的信息为您挑选的一些大学专业建议及其推荐理由。

1. 机械工程

推荐理由: 机械工程涉及设计、制造、维护各种机械系统和设备。考虑到孩子在机器人俱乐部的活动经历, 机械工程将使其能够深入研究机器人的设计和制造, 同时也能够满足他对技术创新的兴趣。

2. 电子工程

推荐理由: 电子工程涉及电子设备和系统的研究、设计、开发和应用。这与孩子在机器人技术方面的兴趣相吻合, 有助于他进一步深化对机器人技术和电子系统的理解。

3. 计算机科学

推荐理由: 计算机科学涉及计算机系统的理论和实际应用。鉴于孩子的数学和物理基础扎实, 计算机科学专业能够提供给他必要的技能, 使他将技术创新应用于产品设计, 并可能开发出新的软件或硬件产品。

4. 工业设计

推荐理由: 工业设计涉及产品的外观、功能和用户体验的设计。结合孩子参加艺术展览的经历, 工业设计专业能够使他将艺术和创新技能结合起来, 为技术创新提供美观且实用的设计。

5. 创新科技与产品设计 (如果学校提供此类专业)

推荐理由: 这是一个跨学科的专业, 结合了技术创新和产品设计的元素。它能够满足孩子在未来职业中希望结合技术创新和产品设计的愿望。

综上所述, 这些专业建议都是基于孩子的兴趣、技能和职业期望。不过, 选择专业是一个重要的决定, 建议与孩子进行深入的沟通, 了解其真正的兴趣和目标, 再做出最佳选择。

7.3.3 职业规划

职业规划在个人发展中扮演着至关重要的角色, 它能帮助个人根据自己的技能、兴趣和职业市场的需求做出适合的职业选择。适当的职业规划不仅可以提高职业满意度和成功率, 还能有效避免职业生涯中的不必要挫折和时间浪费。

以一名即将大学毕业的文科学生为例，她对未来职业道路感到迷茫，对心理学和人类行为学有着浓厚的兴趣，但不确定如何将这些兴趣转化为职业。她希望通过使用大模型来辅助自己进行职业规划，于是在文心一言中输入了她的教育背景、兴趣和职业期望。文心一言提供的职业路径建议与这名毕业生的兴趣和专业背景高度匹配，展现了深入的分析和细致的考量。同时，它还对每个职业路径的发展前景进行了清晰的阐述，有助于这名毕业生做出明智的职业规划决策。

> **🔟 用户提问：**
>
> 我是一名即将毕业的大学生，对未来职业道路感到不确定。我对心理学和人类行为学非常感兴趣，但不确定如何结合这些兴趣来选择职业。请根据我的教育背景、兴趣和职业期望，推荐适合我的职业路径，并提供相关职业的详细信息和发展前景。

◎ 文心一言回答：

以下是根据您的教育背景和兴趣为您推荐的一些职业路径建议，这些职业都与心理学和人类行为学紧密相关，可以满足您将兴趣转化为职业的愿望。

1. 心理咨询师/心理治疗师

职业描述：为个人或团体提供心理咨询服务，帮助他们解决情感、行为或心理问题。

发展前景：随着社会对心理健康重视度的提高，心理咨询师的需求逐渐增加。您可以在医院、学校、社区、企业或私人诊所工作。此外，随着经验的积累，您还可以选择进一步深造，成为心理治疗师或开设自己的咨询机构。

2. 人力资源专员/人力资源经理

- 职业描述：在企业中负责招聘、培训、员工关系管理等工作。
- 发展前景：人力资源管理是一个持续增长的行业。随着企业对员工福利和满意度的重视，人力资源专员的需求也在增加。长期来看，您可以晋升为人力资源经理或人力资源总监。

3. 用户研究员

- 职业描述：主要负责研究用户的行为和需求，为产品设计提供建议，确保产品符合用户的心理预期和使用习惯。
- 发展前景：在数字化和智能化的时代，用户研究变得越来越重要。您可以在互联网公司、设计公司或研究机构工作。随着经验的积累，您可以成为用户研究团队的领导或专家。

4. 市场调研分析师

- 职业描述：通过研究和分析消费者行为、市场趋势等，为企业提供市场策略建议。
- 发展前景：市场调研是商业决策的关键部分。您可以在广告公司、市场研究机构或大型企业工作。长期来看，您可以晋升为市场调研经理或市场策略顾问。

5. 社会研究员

- 职业描述：研究社会现象、人类行为和社会变迁，为政策制定提供科学依据。
- 发展前景：社会研究在多个领域都有应用，如政策制定、社会规划等。您可以在研究机构、政府机构或非营利组织工作。随着研究的深入，您可以成为该领域的专家。

以上职业都与您的兴趣和背景高度相关。您可以根据自己的长远规划和短期目标，选择最适合您的职业方向。希望这些建议能帮助您做出明智的职业选择。

7.4　职业技能提升

步入职场之后，持续的技能提升和职业发展变得至关重要。本节详细介绍如何通过人工智能提升职业技能、分析晋升机会，并调整职场心态。

7.4.1　职业技能分析及规划

在职业生涯的不同阶段，职业技能分析和规划都是至关重要的，它可以帮助我们了解自己的技能盲点，对未来职业发展方向做出调整。正确的职业技能分析还能够指导个人进行有目的的学习和职业发展，从而提高工作效率和成就感。

例如，一名软件工程师希望晋升为技术经理。通过使用大模型进行职业技能分析，有针对性地填补技能空白，提高了他晋升的可能性。文心一言的回复建议实用且全面，涵盖了项目管理、领导力提升等多个方面，有助于这名软件工程师实现职业晋升。

> **⌒ 用户提问：**
>
> 我是一名软件工程师，希望晋升为技术经理。请帮我分析目前我的技能结构，特别是在项目管理和领导力方面的能力，并提供一个有针对性的学习和发展计划，以帮助我实现晋升。

⬡ 文心一言回答：

一、技能结构分析

作为一名软件工程师，您已经具备了扎实的编程基础、良好的问题解决能力及一定的团队协作能力。然而，从技术工程师到技术经理的角色转变，需要您在项目管理和领导力方面有更进一步的提升。

1.项目管理能力

（1）项目规划与执行：您需要掌握如何制定详细的项目计划，包括时间线、资源分配、风险评估等，并确保项目按计划推进。

（2）监控与控制：对项目进度进行实时监控并及时调整资源以确保项目不偏离预定目标。

（3）变更管理：在项目执行过程中灵活应对变更请求，评估其影响并作出相应的调整。

2.领导力

（1）团队激励：作为技术经理，您需要激发团队成员的积极性和创造力，设定明确的目标并提供必要的支持。

（2）决策能力：在复杂情况下做出快速而明智的决策，平衡项目需求、团队能力和公司目标。

（3）沟通与协调：与团队成员、其他部门及客户进行有效沟通，协调各方资源以达到最佳效果。

二、学习与发展计划

（1）项目管理专业认证：考虑获取PMP（项目管理专业人员）或PRINCE2（项目管理体系第2版）等认证，通过系统学习提升项目管理能力。

（2）参加领导力培训：寻找专门针对技术经理的领导力培训课程，如团队建设、决策制定、冲突解决等。

（3）实践锻炼：主动争取领导小型项目或子项目的机会，以实际操作来提升项目管理和领导能力。

（4）导师制度：寻找经验丰富的技术经理作为导师，定期进行交流学习。

（5）阅读与管理相关的书籍：定期阅读项目管理和领导力方面的经典书籍，不断更新知识储备。

（6）网络学习：利用在线课程和学习平台，学习最新的项目管理和领导理念。

（7）参与行业活动：参加相关的技术和管理研讨会，拓宽视野并结交同行。

通过上述计划的学习与实践，您将能够逐步提升自己在项目管理和领导力方面的能力，为晋升为技术经理打下坚实的基础。

7.4.2 专业技能学习

随着行业标准和技术的迅速变化，不断更新专业技能成为维持职业竞争力和适应工作需求的必要条件。

以一名市场分析师为例，面对数据分析工具和方法的快速更新，她需要不断学习最新的技术来保持其分析的准确性、深度，并提升她的专业能力，使她在团队中保持不可替代的地位，进一步增强她的职业安全感和满意度。文心一言的回复精准把握了她的需求，针对市场分析的最新趋势和技术推荐了具体的在线课程和研讨会。

🗨 **用户提问：**

我是一名市场分析师。由于数据分析工具和方法正在快速变化，我需要更新我的专业技能以保持竞争力。请推荐最新的在线课程和即将举行的行业研讨会。这些资源应涵盖当前市场分析中的最新趋势和技术。

🗨 **文心一言回答：**

作为市场分析师，要跟上数据分析工具和方法的快速发展，确实需要不断更新专业技能。以下是一些最新在线课程和即将举行的行业研讨会，它们涵盖了当前市场分析中的最新趋势和技术。

1. 在线课程推荐

（1）"市场分析全套课程"：这门课程涵盖了市场分析的各个方面，包括行业分析、PEST（是政治、经济、社会和技术的英文首字母缩写）分析等，而且好评率很高。通过学习，你可以掌握市场分析的基本框架和方法，了解最新的市场分析趋势。

（2）"机器学习与预测建模在市场分析中的应用"：这门课程介绍了如何使用机器学习和预测建模技术来准确预测市场趋势和需求。这对于想要将先进的数据科学技术应用于市场分析的专业人士来说是非常有价值的。

（3）"区块链技术在市场分析中的创新应用"：区块链技术为市场分析提供了新的视角和可能性；这门课程将教你如何利用区块链技术的安全性和透明性来提升市场分析的准确性和效率。

2. 即将举行的行业研讨会推荐

（1）"2024年市场趋势与创新研讨会"：这个研讨会将聚焦2024年的市场趋势，包括全球经济形势、新兴技术的发展及消费者行为的变化等。与会者将有机会与业内专家交流，了解最新的市场分析方法和工具。

（2）"数据分析与市场洞察研讨会"：此次研讨会将深入探讨数据分析在市场分析中的应用，包括数据挖掘、数据可视化及如何通过数据分析来洞察市场趋势和消费者需求。

（3）"AI技术在市场分析中的前沿应用研讨会"：这个研讨会将集中讨论人工智能技术在市场分析领域的最新应用，包括自然语言处理、深度学习等，以帮助分析师更好地利用AI技术提升市场分析的效率和准确性。

这些课程和研讨会都具有权威性和实用性，能够提供有价值的学习资源和参考。通过学习这些课程和参加这些研讨会，你将能够更好地掌握市场分析中的最新趋势和技术，提升自己的竞争力。

7.4.3 晋升分析

晋升分析帮助职场人士确定他们为达到下一个职业级别需要培养的关键技能和经验。这种分析可以为职业发展提供明确的路线图，指导个人有效地填补技能差距，并突出在晋升过程中必须强化的能力。

以一家科技公司的中层管理者为例，她希望晋升为高层管理者，进一步提升其团队领导力和决策能力，在工作中承担更多的领导责任，以实际行动补强这些领域的技能。文心一言分析了中层管理者晋升高层管理者需提升的关键技能和经验，如战略规划、团队管理、财务管理等，并给出了具体的培训课程和活动建议，内容全面且实用，有助于帮助这名中层管理者实现职业晋升目标。

用户提问：

我是科技公司的中层管理者，希望晋升为高层管理者，进一步提升团队领导力和决策能力，并在工作中承担更多的领导责任。请分析我需要提升哪些关键技能和经验，并推荐相应的培训课程或活动。

文心一言回答：

作为科技公司中层管理者，您想要晋升为高层管理者并提升团队领导力和战略决策能力，确实需要进一步提升一些关键技能和积累经验。以下是一些建议。

1. 关键技能提升

（1）战略规划与执行：高层管理者需要具备制定和执行公司战略的能力。您需要学会如何在不断变化的市场环境中进行战略规划，并有效地将其转化为可执行的计划和行动。

（2）领导力与团队管理：高效的领导力是晋升到高级管理层的必要条件。您需要提升激励员工、解决团队冲突、培养团队成员等能力。

（3）财务管理与预算控制：作为高层管理者，对财务健康状况的了解和管理是至关重要的。您需要了解如何阅读财务报表，控制预算并评估投资项目。

（4）决策能力：在高层管理者，决策往往涉及更复杂、更广泛的问题。您需要提升在不确定和复杂情况下的决策能力。

（5）危机管理与风险控制：应对突发事件和危机是高层管理者的职责之一。您需要学会制定应急预案，并如何在危机发生时迅速而有效地应对。

2. 经验积累

（1）跨部门协作：作为高层管理者，您需要更多地与不同部门协作。通过参与或领导跨部门项目来积累经验，了解各部门的运作和挑战。

（2）处理复杂问题：面对更复杂、更全局性的问题，您需要学会分析问题、制定解决方案并协调资源。

（3）国际视野：随着公司的发展，可能需要面对国际市场。了解不同文化背景下的商业惯例和市场动态是非常重要的。

3. 培训课程与活动推荐

（1）战略管理课程：参加MBA课程或专门的战略管理培训课程，学习如何制定和执行企业战略。

（2）领导力发展项目：参与领导力教练或导师计划，通过实践提升领导力。

（3）财务管理培训：参加财务管理或会计培训课程，提升财务知识和技能。

（4）团队建设活动：通过户外拓展、团队模拟等团队建设活动，提升团队协作和冲突解决能力。

（5）行业研讨会和论坛：参加相关行业的研讨会和论坛，拓宽视野，了解行业动态。

通过不断提升这些关键技能和积累经验，您将更有信心和能力胜任高层管理者的角色，带领团队取得更高的成就。

7.4.4 职场软技能学习

职场软技能，如沟通、团队合作和冲突解决能力，对于所有行业和职位都至关重要。这些技能直接影响着个人在团队中的表现和职场形象。

以一位项目经理为例，虽然在技术方面非常出色，但他发现在团队沟通和管理冲突上有所欠缺。为了提升这些软技能，他希望通过大模型来学习有效的沟通策略和冲突管理技术，以帮助他在实际工作中更有效地与团队交流和解决问题。文心一言针对项目经理的沟通和冲突管理技能提升需求给出建议，推荐了具体的在线课程和研讨会，内容涵盖沟通技巧、冲突解决和团队协作，实用性强，有助于项目经理在职场中更有效地与他人合作和解决问题。

⌒ 用户提问：

我是一名项目经理，希望提升我的沟通和冲突管理技能。请推荐相关的在线课程或研讨会，帮助我在职场中更有效地与他人合作和解决问题。

⊘ 文心一言回答：

作为一名项目经理，沟通和冲突管理技能至关重要。以下是一些与项目经理职责和技能提升紧密相关的在线课程或研讨会推荐。

1. PMP 项目管理必备知识体系

- 课程内容：这个课程体系非常全面，其中"项目中的高效沟通"和"PMP 章节串讲项目管理"等部分对于提升沟通技巧尤为有用。同时，它也涉及项目管理的全过程，有助于你更好地理解团队协作和冲突产生的背景。

- 时间安排与费用：具体时间和费用可能因平台而异，建议直接在相关在线教育平台查询。

2. "冲突管理"视频课程

- 课程内容：这门课程深入探讨了职场冲突的类型、原因及解决方案。它提供了冲突管理的实用策略，如托马斯–吉尔曼的五种冲突管理风格模型。

- 时间安排与费用：该课程已在魔学院、英盛网、讲师宝等国内视频培训网站上线，你可以根据自己的时间安排进行学习。费用方面，建议访问对应网站了解详情。

3. 团队建设与合作课程

- 课程内容：这门课程旨在培养团队成员之间的互信和合作精神，非常适合项目经理学习。你将了解如何建立积极的工作氛围，增强合作意愿，并提高团队协作的效率和质量。

- 时间安排与费用：该课程通常采用互动式授课方式，你可以根据自己的需求选择合适的时间段进行学习。具体费用可能因机构和课程内容而有所不同。

这些课程和研讨会都涵盖了沟通技巧、冲突管理策略和团队协作等方面的内容，非常具有实用性和可操作性。通过学习这些课程，你将能够在实际工作中更好地应用所学知识，提升沟通和冲突管理技能。请注意，具体的课程大纲、时间安排和费用信息可能因平台和机构而异，建议直接访问相关网站或咨询机构以获取最新和最准确的信息。

7.4.5　职场心态调整

职场心态调整对于促进职业生涯的长远发展至关重要。良好的职业心态不仅有助于应对工作压力，还可以增强个人的职业满意度和绩效。

以一名资深的财务分析师为例，他在面对高强度的工作压力和日益增长的职责时感到焦虑和压力，希望通过大模型找到职场心态调整方法，如时间管理和压力管理技巧培训等，以提升工作效率和生活质量，做到工作和生活的平衡。文心一言精准把握了他的诉求，提出了具体可行的时间管理和压力管理技巧。

> ⚆ **用户提问：**
>
> 我是一名资深的财务分析师，近期工作压力很大，职责的增加带来焦虑和压力。帮我找到职场心态调整方法，如时间管理和压力管理技巧培训等，以帮助我提升工作效率和生活质量，做到工作、生活的平衡。

⬡ **文心一言回答：**

职场心态调整与时间、压力管理

一、时间管理技巧

（1）制定工作计划：每日、每周和每月都制定明确的工作计划，并根据优先级进行任务排序。这有助于确保重要任务得到优先处理。

（2）使用专业工具：如时间追踪应用、日程管理软件等，这些可以帮助你清晰地看到时间分配，并提醒你按时完成任务。

（3）避免拖延：设定时间限制，采用番茄工作法或时间分块法来保持专注并提高工作效率。

二、压力管理技巧培训

（1）呼吸练习与冥想：深呼吸和冥想是快速恢复平静的有效方法，每天进行5～10分钟的冥想可以帮助你在紧张的工作中找到内心的平静。

（2）情绪管理：学会识别并处理负面情绪，通过写日记、与朋友交流或参加心理辅导等方式来疏导情绪。

（3）锻炼与放松：定期进行体育锻炼，如瑜伽、跑步等，并学习放松技巧，如渐进性肌肉松弛法。

三、提高工作效率和生活质量

（1）设定明确目标：明确个人和职业目标，这有助于你保持专注并衡量自己的进步。

（2）持续学习：参加专业培训，不断提升自己的专业技能和知识，增强自信。

（3）合理安排休息：保证足够的睡眠，合理安排工作与休息时间，避免过度劳累。

四、实现工作生活平衡

（1）规划个人时间：为家人、朋友和自己留出时间，进行社交活动和休闲娱乐。

（2）培养兴趣爱好：除了工作之外，找到自己热爱的活动，如阅读、旅行、艺术等。

（3）获得支持力量：与家人、朋友和同事保持良好的沟通，让他们成为你的支持力量。

通过实施上述建议和方法，作为财务分析师的你将能够更好地应对工作压力，提高工作效率，同时也能够享受到更高质量的生活，实现工作与生活的和谐平衡。记住，工作是为了生活，而不是生活为了工作。调整心态，积极面对挑战，让生活更加丰富多彩。

专家点拨

技巧 01：AI 教育"从娃娃抓起"

在这个信息爆炸和技术迅速发展的时代，人工智能教育不再是成人的专属，越来越多的教育机构和家长开始关注儿童人工智能教育，如图7-1所示。此类教育不仅是为了让孩子们理解和掌握技术，更重要的是通过这些先进的工具培养他们的逻辑思维、问题解决能力及创新思维。

1. 儿童的特性与AI教育的契合性

儿童处于心智发展的关键阶段，他们对新事物具有极高的好奇心和可塑性。AI教育可以利用这一特点，通过游戏化学习激发孩子的学习兴趣，这不仅能够提升他们的学习效率，还能帮助他们在游戏中学习到问题解决、逻辑思维等能力。例如，编程机器人和虚拟现实科技，不仅能够吸引孩子们的注意力，还能在互动中加强他们的手眼协调和空间思维能力。

2. 教育内容的选择与安排

在为孩子选择AI教育内容时，家长和教育者应该注重内容的教育意义和安全性，优先选择那些能够激发创造力和批判性思维的项目，

图 7-1　儿童AI教育

如简单的编程游戏或与AI对话进行逻辑思维训练。此外，保证内容的适龄性也非常重要，过于复杂的内容可能会让孩子感到沮丧，而过于简单则可能导致兴趣的缺失。

3. 家长的角色

家长在儿童接受AI教育过程中扮演着非常关键的角色。首先，家长需要提供一个支持和鼓励的环境，让孩子勇于尝试和探索。其次，家长应该与孩子一同学习，了解AI教育的基本知识和安全问题，以便更好地指导和监督孩子。例如，家长可以陪伴孩子一起完成编程任务，这不仅能增强亲子关系，也能让家长深入了解孩子的学习进度和兴趣点。

4. 创新与批判性思维的培养

在AI教育中，创新和批判性思维的培养是非常重要的。通过设计特定的问题让孩子解决，如利用编程软件解决数学问题或构建一个简单的天气预报应用，可以有效地锻炼孩子的这两种思维。

5. 网络安全教育

在引导孩子使用AI和其他在线工具时，网络安全教育是不可忽视的一环。家长应该教育孩子关于个人信息保护的知识，如何安全地使用网络资源，以及如何识别网络中的潜在风险。这不仅保护了孩子的网络安全，也为他们日后在更广阔的网络世界中探索提供了基本的保护措施。

技巧 02：大模型时代下的个人成长

在大模型时代，我们见证了信息技术和人工智能的急速发展。这些技术正在从根本上改变工作的性质和个人职业发展的轨迹。随着大模型如文心一言和其他人工智能系统的普及，许多以往需要人力进行的任务现在可以迅速、高效地由机器完成，如图7-2所示。这种变革不仅对个人职业生涯构成挑战，也为个人成长提供了前所未有的机遇。

1. 职业领域的变革

大模型的应用使数据分析、编程、设计等技术性工作的效率大幅提升。例如，在法律领域，AI可以通过分析大量的法律文件和案例来辅助律师进行案件研究。在医疗领域，AI的介入可以帮助医生分析病例和提供诊断建议，这些任务以前需要花费医生大量时间来完成。此外，日常的行政和客户服务工作也越来越多地由聊天机器人等智能系统接手，这些系统能够提供24小时不间断的服务。

2. 个人成长与职业发展的新途径

在大模型时代，个人成长的关键在于适应和利用这些技术的能力。首先，持续

图7-2　大模型的应用

学习和技能更新变得尤为重要。个人需要不断学习新的技术工具，如人工智能、机器学习等，以保持职业竞争力。在线学习平台和短视频平台提供了丰富的课程，帮助个人掌握这些新技术。

其次，创新能力的培养是个人在这一时代脱颖而出的关键。由于许多常规任务已由AI接手，创新和创造性思维成为职场上的宝贵资质。个人需要学会如何使用大模型等工具来增强自己的工作效率，同时也要能在机器难以替代的领域如战略规划、人际沟通和复杂决策中展示自己的独到见解。

3. 社会变革与个人适应策略

随着职业角色的转变，社会对于个人的能力要求也在变化。软技能，如团队协作、领导力和跨文化交流能力，变得比以往任何时候都更加重要。在大模型的帮助下，个人可以更有效地管理跨国项目，参与全球团队的工作。这要求拥有高度的适应性和敏锐的感知力。

此外，心理弹性也是个人在不断变化的工作环境中保持稳定的关键因素。随着工作性质的快速变化，能够快速适应新情况、处理职业不确定性的能力变得非常重要。

4. 实用建议

（1）技能提升：积极参与相关的培训和课程，不断提升自己的技能。

（2）网络建设：利用在线工具和社交平台，建立和维护专业网络，这些网络可能成为未来职业转变的关键资源。

（3）心理调适：培养心理弹性，通过咨询、参与心理学工作坊等方式学习如何有效应对职业生涯中的压力和挑战。

（4）创新实践：在日常工作中寻找使用大模型技术创新的机会，不断尝试和实践新方法来解决工作中的问题。

　　大模型时代提供了无限的机遇和挑战。通过不断学习和适应，个人可以利用这些先进的工具推动自己的职业发展，实现个人成长。

本章小结

　　在本章中，我们探讨了文心一言在学习成长领域的多方面应用。大模型不仅优化了学习资源的获取，增强了教育的互动性和个性化，而且还明显提升了学术研究和职业规划的效率。

　　面对这个时代的技术进步，我们应积极利用大模型，不断提升自身技能，以便更好地应对未来的学习和职场挑战。通过有效整合这些工具，每个人都能在快速变化的环境中找到适合自己的成长路径，实现个人潜能的最大化。

## 第8章

应用实战：
文心一言在日常生活中的应用

本章导读

　　本章将介绍如何利用大模型使生活变得更加轻松、有趣，并充满个性化的色彩。例如，一个能随时回答孩子们各种好奇问题的虚拟助手，或能解决"不知道吃什么"的专属美食官等都将在本章得到介绍。

8.1　科普领域

本节将介绍如何使大模型化身为知识小百科，轻松回答各类科普知识，让学习变得简单有趣。

8.1.1　做孩子的"十万个为什么"

　　在一个悠闲的下午，孩子在家里翻阅一本关于昆虫的图画书时，好奇地问妈妈："蜜蜂是怎么制造蜂蜜的？"妈妈虽然知道蜜蜂产蜂蜜，但对详细过程不够了解。为了给孩子一个满意的答案，妈妈打开文心一言进行询问。文心一言用孩子能理解的语言对步骤进行了详尽的描述，包括蜜蜂如何从花朵中采集花蜜，以及它们在蜂巢中如何将花蜜转化为蜂蜜的过程，同时鼓励孩子珍惜蜜蜂的劳动果实，懂得感恩。

> **⚲ 用户提问：**
>
> 　　给孩子解释蜜蜂是如何酿造蜂蜜的？

> **⬡ 文心一言回答：**
>
> 　　蜜蜂酿造蜂蜜是一个有趣而复杂的过程，下面我会尽量简单明了地给孩子解释。

1. 采蜜

蜜蜂会飞出去寻找花朵，因为花朵里有一种叫作花蜜的甜物质。蜜蜂用它们长长的吸管一样的口器来吸食花蜜。吸满花蜜后，蜜蜂会飞回蜂巢，把花蜜吐在蜂巢的小房间里，我们称这些小房间为巢房。

2. 酿造

当花蜜被带回蜂巢后，蜜蜂开始忙碌地加工这些花蜜。

首先，它们会扇动翅膀、舞动身体来吹走花蜜中多余的水分，这样可以让花蜜变得更浓。

接着，蜜蜂会加入一些特殊的酶，然后反复吞吐花蜜，这样可以把花蜜里的蔗糖变成葡萄糖和果糖，使蜂蜜更加甜美。

3. 封盖储存

当蜂蜜酿造得差不多时，蜜蜂会用蜡封住巢房的口，这样蜂蜜就可以保存很长时间，不会变质。

最终，我们吃到的蜂蜜就是蜜蜂辛勤劳动的成果啦。所以，每当我们享用一勺甜美的蜂蜜时，都要感谢那些勤劳的小蜜蜂哦。

8.1.2 生活小妙招

家庭生活常常是单调琐碎的，许多人渴望在日常生活中增加一些情调和创造性。一位女士家中有一个阴暗的角落，一直未能找到合适的装饰方式。她打开文心一言寻求帮助，希望找到既美观又实用的解决方案。

文心一言生成的回复充分利用了阴暗角落的空间，打造出了一个温馨舒适的阅读环境。通过放置舒适的阅读椅和小茶几，再加上立式地灯提供的光线，使这个角落变得既实用又惬意。同时，巧妙地引入了喜阴植物，如铁树和蕨类植物，不仅为空间增添了生机和绿意，还改善了室内的空气质量。这一设计既满足了功能需求，又注重了环境的舒适度和美观性。

> 🔟 **用户提问：**
>
> 我家里有一个阴暗的角落，想要利用这个空间增添一些绿色植物和装饰，应该如何布置？请推荐适合阴暗环境的植物和一些创意装饰方案。

> 🌀 **文心一言回答：**
>
> 首先，对于阴暗角落的装饰，我们可以采用一些喜阴植物。它们能够在低光照环境下生长，并且还能为空间增添生机。以下是一些推荐的喜阴植物。
>
> 铁树：这是一种非常耐阴的植物，而且十分容易养护。它的叶子形状也非常独特，可以增添空间的视觉效果。
>
> 蕨类植物：比如鹿角蕨、鸟巢蕨等。这些植物非常适应阴暗潮湿的环境，而且形态各异，非常具有观赏性。
>
> 吊兰：这是一种非常适合放在室内的植物，因为它不需要太多的阳光，而且具有很好的空气净化功能。
>
> 接下来是装饰方案，你可以根据你的个人喜好和空间的具体情况来选择。
>
> 方案一：打造一个静谧的读书角落。在阴暗角落放置一个舒适的椅子和小茶几，再配上一些喜阴植物和温馨的灯具。这样，你就可以在这个角落里安静地看书，享受一个人的时光。

> 方案二：创建一个艺术展示区。在阴暗角落挂上一些你喜欢的艺术品或照片，再配上一些喜阴植物作为点缀。这样，你的阴暗角落就变成了一个充满艺术气息的空间。
>
> 希望这些建议能帮到你，让你的阴暗角落焕发生机！

她希望文心一言生成装修示意图，以便更直观地看到装修之后的角落会是什么样子的。文心一言生成的布置方案图，如图8-1所示。

🔟 **用户提问：**

生成一张图，在家中阴暗的角落放置一张舒适的阅读椅，椅子旁边是一个小茶几，上面可以放一杯茶或咖啡和阅读材料。在墙角放置一个立式地灯，为阅读提供足够的光线。在椅子背后或旁边，可以放置一盆大型的喜阴植物，如铁树或大型的蕨类植物。在墙面上挂一些小型的蕨类植物或吊兰，增添绿意。

◈ **文心一言回答：**

图8-1 文心一言设计的阴暗角落装修示意图

8.1.3 零基础学科学

有一位家庭主妇，她的孩子即将进入小学，她希望能够辅导孩子的科学学习，但自己却没有相关的学习背景。这让她感到既紧张又无从下手，于是她向文心一言寻求帮助。文心一言为她提供了一系列易于理解的科学实验和基本概念的介绍，使她能够通过有趣的实验引起孩子的兴趣，辅导孩子入门科学。

🔟 **用户提问：**

我是一个没有科学背景的家长，需要教孩子科学。请给我介绍一些简单有趣的科学实验和基本概念，以帮助我辅导孩子入门。

文心一言回答：

好的，以下是我准备的一些简单有趣的科学实验和基本概念。

1. 科学实验

（1）火山爆发模拟：使用小苏打和醋来模拟火山爆发的情景。首先，你可以在一个小的塑料瓶或纸杯中放入2～3汤匙的小苏打；然后，加入几滴红色食物色素；接着，快速倒入醋，并观察"火山爆发"的现象。这个实验可以帮助孩子理解酸碱反应。

（2）浮沉实验：通过不同大小和密度的物体（如橡皮、塑料勺、金属钥匙等）在水中的浮沉情况，教孩子理解浮力和密度的概念。

2. 基本概念

（1）物质的三态：通过生活中的实例（如水可以变成冰或水蒸气）来解释物质的三态——固态、液态和气态，并介绍温度如何影响物质的状态。

（2）光的折射：通过将一根筷子插入半杯水中，观察筷子"折断"的现象，向孩子解释光的折射原理。

这些实验和概念都是基础且有趣的，非常适合家长在家辅导孩子入门科学。通过这些实验和活动，孩子们可以在动手操作中学习科学知识，提升对科学的兴趣。同时，家长也可以借此机会与孩子一起探索科学的奥秘，增进亲子关系。

8.2 美食生活

本节介绍大模型在美食推荐、菜谱生成、烹饪学习及美食相关的社交媒体内容创作中的应用。大模型不仅可以提升烹饪技巧，还能促进食品文化的交流与分享。

8.2.1 世界各地美食推荐

某用户正在计划一场云南美食之旅，希望能够更深入地体验当地的美食文化。他便使用文心一言进行规划，大模型迅速提供了云南省正在举行的多个美食节的详细信息，包括活动时间、地点、特色美食及与当地民族文化相关的背景介绍。这使这位用户不仅有机会品尝到地道的云南美食，还能体验到富有特色的民族文化和节日氛围。

用户提问：

我计划去云南省旅游，最近有美食节吗？帮我规划行程。

文心一言回答：

云南省旅游美食节行程规划

一、行程概览

本次行程将围绕云南省内的美食节活动进行规划，让您在游览云南美景的同时，也能体验到当地的美食文化。

二、美食节活动

中华美食荟·好味云南

- 时间：此类活动通常贯穿全年，但具体日期需关注官方公告。
- 地点：昆明及云南其他城市
- 内容：通过各种优惠和促销活动，推广云南本地美食，如滇菜、过桥米线等。

三、行程安排

第一天：抵达昆明

- 入住酒店后，前往昆明融创商业步行街参加"中华美食荟·好味云南"美食节。
- 在这里，您可以品尝到云南各地的名菜名小吃，如过桥米线、三七汽锅鸡等。

第二天：昆明市区游

- 游览昆明市石林风景区，欣赏壮观的喀斯特地貌。
- 晚上可以前往大观楼长联文化园，感受云南的历史文化氛围。

第三天：继续探索云南游玩或回程

- 您可以选择前往丽江、西双版纳等地，继续探索云南的美食和风光。
- 或准备离开云南。在回程的路上，您可以回味这次美食之旅的点滴美好。

四、温馨提示

（1）请根据您的实际情况调整行程安排。

（2）在参加美食节活动时，请注意饮食卫生和安全。

（3）云南的气候多变，请带好雨具和防晒用品。

（4）在游览景点时，请遵守景区规定，保护自然环境。

祝您在云南的美食之旅愉快！

8.2.2 年夜饭菜谱制作

春节是一家人团聚的美好时光，做一桌符合全家老少口味，具有春节喜庆意味的美食，相比在外吃饭更具有仪式感。春节前，某用户希望为家人准备一顿特别的年夜饭，但由于每位家庭成员的口味各不相同，他感到有些无从下手。于是，他向文心一言求助，文心一言生成的菜谱不仅针对性强，而且特别考虑到不同年龄段家庭成员的口味差异。对于老人，提供了口感软糯、不辣且营养丰富的菜品，如红烧肉和清蒸鸡；对于小孩，则加入了色彩鲜艳且偏甜口的糖醋排骨和八宝饭，既吸引他们的视觉也符合他们的口味。

> **🔟 用户提问：**
>
> 我需要为春节准备一份适合全家人的节日菜谱，能同时满足老人和小孩的口味。其中，老人不吃河鱼，不能吃太辣的东西，而且口感需要偏软；小孩喜欢颜色丰富偏甜口的菜。这桌菜还要符合春节的喜庆氛围和文化意义，你能帮我设计吗？

⊘ 文心一言回答：

当然可以，根据您的要求，这里为您设计了一份既符合春节氛围，又能满足老人和小孩口味的节日菜谱。

1. 凉拌海蜇皮（凉菜）

海蜇皮口感爽滑，不辣且开胃，适合老人和小孩。红色的海蜇皮搭配绿色的黄瓜丝和胡萝卜丝，色彩丰富，能吸引小孩的注意。

2. 红烧肉（主菜）

红烧肉色泽红亮，口感软糯，甜而不腻，非常适合老人和小孩。其红色也符合春节的喜庆氛围。

3. 家常豆腐（主菜）

豆腐口感软嫩，易消化，适合老人。可以选择搭配彩色的甜椒或胡萝卜等蔬菜，增加色彩，吸引小孩。

4. 清蒸鸡（主菜）

清蒸鸡肉质鲜嫩，不油腻，口感清淡，老人和小孩都会喜欢。可以搭配一些枸杞，增强营养和视觉效果。

5. 蒜蓉西兰花（蔬菜）

西兰花口感清脆，颜色鲜绿，营养丰富。蒜蓉炒制，口感清香，不辣。

6. 糖醋排骨（主菜）

糖醋排骨口感酸甜，肉质鲜嫩，深受小孩喜爱。其红色也增添了节日的喜庆气氛。

7. 鸡蛋羹（小吃）

鸡蛋羹口感细腻，易于消化，非常适合老人。可以加入虾仁或火腿丁，增加口感和营养。

8. 八宝饭（主食）

八宝饭口感软糯，甜而不腻，寓意着丰收和团圆，非常适合作为春节的主食。

这份菜谱既考虑了老人的口味和需求，也兼顾了小孩的喜好。同时，每一道菜都蕴含着春节的喜庆和文化意义，希望能为您的春节增添更多的欢乐和温馨。

8.2.3　跟着 AI 学做饭

在忙碌的工作日里，某用户回到家中，希望能快速准备一顿健康而美味的晚餐，但却缺乏想法和烹饪技巧。面对冰箱里的食材，他感到有些无助。因此，他向文心一言提出请求："我家冰箱里有鸡蛋、牛肉、青椒、洋葱和一些基本调料。你能教我利用这些食材快速做出一顿晚餐吗？"大模型迅速生成了一个快捷的盖浇饭菜谱，步骤清晰，易于操作，同时提供了烹饪技巧和分量建议，非常适合家庭快速制作晚餐。整体而言，该对话内容充实，满足了用户的需求。

🔟 用户提问：

我家冰箱里有鸡蛋、牛肉、青椒、洋葱和一些基本调料。你能教我利用这些食材快速做出一顿晚餐吗？

⊘ 文心一言回答：

牛肉洋葱青椒炒蛋盖浇饭

1. 简介

这道家常盖浇饭，将鲜嫩的牛肉、香甜的洋葱、爽脆的青椒与柔滑的鸡蛋完美结合，既简单又美味。它融入了多种食材的口感与营养，让人回味无穷。

2. 所需材料

- 牛肉：200克，切薄片。
- 鸡蛋：2个。
- 青椒：1个，切丝。
- 洋葱：1个，切丝。
- 大米：适量，用于煮饭。
- 酱油、盐、胡椒粉：适量，用于调味。
- 蒜瓣：2～3瓣，切片。

3. 所需工具

- 炒锅、煮饭的电饭煲或普通锅、刀和砧板、搅拌器（用于打蛋）。

4. 步骤

（1）前期准备

- 将大米洗净，放入电饭锅中煮熟。
- 牛肉切薄片，青椒和洋葱切丝，蒜切片。

（2）制作过程

- 在炒锅中加入适量油，烧热后放入蒜片爆香。
- 加入牛肉片，快速翻炒至变色。
- 把打好的鸡蛋液倒入锅中，迅速翻炒，使鸡蛋包裹住牛肉。
- 接着加入洋葱丝和青椒丝，继续翻炒至蔬菜稍微变软。
- 加入适量的酱油、盐和胡椒粉进行调味，翻炒均匀。
- 此时，饭应该也煮好了。将炒好的牛肉洋葱青椒炒蛋盖在饭上。

5. 提示和建议

- 牛肉选择肥瘦适中的部位，这样炒出来的肉质更加鲜嫩。
- 炒的时候火不要太大，以防食材炒焦。
- 可以根据个人口味增减调料。

6. 烹饪时间

- 准备时间：15分钟。
- 烹饪时间：20分钟。
- 总计：35分钟。

7. 分量

- 2～3人份

盖浇饭简单易做，又营养丰富。忙碌一天后，来一碗热腾腾的盖浇饭，真是再惬意不过了。希望你也会喜欢这道家常美味。

8.2.4　美食的好友圈文案

上一小节用户在文心一言的指导下完成了一顿美味的晚餐后，希望在社交媒体上分享他的成果，但他不确定如何编写吸引人的文案来描述这次烹饪的体验和成果。他再次求助文心一言，得到了文案和配图的详细建议，既展现了烹饪过程和晚餐的成品，又传达了情感变化。文案情感真挚，语言流畅，能够有效地传达出用户疲惫后的放松与为家人做饭的幸福感。配图建议则具体而生动地展示了烹饪的各个环节，使整个朋友圈内容丰富而具有吸引力。

> **🗨 用户提问：**
> 我想在好友圈分享今晚的晚餐，你能帮我写一段既能展示我的烹饪成果又能引起共鸣的文案吗？

⬡ 文心一言回答：

1. 文案建议

今晚，我决定挑战一下自己的厨艺。🧑‍🍳🔍 从挑选食材，到下锅翻炒，每一刻都充满了生活的仪式感。🍳🔪 牛肉的鲜嫩，青椒的爽脆，还有洋葱的香甜，完美地融合在一起，形成了一道家常却又不平凡的美味。🍲

做饭的过程中虽然有些辛苦，但看着食材从生到熟，心中的满足感油然而生。🥘 现在，我终于可以坐下来，享受这难得的放松时光。🍵

生活虽忙碌，但为自己和家人做一顿饭，看着他们吃得津津有味，所有的辛苦都变得值得。👴👩👧👦 这就是我的小确幸。♡

2. 配图建议

（1）准备阶段：可以拍摄你挑选的食材，如新鲜的牛肉、青椒、洋葱等，展现食材的新鲜和丰富。

（2）制作过程：拍摄你切菜、炒菜的过程，或者拍摄锅中翻滚的食材，展现你的厨艺和制作过程。

（3）完成品：烹饪完毕，拍摄一张成品图。

（4）享受时刻：最后，拍摄你坐下来享受晚餐的瞬间。

通过这样的文案和配图，你的微信好友们不仅可以了解你的晚餐制作过程，还能感受到你的疲惫与放松，以及为家人做饭的幸福感。

8.3　运动健身

对于注重运动健身朋友们，文心一言能够根据身体状况定制个性化的健身计划，推荐适合的运动装备，甚至提供运动技巧和进度评估。

8.3.1　制订健身运动计划

在现代快节奏的生活中，许多人忙于加班找不到时间去健身房，因此需要一个能够适应他们紧张日程的有效健身计划。某用户每周只能抽出一天时间进行锻炼，他需要一个既能提升体力又能在短时间内完成的高效计划。为了满足这种需求，他向文心一言寻求帮助，希望能够获得一个既符合个人时间安排又能达到锻炼效果的定制计划。大模型基于他的具体情况，提供了一套结合高强度间歇训练（HIIT）、核心力量训练和有氧运动的计划，使他能在有限的时间里最大化锻炼效果。

用户提问：

我工作很忙，每天加班，每周只能抽出一天时间进行锻炼，需要一个既能提升体力又能在短时间内完成的高效计划。

文心一言回答：

以下是一个既能提升体力又能在短时间内完成的高效锻炼计划。

一、明确锻炼目标

您需要明确自己的锻炼目标。由于时间有限，建议将目标集中在提高体能水平和保持身体健康上。这可以通过增强心肺功能、提高肌肉力量和耐力来实现。

二、合理安排锻炼时间

既然每周只能抽出一天时间进行锻炼，那么这一天的时间就显得尤为宝贵。建议选择周末的某一天，这样可以确保有充足的时间和精力进行锻炼。锻炼时间建议持续40～60分钟，以达到有效提升体力的效果。

三、高效锻炼方式

（1）高强度间歇训练：这是一种非常高效的训练方式，可以通过交替进行高强度运动和短暂休息来提高心肺功能和燃烧脂肪。例如，您可以进行30秒全力冲刺后休息30秒，重复8～10次。这样可以在短时间内有效地提升体力。

（2）快速力量训练：选择全身性的力量训练动作，如深蹲、俯卧撑、仰卧起坐等，进行快速的组数和次数。建议每个动作进行3组，每组10～15次，动作之间休息时间尽量短。

（3）拉伸训练：在锻炼前后进行拉伸训练，可以帮助预防运动伤害并提高运动效果。拉伸训练可以持续5～10分钟。

四、锻炼计划示例

（1）热身：慢跑或快走5分钟，然后进行5分钟的全身性拉伸训练。

（2）高强度间歇训练：选择如跑步、快速踏步、循环训练等有氧运动形式，进行高强度间歇训练。例如，全力进行30秒运动后休息30秒，重复8次。

（3）快速力量训练：进行深蹲、俯卧撑、仰卧起坐等力量训练动作，每个动作3组，每组10～15次。

（4）拉伸放松：锻炼结束后进行5分钟的拉伸训练，以帮助身体恢复。

五、注意事项

（1）在锻炼前请确保已经进行适当的热身活动，以降低受伤风险。

（2）根据自己的身体状况和体能水平合理安排运动强度和时长，避免过度运动导致身体损伤。

（3）锻炼后适当补充蛋白质等营养物质，以帮助身体恢复和增长肌肉。

（4）保持良好的睡眠和饮食习惯，以提高锻炼效果并促进身体恢复。

8.3.2　选择合适的器材

由于户外运动空间有限，很多城市用户希望在家中也能进行有效的锻炼。这时如何选择合适的健身器材，适应有限的居住空间并满足个人健身需求就成了最大的问题。例如，某用户居住在一个小型公寓中，希望找到能够节省空间同时提供全面锻炼功能的健身器材，希望利用文心一言推荐适合的设备。文心一言为该用户推荐了节省空间且功能全面的健身器材，如可调节哑铃、折叠式有氧设备、弹力带等，既实用又高效，能够满足他下班后在有限空间内进行全身锻炼的需求。

🔟 **用户提问：**

　　我住在一个小公寓中，希望找到能够节省空间同时提供全身锻炼功能的健身器材，下班后在家进行锻炼。

文心一言回答：

以下是一些适合小公寓的节省空间且能提供全身锻炼的健身器材建议。

1. 可调节哑铃

- 优点：这种一体式设计可以根据个人需要调整重量，非常适合空间有限的小公寓。它不仅可以用于力量训练，还能根据训练强度的需求进行调整。
- 功能：可调节哑铃能够锻炼上肢、下肢及核心肌群，是实现全身锻炼的好选择。

2. 折叠式跑步机、划船机

- 优点：这两款有氧设备均具备折叠功能，便于在不使用时折叠收起，极大地节省了空间。
- 功能：跑步机用于提升心肺功能，减少体脂肪；划船机则能锻炼全身肌肉，尤其是上肢和核心部位。

3. 弹力带、普拉提圈

- 优点：轻巧易携，几乎不占用任何空间，非常便于存放和携带。
- 功能：能够进行全身肌肉训练，适合各种拉伸和力量训练动作。

4. 瑜伽垫、平衡球

- 优点：用完后可以轻松卷起并塞入角落，不占地方。
- 功能：瑜伽垫适用于瑜伽和地面训练，而平衡球则可用于提高平衡能力和核心肌群的锻炼。

在选择健身器材时，您可以根据自己的锻炼目标和喜好来挑选适合的设备。这些建议的器材均能在有限的空间内提供全面的锻炼功能，满足您下班后在家的锻炼需求。同时，考虑到安全性，请确保在使用这些器材时遵循正确的使用方法，并避免过度锻炼以免造成身体损伤。

8.3.3　运动指导

许多运动爱好者希望尝试新的运动项目，但在缺乏专业教练指导的情况下，往往建议正确学习并提高相关技能。

某用户最近对壁球产生了浓厚的兴趣，这是一项需要高度技巧和敏捷反应的室内运动。尽管他非常热衷于这项运动，但他居住的城市缺乏提供专业壁球训练的设施和教练。面对这种情况，他决定依靠文心一言来学习壁球的基本技巧。文心一言像一名专业且细心的教练一样，提供了自学计划和实用的技巧分析，分阶段指导从基础知识到技术提升的全过程，涵盖了握拍、发球、击球等多个具体技术点。同时，它还提供了实用的打球技巧，强调了平衡、准确击球和观察对手等要点。这不仅为该用户构建了清晰的学习路径，还通过具体练习提升了技术的实操性。

> **⌐⊙ 用户提问：**
> 我想学习壁球，但我所在的地方没有教练，你能帮我制定一个自学计划，并给我提供正确的打球技巧吗？

◈ 文心一言回答：
当然可以。以下是一个针对初学者的壁球自学计划，其中包含一些基本的打球技巧指导。

1. 自学计划

第一阶段：了解基础知识

（1）学习规则：通过观看教学视频、阅读相关教材或在线资源，了解壁球的基本规则和技术要求。

（2）准备装备：购买合适的壁球拍和壁球，确保球拍适合你的手型和力量。

第二阶段：练习基本技术

（1）握拍方式：学习正确的握拍方式，如东方式握拍适用于正手击球，西方式握拍适用于反手击球。

（2）发球练习：练习发球，注意发球时要先触及地面，再击中前墙。反复练习以提高发球的准确性和速度。

（3）击球练习：练习正手和反手击球。开始时可以在离墙壁较近的位置练习，逐渐后退以增加难度。

（4）步伐练习：学习并练习壁球中的常用步伐，如连续侧移步、后撤步等，以便在比赛中灵活移动。

第三阶段：提高技术

（1）增加变化：练习不同的击球方式，如扣杀、超身球等，以增加对手的回球难度。

（2）练习反应速度：通过反应球练习提高自己的反应速度和击球准确性。

（3）观看高水平比赛：在线观看高水平的壁球比赛，学习专业选手的技术和战术。

第四阶段：模拟比赛场景

（1）自我对抗：尝试模拟比赛场景，练习击球、接球和移动的组合。

（2）记录并分析：录制自己的练习过程，找出需要改进的地方。

2. 打球技巧指导

（1）保持平衡：在击球时保持身体平衡，将重心放在两脚之间，膝盖微弯以保持稳定性。

（2）准确击球：练习用球拍的中心部分击球，以提高击球的准确性和力量。

（3）观察对手：在比赛中密切观察对手的位置和动作，以便预测对方的击球路线和方式。

（4）保持耐心和冷静：壁球需要耐心和冷静的判断，不要因为失误而影响情绪。

通过以上自学计划和技巧指导，你应该能够开始自学壁球并提高你的技术水平。记住，练习是关键，只有通过反复练习才能熟练掌握这些技术。

8.3.4 运动评估

在健身和体能训练的过程中，持续的进度跟踪和效果评估对于实现长期健康目标至关重要。许多健身爱好者虽然有增加肌肉量、减少体脂率和提升整体体能等目标，但在缺乏专业指导的情况下，很难准确判断自己的训练是否真正有效，或者是否需要调整训练策略。

例如，尽管某用户已经按照一个定制的健身计划坚持训练了几个月，但由于缺乏专业的评估工具和知识，难以判断自己的具体进展。为了解决这个问题，他向文心一言求助，希望能通过科技手段获得一个客观的健身效果评估，并基于评估结果得到进一步的指导和训练建议。文心一言针对提问者关于健身效果不满意的问题进行了分析，并提出了有针对性的改进建议。回答涵盖了肌肉增长、体脂率控制、特定肌肉群强化和整体体能提升等方面，为提问者提供了系统的健身优化方案，具有很强的实用性和指导意义。

🗣 **用户提问：**

我已经按照一个定制的健身计划坚持训练了几个月的时间，但对肌肉量、体脂率和整体体能还不是很满意，尤其是背部肌肉强度不能达到我的要求。帮我评估运动应该改善的地方。

⬡ **文心一言回答：**

以下是对您当前健身情况的评估及改进建议。

1. 肌肉量不满意

评估：可能是训练强度、频率或营养摄入不足，导致肌肉增长缓慢。

建议：

（1）增加蛋白质摄入，以支持肌肉生长和恢复。

（2）调整训练计划，加入更多针对特定肌群的练习，如背部肌肉锻炼。

（3）考虑实施渐进超负荷原则，逐渐增加训练强度。

2. 体脂率不满意

评估：体脂率较高可能与饮食、有氧运动量或训练后的恢复有关。

建议：

（1）调整饮食结构，减少高热量食物摄入。

（2）增加有氧运动的频率和持续时间，以提高燃脂效率。

（3）确保充足的睡眠和恢复时间。

3. 背部肌肉强度不足

评估：背部肌肉锻炼可能不够针对性或强度不足。

建议：

（1）加入更多针对背部肌肉的练习，如引体向上、杠铃划船等。

（2）使用重量适中的器械进行训练，并逐步增加重量。

（3）确保动作标准，充分激活背部肌肉群。

4. 整体体能不满意

评估：可能与训练的全面性、恢复及营养摄入有关。

建议：

（1）引入高强度间歇训练以提高心肺功能。

（2）注重全身肌群的均衡发展，避免过度训练某一部位。

（3）保证充足的休息和合理的营养摄入，以支持身体恢复。

针对您的情况，建议从饮食、训练强度和针对性、恢复等多方面进行综合调整。特别是在背部肌肉的锻炼上，需要更加专注和有计划地进行。通过合理的训练和饮食调整，您应该能够逐步看到满意的效果。同时，保持耐心和坚持是关键，身体的改变需要时间。

8.4 户外旅行

本节将介绍大模型在旅游规划、旅游攻略编写、当地吃住行推荐等方面的应用，使旅行更加便捷和个性化。

8.4.1 寻找合适的旅行地

对于上班族而言，利用有限的假期带父母旅行，享受一个完美假期是非常惬意的事。但由于时间有限，父母的喜好又不尽相同，如何完美地规划旅行目的地就成为一个棘手的问题。

例如，某用户希望利用国庆假期带退休的父母出行，母亲喜欢人文历史，父亲喜欢自然风光，在做旅行规划时这位用户犯了难，于是找到文心一言求助。文心一言很快便做好了规划，充分考虑了人文历史与自然风光的结合，且地点选择合理，行程安排张弛有度。此外，规划还考虑到了旅行的舒适性和实际性，如提前预订、合理安排国庆行程等，像一位经验丰富的导游，为该用户量身定制了一个既贴心又全面的旅行规划。

> 🔟 **用户提问：**
>
> 帮我规划一个十一假期从武汉出发去周边的旅行线路。母亲喜欢人文历史，父亲喜欢自然风光。请问如何规划既满足他们的要求，又能充分利用国庆这几天的假期？

> 🔷 **文心一言回答：**
>
> 您和家人都在武汉，并希望在国庆假期去外地旅游，那么以下是一个结合了人文历史与自然风光的旅行线路规划。
>
> 第一天至第二天：长沙
>
> • 第一天：早上乘坐高铁前往长沙。抵达后，首先参观岳麓书院，这是中国古代四大书院之一，具有深厚的历史文化底蕴。午餐后，前往橘子洲头，欣赏湘江的美景，并感受毛泽东《沁园春·长沙》中的意境。

- 第二天：上午游览湖南博物院，了解湖南的历史文化。下午可前往天心阁，这是一座具有历史文化价值的古建筑群。

第三天至第四天：张家界

- 第三天：乘坐高铁或长途汽车前往张家界。抵达后，游览天门山国家森林公园，乘坐缆车上山，欣赏壮丽的自然风光。
- 第四天：参观张家界国家森林公园，包括袁家界、天子山等景点，感受大自然的鬼斧神工。

第五天至第六天：凤凰古城

- 第五天：前往凤凰古城，这座古城保存了大量的明清建筑，具有浓厚的民族文化氛围。在这里可以漫步古街，品尝当地美食，欣赏古建筑和沱江的美景。
- 第六天：上午继续游览凤凰古城，可以参观杨家祠堂、东门城楼等景点，并体验当地的苗族文化。下午返回武汉。

第七天：休息与回顾

- 在家休息，回顾这次愉快的旅行，分享彼此的感受和照片。

注意事项：

- 国庆期间是旅游高峰期，建议提前预订好酒店和交通工具。
- 根据父母的健康状况合理安排行程，避免长途跋涉和过度劳累。
- 注意天气变化，随身携带雨具和防晒用品。
- 在旅行过程中，注意保护文物古迹，不乱涂乱画。

这个行程结合了人文历史与自然风光，既满足了您母亲对人文历史的兴趣，也满足了您父亲对自然风光的喜爱。希望这个规划能为您的国庆假期带来愉快的旅行体验！

8.4.2 编写旅游攻略

为了保障旅行顺利进行，有效的旅行规划至关重要。它不仅涉及选择目的地，还包括制定详细的旅游攻略、老年人保障及应急计划等。

在上一个案例中，这位用户在文心一言的帮助下决定选择湖南为旅行目的地，接下来她继续要求文心一言生成详细的旅行计划。这个旅游计划非常周到细致，充分考虑了与父母同行的特殊需求。在行程上，合理安排了每日的活动时间和休息时间，避免了过度疲劳；在餐饮方面，选择了适合父母口味和健康需求的菜肴；在住宿和交通上，也考虑到了父母的舒适度和便利性。此外，它还制定了详细的保障计划和应急计划，为旅行提供了额外的安全保障。总体而言，这是一个既贴心又全面的旅行规划，能够确保旅行的顺利进行，同时让父母享受愉快的旅程。

💬 **用户提问：**

编写具体的旅游攻略，每一天写详细一些，充分考虑父母的情况进行规划，并加入保障计划（带什么东西）及应急计划（附近的大型医院）。

文心一言回答：

武汉出发国庆假期旅游攻略

1. 保障计划

为确保旅途顺利与安全，满足日常所需，应注意携带以下物品。

（1）证件：确保携带父母及自己的身份证以及医疗卡或保险卡。

（2）医疗用品：父母的常用药物，如降压药、救心丸等，以及一些基本的急救用品，如创可贴、碘伏。

（3）防晒与舒适用品：防晒霜、遮阳帽、舒适的鞋子，以确保旅行中的舒适度。

（4）通信工具：手机及充电器，确保手机电量充足，并考虑携带一个移动电源。

2. 应急计划

在前往的每个城市，都提前了解当地的大型医院位置及联系方式。

（1）长沙：中南大学湘雅医院。

（2）张家界：张家界市人民医院。

（3）凤凰：凤凰县人民医院。

遇到紧急情况时，首先拨打当地的紧急救援电话，并及时联系附近的医院。

3. 旅游攻略

第一天：武汉至长沙

- 早晨：7:00从武汉出发，乘坐高铁前往长沙。为父母准备软垫和靠垫以确保乘车舒适度。
- 中午：12:00抵达长沙后，在火车站附近选择一家餐厅享用午餐，考虑选择口味清淡、易消化的食物。
- 下午：14:00前往岳麓书院。注意父母的步行速度，适时休息。
- 晚上：18:00在橘子洲头欣赏湘江夜景。为父母准备轻便的折叠椅，以便他们可以坐着欣赏。
- 住宿：预订位于市中心、交通便利的酒店，并根据父母身体条件，优先选择低楼层的房间。

第二天：长沙市区游

- 上午：9:00前往湖南博物院。为父母准备轻便的助行工具，如手杖。
- 中午：12:00在博物馆附近品尝长沙小吃。选择卫生条件好的餐馆，避免生冷食物。
- 下午：14:00游览天心阁。注意防晒和补水。
- 晚上：18:00在市区享用晚餐后，返回酒店休息。

第三天：长沙至张家界

- 早晨：8:00乘坐高铁前往张家界。为父母准备一些小点心和水。
- 中午：12:30抵达后用餐，选择当地特色菜肴，但要避免过于油腻和辛辣的食物。
- 下午：14:00游览天门山。如果父母行动不便，可选择平缓的路线或使用助行工具。
- 晚上：18:00在酒店附近散步，感受当地的夜生活。

第四天：张家界国家森林公园

- 上午：9:00前往公园。为父母准备遮阳帽和足够的饮用水。
- 中午：12:00在公园内用餐，选择清淡的食物。
- 下午：14:00继续游览。如果父母感到疲劳，可提前返回酒店休息。

第五天：张家界至凤凰古城

- 早晨：8:00乘车前往凤凰古城。为父母准备靠垫以确保乘车舒适度。
- 中午：12:00在凤凰古城用餐，品尝当地的特色菜。
- 下午：14:00游览古城。注意父母的步行能力，避免走太多的石阶和坡路。
- 晚上：18:00在古城内选择一家有特色的餐馆享用晚餐，之后返回酒店休息。

第六天：凤凰古城游及返程
- 上午：9:00继续游览凤凰古城。为父母准备轻便的遮阳工具。
- 中午：12:00用餐后，开始准备返程。
- 下午：14:00乘车返回张家界，再转乘高铁返回武汉。为父母准备一些小吃和水，帮助他们补充能量。

此攻略充分考虑了与父母同行的各种情况，从行程安排、餐饮选择到住宿和交通都力求使父母感到舒适和满意。希望这个攻略能帮助你和父母度过一个愉快而安全的假期！

8.4.3　当地吃住行推荐

到了凤凰古城后，由于缺少当地向导，前面的这名用户不知道该带父母吃什么。查询传统美食推荐软件，无法按照父母的要求快速寻找到合适的饭馆，于是该用户又打开了文心一言进行咨询。文心一言充分考虑了干净、美味和本地特色三大要素，同时满足了老年人对食物软糯易咀嚼的特殊需求。餐馆均提供炖煮类菜肴，适合牙齿不好的长辈。用餐地点紧邻凤凰古城的逛街区域，既能让父母品尝到地道的凤凰美食，又确保了用餐体验和饭后活动的便利性。

🔟 **用户提问：**

我们现在在凤凰古城，推荐一下带父母吃什么午餐，要求既可以让他们体验到干净美味的本地特色，又能满足母亲不能吃太硬的东西的要求，而且附近还要有逛街的地方。我们都可以吃辣所以请按照这个要求推荐几个饭馆让我们来选择。

🔷 **文心一言回答：**

在凤凰古城，若想要带父母享用一顿既干净美味又能满足特定要求的午餐，我有以下几个推荐。

1. 大使饭店
- 特色菜肴：血粑鸭（凤凰美食中排名前列，口感香浓）、酸汤鱼（酸辣可口、开胃消食）。
- 菜品口感：菜肴多炖煮得软烂，非常适合牙齿不好的老年人。
- 附近逛街地点：用餐后可沿虹桥街散步，欣赏沱江和虹桥的美景，同时逛逛各种小店。

2. 俊子饭店
- 特色菜肴：苗家酸汤鱼（鱼肉鲜嫩、汤汁酸辣）、糯米酒（微酸发酵、入口柔和）。
- 菜品口感：提供多种软糯的米食和炖煮得恰到好处的肉类。
- 附近逛街地点：饭店周边有多条古色古香的街道可逛，如东正街。

3. 左邻右舍
- 特色菜肴：叫花鸡（色泽枣红、板酥肉嫩）、米豆腐（酸辣可口、入口即化）。

- 菜品口感：菜肴多以软糯、易咀嚼为主，适合老年人。
- 附近逛街地点：紧邻虹桥中路，用餐后可漫步至虹桥，欣赏江景，逛周边的小店和夜市。

以上三家饭馆均能提供符合您要求的美食体验：干净、美味且具有凤凰本地特色，菜肴多以炖煮为主，不会太硬，且饭后有舒适的逛街地点。您可以根据父母的口味和喜好进行选择。

8.4.4　导游讲解

对于喜欢人文历史的游客，得到专业的导游讲解不仅可以增强旅行的体验感，还能加深对目的地文化和历史的理解。然而，并非所有的旅游地都能提供现场导游服务，部分地区导游费用也较高。所以利用文心一言进行导游讲解就成了物美价廉的方式。

前文提到的用户已经带领父母来到凤凰古城，在午餐时她打开文心一言，开始规划下午如何给喜欢人文历史的母亲进行讲解，得到了精练而全面的介绍。它详细介绍了古城的概况、各大景点的历史背景和文化内涵，同时融入了丰富的人文历史典故，使听众能够深入了解凤凰古城的文化底蕴和历史变迁。

> 🔟 **用户提问：**
>
> 帮我列一下介绍凤凰古城景点的导游词，要求多写一些人文历史典故，我要给母亲讲一下这里的历史。

> ⬡ **文心一言回答：**
>
> 以下是一份详细的凤凰古城导游词，其中融入了较多的人文历史典故和具体信息。
>
> 一、古城概况与历史沿革
>
> 我们现在漫步在凤凰古城，一个拥有千年历史的著名古城。凤凰古城位于湖南省湘西土家族苗族自治州的西南部，地处武陵山脉南部、云贵高原东侧。凤凰古城建于清康熙四十三年（1704年），占地面积约10平方千米，由苗族、汉族、土家族等28个民族组成，是一个典型的少数民族聚居区。
>
> 二、重要建筑与景点
>
> 1. 杨家祠堂
>
> 这座宏伟的建筑不仅是杨氏家族的祖庙，更是凤凰古城历史和文化的见证。它建于清朝，是古城内保存最好的祠堂之一。祠堂内的雕刻和建筑风格都充满了古朴的韵味，让人感受到杨氏家族和整个古城的深厚历史。
>
> 2. 沈从文故居
>
> 沈从文，凤凰古城最著名的文人，他的文学作品让湘西的风土人情为世界所知。这座故居位于古城核心区域，是他出生和成长的地方。在这里，您可以感受到沈从文笔下的湘西世界，以及他对这片土地的深情。
>
> 3. 东门城楼
>
> 作为古城的东大门，东门城楼见证了古城几百年的沧桑历史。站在城楼上，您可以俯瞰整个古城的风光，感受那份历史的厚重与沧桑。
>
> 4. 万寿宫
>
> 这座道教宫观是道教文化和湘西地方特色的完美结合。宫内供奉着诸多神祇，香火鼎盛，是当地信众

祈求平安的重要场所。

三、人文历史典故

1. 虹桥传说

虹桥是凤凰古城的一座标志性建筑，关于它有一个悠久的传说。相传在明朝时期，朱元璋为了斩断凤凰山的龙脉而下令修建虹桥。这个传说为虹桥增添了几分神秘色彩。

2. 凤凰古城命名传说

相传这里有五颗巨大的梧桐树代表着东南西北中五个方向，在巨大梧桐树上栖息着五只凤凰，于是后来人们就将这个地方命名为凤凰古城。另一种说法是，古人看到这里的地形非常像一个展翅而飞的凤凰，因此得名凤凰古城。

四、总结

凤凰古城不仅是一个风景秀丽的地方，而且是一个充满历史和人文气息的古都。在这里，每一块青石板、每一座古建筑都承载着深厚的历史和文化底蕴。

希望这份详细的导游词能帮助您更好地向母亲介绍凤凰古城的历史和文化典故。祝您旅途愉快！

8.4.5　特产推荐

景区的商品往往千篇一律，让许多游客感到难以寻找到真正具有地方特色的产品。因此精确地了解和获取当地独有的特产变得尤为重要，以避免错过真正值得购买和体验的地方精粹。

前文提到的用户又打开文心一言，希望文心一言能像本地向导一样为她推荐一些独特的美食、手工艺品和特色小吃，从而让她真正体验到凤凰的地域文化和民族风情，同时也将这份体验分享给亲戚朋友和同事。

🔟 **用户提问：**

假设你是一名凤凰古城本地人，知道很多本地特产。帮我推荐一些适合送给亲戚朋友的物品。同时也帮我推荐一些特色小物件送给同事。

文心一言回答：

当然，以下是一些可能只有本地人才会特别了解的凤凰古城特产。

一、独特美食类

（1）血粑鸭：这是凤凰古城的一道传统名菜，将鸭血和糯米混合制成的一种独特美食，口感丰富，深受当地人喜爱。

（2）苗家酸汤：使用特制的酸汤和当地的新鲜食材烹制而成，口感酸辣，是苗族独特的传统美食。

（3）湘西凤凰板栗：湘西凤凰板栗有着"干果之王""铁杆庄稼"等称谓，产量约占湖南总产量的一半，不仅在当地备受欢迎，还远销外地。

二、手工艺品类

（1）手工蜡染：这是湘西苗族的传统手工艺，以蓝靛为染料，在布料上绘制出各种精美的图案，具有浓郁的民族特色。

（2）刘氏苗王酒：这是一种当地酿造的特色酒，采用苗族传统酿酒工艺，口感独特，深受当地人喜爱。

三、特色小吃类

（1）葛根粉：由野生葛根磨制而成，具有清热解毒、养颜美容等功效，是当地的特色健康食品。

（2）桐叶粑粑：用糯米和桐叶包裹而成的一种特色小吃，口感软糯香甜，是当地人的传统美食之一。

这些特产在凤凰古城当地有着深厚的文化底蕴和人气。希望这些信息能够帮助到您，让您在凤凰古城的旅途中收获更多独特的体验和记忆。

8.5 职场男性时尚穿搭

在时尚穿搭方面，女性有天然的优势。但对于职场男性而言，如何既穿得体面，又能满足职场要求是件困难的事情。文心一言能够帮助职场男性把握最新潮流，为他们提供个性化穿搭建议及化妆技巧，帮助他们做好形象管理。

8.5.1 潮流趋势

对于职场男性来说，跟随时尚潮流可能不仅仅是为了展示个人风格，更多是为了在职场或社交场合中展现自己的专业形象和成熟魅力。然而，时尚界的快速变化让许多人难以把握当前的潮流趋势，并且这个群体不像女性一样有敏锐的时尚触感。

例如，一位中年男士希望了解当前的潮流趋势，以便帮助自己进行服装搭配。在文心一言的帮助下，他得到了兼顾工程管理项目经理的职业特性和时尚潮流的推荐，既实用又符合时尚趋势。修身西装、精致配饰和适合的鞋履，展现了专业与时尚的完美结合。中性色调和简约图案的选择，既适合职场又彰显品位，能够在不同场合中展现出专业素养和个人风格，非常实用。

> ⑩ **用户提问：**
> 我是一名40岁男性工程管理项目经理，你能帮我了解当前的男士时尚潮流趋势吗？

> ⑫ **文心一言回答：**
> 当然可以。以下是针对您的需求归纳与总结的当前男士时尚潮流趋势。
>
> 一、服装风格趋势
>
> （1）现代修身西装：目前，修身西装正逐渐成为潮流。这种西装设计现代、线条流畅、剪裁精湛，往往采用单扣或半双扣的腰线设计，以及修身直筒的裤型，展现出一种全新的都市精致感。这种风格既符合职场的正式感，又不失时尚与个性。
>
> （2）休闲与正式混搭：在办公场合，简约风格是当前流行的男士时尚趋势之一。这种风格强调经典、低调而不失品位的设计，以及高品质的面料和剪裁。同时，休闲元素的混搭也受到许多男性的喜爱。例如，将休闲西装和牛仔裤搭配在一起，展现出轻松自如的形象。

二、配饰趋势

（1）领带的复兴：领带作为一种经典配饰，正被巧妙地融入各种时尚造型中，为男士增添了不少魅力。

（2）精致腕表：手表是男士的重要配饰之一，选择经典或时尚的款式可以彰显个人品位。

（3）实用公文包：简约而实用的公文包款式成为主流，既符合职场需求，又能展现时尚品位。

三、鞋履趋势

（1）正式皮鞋：对于工程管理项目经理来说，一双高品质的正式皮鞋是必不可少的。黑色或深棕色的皮鞋既耐脏又百搭。

（2）休闲运动鞋：在日常工作中，如果需要经常走动或到工地现场查看，一双舒适的运动鞋是很好的选择。

四、颜色与图案趋势

（1）中性色调：如黑色、灰色、白色和深蓝色等中性色调仍然是主流，这些颜色既适合搭配也适合不同场合穿着。

（2）简约图案：在服装上选择简约的图案或条纹设计可以增强时尚感，同时避免过于花哨的图案影响专业形象。

综上所述，作为工程管理项目经理，您可以选择现代修身西装或简约风格的服装来展现自己的专业素养和时尚品位。在配饰方面，领带、精致腕表和实用公文包都是不错的选择。鞋履方面可以考虑正式皮鞋或休闲运动鞋来搭配不同的场合和需求。在颜色和图案方面，中性色调和简约图案是当前的流行趋势。

8.5.2　穿搭推荐

适合男性的穿搭建议需要兼顾舒适性、实用性及适应不同场合的需求。他们通常面对多种社交和职业场合，如办公室会议、商务谈判、家庭聚会等，每种场合都可能需要搭配不同风格的服装。例如，办公室工作可能需要更为正式的商务着装，而周末的家庭聚会则可能更适合休闲装。此外，随着年龄的增长，中年男性的体型可能会发生变化，这就需要在服装选择上更加注重合身程度和舒适感。不恰当的服装尺寸和款式不仅影响外观，还可能影响到日常活动的舒适度和自信心。

在得到文心一言推荐的潮流趋势后，上边的男士希望进一步进行穿搭推荐，以便更好地进行服装选购。文心一言的建议考虑了40岁工程管理项目经理的专业与时尚需求。每套搭配对应不同的工作与生活场景，既展现了专业素养，又不会显得老气。从商务会议的正式着装到周末的休闲装束，每一套都既实用又符合当前潮流。

🗩 **用户提问：**

我是一名40岁的男性工程管理项目经理，根据前面的潮流趋势，帮我推荐五套不同的穿搭，适合工作、生活的不同场景，要显得专业、年轻。

🏠 **文心一言回答：**

当然，以下是根据当前潮流趋势，为您推荐的五套既专业又年轻的穿搭，适合工作、生活的不同场景。

穿搭一：商务会议

- 上衣：深蓝色修身西装外套；
- 内搭：白色衬衫；
- 下装：黑色或深灰色西裤；
- 鞋履：黑色皮鞋；
- 配饰：简约领带＋精致腕表。

穿搭二：工地视察

- 上衣：功能性户外夹克，选用防水、透气材质；
- 内搭：灰色或黑色长袖T恤；
- 下装：卡其色或深色工装裤；
- 鞋履：棕色或黑色防水工装靴；
- 配饰：安全帽、太阳镜。

穿搭三：休闲办公

- 上衣：浅灰色或米色休闲西装外套；
- 内搭：深蓝色或绿色条纹衬衫；
- 下装：深色直筒牛仔裤；
- 鞋履：棕色休闲皮鞋或帆布鞋；
- 配饰：简约公文包。

穿搭四：周末休闲

- 上衣：深蓝色或黑色连帽卫衣；
- 下装：浅色直筒牛仔裤或休闲裤；
- 鞋履：白色或黑色运动鞋；
- 配饰：简约项链、太阳镜。

穿搭五：晚宴活动

- 上衣：深色（如黑色或藏青色）修身西装外套；
- 内搭：浅色（如白色或米色）衬衫；
- 下装：黑色或深灰色西裤；
- 鞋履：黑色皮鞋；
- 配饰：领结或领带、精致腕表、公文包或手提包。

这些穿搭既体现了专业性与时尚感，又不会显得老气，适合工作和生活中的不同场景。

8.5.3　化妆品选择

职场中的形象管理不仅仅限于衣着打扮，健康的肤色和清洁的外观同样重要。虽然男性很少使用化妆品，但在现代职场环境中，随着形象管理意识的提升，保持良好的皮肤状态和整洁的外观成为展示专业性和个人风采的重要方面。面对频繁的商务会议、客户交流和公开演讲，一个清新、干净且精神抖擞的外表可以极大地提升一个人的形象和亲和力。

　　然而，中年男性往往面临着肌肤老化、干燥或其他皮肤问题。这些问题如果不加以适当护理，可能会影响他们的外观和自信。中年男性在选择合适的化妆品时可能会感到迷茫，因为市场上的产品大多针对女性或年轻人设计，缺乏针对中年男性肌肤特点的护理产品。这种缺乏引导和信息不对称造成了选择困难，使他们难以找到既能解决肌肤问题又符合男性使用习惯的产品。

　　一位中年男性高管，近期注意到在连续的工作压力和频繁的商务活动后，他的皮肤开始显得疲惫和黯淡，影响了他的职场形象和自信心。文心一言结合干燥、暗沉和法令纹等具体问题推荐了 5 种使用方法简单的化妆品，所选产品具有深层保湿、提亮肤色和遮盖瑕疵的功效，同时提醒需要注意作息和饮食习惯，以综合改善皮肤状态，提升自信。

🔟 用户提问：

　　我是一名需要频繁公开演讲的中年男性高管，最近感觉皮肤状态不佳，法令纹加深，而且皮肤暗沉干燥，影响了我的形象和自信。请推荐我应该使用哪些种类的化妆品改善这些问题。这些化妆品使用方法不要太复杂。

🟦 文心一言回答：

　　作为一名需要频繁公开演讲的中年男性高管，面对皮肤状态不佳、法令纹加深和皮肤暗沉干燥等问题，确实需要一些化妆品来改善。以下是我为您推荐的几种简单易用的化妆品。

　　（1）保湿面霜：选择一款具有深层保湿功效的面霜。高端面霜补水效果好，可以有效改善皮肤干燥。使用时，只需在早晚洁面后，取适量面霜均匀涂抹于面部即可。

　　（2）润唇膏：对于唇部干燥的问题，可以选择橄榄护唇膏等滋润度高的润唇膏。在需要时及时涂抹，即可有效缓解唇部干燥起皮的症状。

　　（3）补水喷雾：在办公室或演讲前，使用补水喷雾可以迅速补充肌肤水分，焕发精神。使用时，只需将喷雾对准面部，保持适当距离喷洒即可。

　　（4）隔离霜：面对电脑辐射和外界污染，使用隔离霜可以有效保护皮肤。在涂抹隔离霜后再进行妆前步骤，可以起到防护和遮盖法令纹的效果。

　　（5）粉底液或气垫BB霜：为了遮盖暗沉和提亮肤色，可以选择一款适合自己的粉底液或气垫BB霜。使用时，用指肚或海绵轻轻拍打均匀于面部，注意不要过度使用，以保持自然的妆效。

　　这些化妆品使用简单，不需要复杂的步骤，就能帮助您改善皮肤状态，提升自信和形象。同时，建议您保持良好的作息和饮食习惯，从内而外改善皮肤状况。

8.5.4　化妆技能学习

　　对于中年男性而言，了解并应用基本的护肤技巧同样重要，特别是在日常护理中加入适合的护肤程序，可以显著改善皮肤健康和外观。许多男性可能对护肤品的正确使用顺序不太了解，这可能会影响产品的效果。例如，正确的睡前护肤程序不仅能帮助皮肤在夜间得到修复，还能增强皮肤的防御能力，预防老化。

　　上一节提到的中年男士，在文心一言的帮助下开始关注自己的皮肤状况。尤其是在注意到因熬夜工作导致皮肤变得更加干燥和暗沉之后，他开始意识到需要采用正确的护肤步骤，特别是要加强晚间护肤，以优化皮肤的自然修复周期。文心一言的指导按照洁面、爽肤水、精华、面霜、眼霜的顺序进行，有助于该男士轻松理解和执行。每一步都有明确的目的，层层递进，确保了护肤效果的最大化，适合护肤新手或追求高效护肤的男士。

⌯ 用户提问：

作为一名中年男士，我希望了解正确的睡前护肤步骤。你能指导我应该如何按顺序使用洁面、爽肤水、精华、面霜和眼霜吗？请将使用步骤描述得清晰一些。

⬡ 文心一言回答：

当然，以下是针对中年男性的睡前护肤步骤的清晰指导。

1. 洁面

（1）使用温水湿润面部。

（2）挤出适量洁面产品于掌心，加水揉搓出泡沫。

（3）将泡沫均匀涂抹于面部，并轻轻按摩以清洁皮肤。

（4）用清水冲洗干净，并用干净毛巾轻轻擦干。

2. 爽肤水

（1）倒适量爽肤水于化妆棉上。

（2）轻轻擦拭面部和颈部，帮助收缩毛孔并平衡皮肤水分。

（3）也可以直接将爽肤水倒入手心，轻拍于面部直至吸收。

3. 精华

（1）取适量精华液于掌心。

（2）用手指将精华液均匀涂抹于面部和颈部。

（3）轻轻按摩直至吸收，注意不要用力拉扯皮肤。

4. 面霜

（1）取适量面霜于掌心。

（2）均匀涂抹于面部和颈部，帮助锁住水分和营养。

（3）轻轻按摩至吸收，面霜可以形成一层保护膜，减少水分流失。

5. 眼霜

（1）取少量眼霜于无名指上。

（2）轻轻点拍在眼周肌肤上，从内眼角向外推开。

（3）注意动作要轻，避免拉扯眼部脆弱肌肤。

以上就是睡前护肤的基本步骤，每一步都很重要，确保按照顺序进行以达到最佳护肤效果。此外，建议在选择护肤品时，根据自己的肤质和需求来挑选适合的产品。保持规律的护肤习惯，有助于改善肌肤状态，延缓衰老。

专家点拨

技巧 01：小度人工智能助手——日常生活智能伙伴

在人工智能迅速发展的今天，智能语音助手已经成为全球科技领域的一个热点。智能语音助手，如阿里巴巴的天猫精灵、小米的 AI 音箱和京东的叮咚音箱等，可以通过便捷的语音交互，提供音乐播放、天气查询等服务。国外品牌方面，亚马逊的 Alexa、苹果的 Siri 和谷歌的 Google Assistant 也备受用户青睐。

百度作为中国互联网技术的领军企业，推出了小度人工智能助手，意在为广大用户提供一个更加智能化、便捷化的生活助手。小度的开发不仅仅基于百度深厚的技术积累，更是源于对用户日常需求的深入洞察。它的目标是将复杂的技术服务化为简单的日常操作，让科技更好地服务于普通人的生活。

作为一款对话式人工智能系统，小度拥有出色的语音识别和语音合成技术。你只需对它说出你的需求，它就能迅速理解并作出响应。

除了基本的语音交互功能外，小度还拥有丰富的内容资源和服务，涵盖音乐、有声读物、新闻资讯、天气查询等多个领域，可以为你提供全方位的信息和服务。此外，小度还支持智能家居设备的控制，能让你通过语音指令轻松操控家中的各种设备，实现智能化的家居生活。

值得一提的是，小度不仅是一款软件服务，它还推出了多款智能硬件产品，如智能音箱、智能屏等。这些硬件产品内置了小度人工智能助手，让你在享受便捷语音交互的同时，还能体验到更加丰富的功能和服务。

小度在市场上也取得了显著的成绩。据统计，搭载小度人工智能助手的设备单月语音交互次数达到几十亿次，连接的 IoT（Internet of Things，物联网）智能家居设备也已有数亿。这些数据充分证明了小度在市场上的强大竞争力和用户认可度。

想象一下我们的生活中有这样一个智能助手：早晨起床时，它会根据你的习惯播放你喜欢的音乐，提醒你今天的天气和日程安排；晚上回家时，只需一句"我回来了"，它就能为你打开家门，调整室内温度和灯光，让你感受到家的温馨和舒适。这样的生活是不是很方便呢？

技巧 02：百度大模型家庭机器人"添添"

随着大模型的深入应用，AI 机器人的形态也在不断发展，从最初的简单机械臂到如今的智能人形机器人，它们的形态越来越接近人类，功能也越来越丰富。国内外市场上有许多智能机器人产品，如华为的"夸父"、亚马逊的 Echo Show、谷歌的 Nest Hub 等机器人。

百度也推出了添添 AI 平板机器人。这款机器人不同于小度，它在保留了智能音箱功能的基础上，通过引入平板拓展了教育、娱乐及智能家居控制等多元化应用。通过利用大模型，它为用户带来了更加直观和丰富的交互体验。

添添 AI 平板机器人配备了触控屏幕，用户可以直接在屏幕上进行操作，实现手写输入、拖曳、点击等多种交互方式。这种设计不仅使操作更加便捷，还大大扩展了机器人的功能范围。比如，我们可以直接在屏幕上浏览网页、查看图片和视频，甚至进行文档编辑和游戏娱乐等。

除了交互方式的创新，添添 AI 平板机器人在功能上也有着显著提升。它内置了强大的大模型，能够更深入地理解用户的语义和需求。这意味着，当我们向添添 AI 平板机器人提问时，它能够更准确地捕捉我们的意图，并提供更精准的答案和建议。

此外，添添 AI 平板机器人还具备丰富的教育和娱乐资源。它可以为孩子提供个性化的学习辅导，帮助他们在轻松愉快的氛围中提高学习成绩。同时，它还能为我们提供多样化的娱乐内容，如电影、音乐、游戏等，让我们的家庭生活更加丰富多彩。

在市场定位上，添添 AI 平板机器人主要面向追求高品质智能生活的家庭用户。它能够解决现代家庭中信息查询、学习辅导、娱乐休闲等多方面的需求，提升家庭成员的生活质量和幸福感。

在使用场景上，添添 AI 平板机器人也显示出其与众不同之处。我们可以将它放在厨房，一边烹饪一边查看菜谱和视频教程；也可以将它放在书房，辅助孩子完成作业和学习任务；在客厅中，它还能成为全家人的娱乐中心，提供影片播放、游戏互动等多种娱乐方式。

添添 AI 平板机器人以其独特的平板形态、丰富的功能和智能化的服务为现代家庭带来了全新的智能体验。

本章小结

在本章中，我们探讨了大模型文心一言在日常生活中的广泛应用，展示了它如何使我们的生活更加便捷和充满乐趣。文心一言可以在科普、美食生活、运动健身及户外旅行等多个领域中发挥显著作用，提供知识普及、菜谱制作、健身计划和旅行攻略等实用功能。

通过这些具体案例，我们看到了大模型在提升日常生活质量方面的巨大潜力。它不仅能够帮助我们提高效率，而且能够为我们的生活增添乐趣，展示了智能技术与日常生活结合的美好前景。

第9章

应用实战：
文心一言在心理咨询与社交互动中的应用

本章导读

　　本章介绍如何利用大模型在心理健康和人际交往领域中生成创新的解决方案。我们将通过一系列具体案例，展示大模型在心理状态评估、个性测试和优化沟通技巧等方面的实际应用。无论是帮助用户识别情绪问题、提升自我认识，还是改善与他人的关系，大模型都显示出其强大的功能和广泛的应用前景。

9.1 心理咨询

　　本节将探讨文心一言在心理咨询领域中的应用，包括心理状态评估、心理障碍咨询、情绪疗愈与心理能力锻炼。

　　注意，由AI生成的分析和建议仅作为专业人员判断的参考。AI系统可能无法完全理解复杂的人类情绪和心理状态的全部维度，其分析结果需要通过合格的心理健康专业人员进行验证和解读。因此，AI在心理状态评估中的应用应视为一个辅助工具，帮助专业人员更有效地诊断和干预，而非完全替代传统的评估方法。

9.1.1 心理状态评估

　　传统的心理健康评估依赖面对面的咨询，这不仅需要较多的时间和资源，而且无法及时获得专业的心理支持。例如，当经历生活压力或情绪困扰时，若无法及时进行心理状态评估和干预，可能导致问题加剧，甚至发展为更严重的心理健康问题，如焦虑症或抑郁症等。

此时大模型可以通过分析语言和行为模式，提供快速评估供我们参考。假如一名软件工程师，最近正承受着职位晋升和父亲健康出现问题的双重压力，开始出现一些影响生活的心理症状，于是向文心一言求助。文心一言针对情绪波动、睡眠问题、注意力不集中和社交回避等症状进行了分析，像一位知心人一样，将每个问题拆解分析，得到压力和逃避心理是这些症状的根源，进而辅助其进一步寻找解决问题的方法。

⤺ 用户提问：

你是一位心理专家。请分析我现在的心理状态，并给出相应的分析。

信息原文：

我是一个软件工程师，最近正承受着职位晋升和父亲健康出现问题的双重压力。开始出现以下症状。

情绪波动：情绪非常不稳定，有时无缘无故地感到沮丧或焦虑。

睡眠问题：晚上经常辗转反侧，难以入睡，早上感到疲惫不堪。

集中注意力困难：在工作中，发现自己难以保持注意力集中，经常走神。

逃避社交活动：以前是个社交活跃者，但是现在倾向于避免与朋友和同事互动。

⬡ 文心一言回答：

首先，从您所描述的症状来看，您目前可能受到了一定的心理压力和负面情绪的影响。以下是对您当前心理状态的详细分析。

（1）情绪波动：情绪的波动可能源于您目前所面临的双重压力——职位晋升和父亲健康问题。这些压力可能导致您的情绪处于不稳定状态，时而沮丧，时而焦虑。

（2）睡眠问题：失眠和早晨的疲惫感可能是由心理压力导致的。当心理压力增大时，很多人都会出现睡眠障碍。

（3）集中注意力困难：在高压环境下，人们往往很难集中注意力。这可能与您的心理状态和工作效率有关。

（4）避免社交活动：社交活动的减少可能表明您在心理上希望逃避现实，或者因为情绪低落而不想与人交往。

希望这些分析能对您有所帮助，祝您早日走出困境，恢复良好的心态和状态！

9.1.2　心理障碍咨询

由于充足的训练，大模型能够综合评估使用者的心理状态，提供关于潜在心理障碍的初步诊断。这种诊断结合了输入文字的情感表达，可以为后续的专业治疗提供科学依据，帮助心理健康专业人员更有效地制定治疗方案。

上面提到的软件工程师继续向文心一言发问，希望得到具体的措施改变当前的症状。文心一言针对他的双重压力及其导致的问题，给出从时间管理到寻求外部支持，再到健康生活习惯和情绪调节的指导方法。其中，文心一言特别提到，从参加小型社交活动开始，如与朋友共进晚餐或看电影，逐步恢复社交活动。这样的安排既轻松又无过多压力，有助于该软件工程师逐步重新融入社交环境，进而摆脱困境。

> **⑩ 用户提问：**
>
> 对于上边提到的职位晋升和父亲健康问题的双重压力，以及由此导致的失眠、注意力不集中和逃避社交的问题，我该如何处理？请给一些具体且系统的建议，帮我改变这种情况。

⑥ 文心一言回答：

对于您所面临的职位晋升压力、父亲健康问题的担忧，以及由此产生的失眠、注意力不集中和逃避社交等问题，以下是一些具体且系统的建议，希望能帮助您改变目前的状况。

一、优先事项与时间管理

（1）明确优先事项：将工作和家庭中的任务明确划分，并设定优先级。对于工作晋升方面的压力，可以制定详细的职业发展规划，分步骤实施。同时，为父亲的健康问题制定关怀计划，如定期陪同就医、合理安排照顾时间等。

（2）制定时间表：为每周或每日的工作任务和家庭活动设定明确的时间表，合理分配时间，确保重要事项得到妥善处理。

二、寻求外部支持与协助

（1）家庭支持：与家人沟通您的处境，共同分担家庭责任和任务，以减轻您的负担。

（2）同事与朋友支持：在工作中寻求同事的协助，共同完成任务；在社交方面，邀请朋友参加小型聚会或活动，逐渐恢复社交活动。

（3）专业支持：如有需要，可以寻求心理咨询师的帮助，学习应对压力的方法和技巧。

三、健康生活习惯与自我照顾

（1）规律作息：确保每天有足够的睡眠时间，尽量保持固定的作息时间，从而改善失眠问题。

（2）健康饮食：保持均衡的饮食，摄入足够的营养，从而提高注意力和精力。

（3）适度运动：定期进行适度的运动，如散步、瑜伽等，以缓解压力并改善睡眠质量。

四、情绪调节与放松技巧

（1）深呼吸与冥想：当感到紧张或焦虑时，尝试进行深呼吸或冥想练习，有助于平复情绪。

（2）放松音乐：听一些放松的音乐，如大自然的声音或轻柔的旋律，有助于放松心情。

（3）积极思考：努力调整自己的心态，关注问题的积极面，避免过度担忧和消极情绪。

五、社交活动的逐步恢复

（1）小型社交活动：从参加小型社交活动开始，如与朋友共进晚餐或看电影，逐渐适应并恢复社交能力。

（2）社交技巧训练：如有需要，可以参加社交技巧方面的培训或阅读相关书籍，提高自己在社交场合的自信心。

综上所述，通过明确优先事项、寻求外部支持、养成健康生活习惯、调节情绪及逐步恢复社交活动等方法，您可以逐步改变目前的状况并恢复良好的心态和生活状态。

9.1.3　情绪疗愈

在社会压力巨大的今天，很多人希望通过情绪疗愈来解压纾困，各类疗愈机构及活动层出不穷，但效果无法保证。然而，我们身边的大模型可以通过分析文本及语音的交互数据来识别情绪状态，提供实时的反馈和支持。这些模型能够识别我们的情绪波动，并根据情绪的变化推荐相应的情绪疗愈活动，如引导冥想、提供心理支持对话、推荐舒缓音乐等。通过这些方法，大模型可以帮助用户管理和修复不良情绪，提升整体的情绪健康。

例如，一位用户正处于失恋状态，没有倾诉对象的他在和文心一言交流。文心一言此时就像一位好朋友陪伴着他，给他分析和鼓励，帮助他重拾生活信心，回归正常的生活轨迹。

用户提问：

今天我又梦到了她，梦里我们还在一起，醒来时的空虚感让我好几个小时都缓不过来。我不知道还要多久才能停止梦见她。

文心一言回答：

真正喜欢一个人时，想要完全忘记她确实需要很长时间。你们曾经有过美好的回忆，这些回忆会时不时地浮现在你的脑海中，甚至在梦中。梦醒后的失落感是很正常的，因为你还在乎她，还希望和她在一起。

关于还要多久才能停止梦见她，这个因人而异，并且也取决于你如何处理分手后的情绪。不过，你可以尝试一些方法来帮助自己更好地应对这种情况。比如，让自己忙碌起来，这样就没有太多时间去想她；或尝试新的爱好，结交新朋友。这些都能帮你逐渐走出阴影。

时间是治愈一切的良药，给自己一些时间和空间去适应没有她的生活，你会发现自己能够逐渐接受现实，并且开始新的生活。我相信你能够度过这个阶段，找到属于自己的幸福。

用户提问：

需要多久？我现在很痛苦。

文心一言回答：

我理解你现在感到很痛苦，失去一个深爱的人确实是一种难以言喻的痛苦。治愈和走出这样的阴影每个人的时间都不一样，因为每个人的情感反应和处理方式都不同。可能几个月，也可能需要更长时间。

重要的是，你需要给自己时间去接受这个现实。同时，也请记住，寻求帮助是很重要的。无论是和朋友聊天、寻求心理咨询，还是加入支持团体，都能够帮助你更好地面对和处理自己的情感。

请记住，你并不孤单，身边的朋友和家人会一直支持你。我也会一直在你身边，陪你度过这段困难的时光。

用户提问：

那我现在要做些什么呢？

文心一言回答：

你需要给自己一些时间来处理自己的情绪，尝试接纳并消化你的这种感受，让时间慢慢帮你疗愈。以下是一些建议，希望能帮助你逐步走出阴影。

（1）允许自己感受痛苦，但同时也要明确告诉自己这些情绪是暂时的，未来会有好转。

（2）尝试与亲朋好友交流你的感受。他们的支持和理解会帮助你更好地面对痛苦。如果你不想对他们倾诉，也可以选择向专业人士寻求帮助。

（3）保持健康的生活习惯，如作息规律和健康饮食，有助于调节情绪。

（4）当你准备好时，可以尝试参加一些社交活动或运动。这些都能帮你逐渐转移注意力并结交新朋友。

（5）给自己设定一些小目标，如学习新技能或尝试新事物，这样你可以逐渐找回自信和价值感。

（6）避免用酒精或其他不健康的方式来逃避或麻痹自己的情感。

记住，每个人走出阴影的速度都是不同的，所以请不要急于求成。最重要的是要学会关爱自己，相信自己有能力度过这段困难时期。我会一直陪在你身边，支持你走出这段困境。

9.1.4 心理能力锻炼

心理能力锻炼在现代社会中显得尤为重要，因为许多人面临着日益增加的生活压力、快节奏的生活方式、职业发展需求、社会和人际关系的挑战及技术和信息过载等问题。通过心理能力锻炼，我们可以提高决策能力、领导力、沟通和社交技巧，同时增强应对压力和适应变化的能力。

例如，一位初入职场的护士在一个繁忙的医院急诊室工作，每天都要面对高强度高负荷的工作压力。此时该护士主动使用文心一言，希望得到大模型的建议，进而训练自己的抗压能力。文心一言从心理调适、知识与技能培训、时间管理等多个方面给出建议，还强调了自我照顾与休息、寻求他人支持的重要性，从而帮助这名护士有效提升抗压能力。

🗩 **用户提问：**

我是一个初入职场的护士，现在一个繁忙的医院急诊室工作，每天面对高强度高负荷的工作压力。帮我设计一下如何锻炼抗压能力，让我更从容地面对工作挑战。

◉ **文心一言回答：**

作为一名初入职场的护士，在面对高强度工作时，确实需要很强的抗压能力。以下是一些锻炼抗压能力、更从容面对工作挑战的建议。

一、心理调适

（1）正确认识压力：首先要明确，压力是工作中不可避免的一部分，特别是在急诊室这样的高压环境中。要学会接受压力，不要过分焦虑或恐惧。

（2）积极心态：保持积极乐观的心态，相信自己有能力应对各种挑战。每天给自己一些正面的心理暗示，提升自信心。

（3）放松技巧：学习并掌握一些放松技巧，如深呼吸、冥想等。这些技巧有助于在紧张的情况下保持冷静。

二、知识与技能培训

（1）提升专业技能：不断学习和提高自己的医疗护理知识和技能，增强应对各种紧急状况的能力。

（2）模拟训练：参加模拟急救场景的训练，通过实践来提升自己的反应速度和决策能力。

（3）经验交流：向资深的同事请教和学习，了解他们是如何应对高压环境的，这有助于你更快地适应工作。

三、时间管理与优先级设置

（1）有效的时间管理：学会合理安排时间，根据病人的病情和紧急程度来设置处理的优先级。

（2）制定工作计划：每天开始工作前，快速制定一个工作计划，明确哪些任务需要优先处理，哪些可以稍后解决。

（3）避免拖延：尽量做到当日事当日毕，避免任务堆积带来的额外压力。

四、沟通与情绪管理

（1）良好的沟通能力：提升与病人及家属的沟通技巧，确保信息准确传递，减少误解和冲突。

（2）情绪管理：学会控制自己的情绪，避免在紧张的工作环境中做出冲动的决定或行为。

（3）同理心与倾听：培养同理心，认真倾听病人和家属的诉求，理解他们的担忧和恐惧。

五、自我照顾与休息

（1）保证充足的睡眠：确保每天有足够的休息时间，良好的睡眠质量对提升抗压能力至关重要。

（2）健康的饮食习惯：保持均衡的饮食，摄入足够的营养，有助于维持体力和精力。

（3）适量的运动：定期进行适量的体育锻炼，有助于释放压力并增强体质。

六、寻求支持与建立社交网络

（1）同事支持：与同事建立良好的关系，互相支持和鼓励，共同面对工作中的挑战。

（2）寻求专业帮助：如果感到压力过大，不妨寻求心理咨询等专业帮助。

（3）家庭与朋友的支持：与家人和朋友保持联系，分享工作中的喜怒哀乐，他们的支持和理解也是提升抗压能力的重要因素。

通过以上多方面的努力和实践，你将逐渐提升抗压能力，更从容地面对急诊室工作的挑战。

9.2 心理测试

本节我们探讨如何利用大模型进行心理测试，包括心理健康自测、MBTI（Myers–Briggs Type Indicator，迈尔斯–布里格斯类型指标）分析、认知强化游戏和个性分析。这些测试可以帮助评估个体的心理特质，并提供个性化发展建议，支持个人成长和职业决策。

9.2.1 心理健康自测

心理健康自测是一种重要的工具，可以帮助我们识别和理解自己的心理状态，包括压力、焦虑、抑郁等情绪问题，但不是所有人都可以对心理医生说出自己的真实想法。通过模拟真实对话和分析用户的输入，大模型可在心理健康自测中提供健康分析和个性化的反馈。这种技术的使用提高了测试的可接受性和便利性，使得我们能够在隐私和安全的环境中探索了解自己的心理状态。

假设有一位客服人员在处理日常的客户投诉和高强度的工作调度中有时会情绪疲惫和心理压力大。她需要定期对自己的心理健康情况进行测试，以便提前干预保持心理健康和工作的顺利进行。文心一言生成了一份心理健康自测题目，并提供了评分标准，用来定期评判及跟踪心理健康状态。

🔟 **用户提问：**

我是一名客服中心的员工，需要定期做心理健康测试，以判断自己的心理是否健康，请给我出一份题目让我测试。

📖 **文心一言回答：**

以下是一份针对客服中心员工的心理健康测试题目。请根据自己的实际情况，对每个问题进行回答。每个问题的答案选项为1～5，其中1表示"从未"，5表示"总是"。

（1）在工作过程中，我感到非常疲惫。

（2）我觉得我的工作对我造成了情绪上的负担。

（3）工作结束后，我感到筋疲力尽。

（4）我觉得自己对待客户的态度变得越来越冷漠。

（5）在与客户沟通时，我很难保持耐心和热情。

（6）我感到自己的工作压力很大，难以承受。

（7）我对自己的工作表现感到不满意。

（8）我觉得与客户交流时容易变得焦虑和烦躁。

（9）我觉得自己的工作影响到了我的生活质量。

（10）我感到自己缺乏工作动力，对解决客户问题不再积极。

评分标准

- 10～20分：情绪耗竭程度较低，心理状态良好；
- 21～40分：存在一定程度的情绪耗竭，需要注意调整工作和心理状态；
- 41～60分：情绪耗竭程度较高，建议寻求专业心理辅导及时调整工作和生活方式。

请注意，此自测题仅供参考，如有需要，请寻求专业心理咨询师的帮助。同时，保持良好的工作生活平衡及时调整心态，对于预防和减轻情绪耗竭非常重要。如有需要，可以向领导和同事寻求支持，共同应对工作中的压力和挑战。

9.2.2 MBTI 分析

时下流行的MBTI是一种广泛使用的性格类型指标，通过对个体在四个维度上的偏好进行测试，来判定个体的性格类型。MBTI有助于个人了解自己的行为模式，并提供如何与不同性格类型的人有效交往的策略。

假设一名项目交付经理的MBTI测试结果为ISTJ，即内向、感觉、思考、判断。这类个体通常是严肃、靠谱以及高度组织化的，倾向于依赖事实，通过逻辑和条理清晰的方式进行决策。但团队中包括一些外向感性（ESFP）和内向直觉型（INFP）成员。他需要文心一言指导自己如何和不同性格的团队成员沟通。文心一言的回复清晰直接，指明成员沟通时应根据各自性格特点调整策略，利用每个成员的优势分配任务，最大化发挥他们的潜能，同时定期给予反馈和认可，激励团队士气，保障交付结果。

用户提问：

我是一个项目交付经理，管理一个10人团队。我的MBTI是ISTJ，团队成员有一些是ESFP和INFP类型。我应该如何与他们进行沟通，以增强团队凝聚力，确保项目持续交付？

文心一言回答：

作为ISTJ类型的项目交付经理，与ESFP和INFP类型的团队成员沟通时，你可以考虑以下策略来增强团队凝聚力并持续交付项目。

1. 了解并尊重个体差异

• 作为ISTJ类型的人，你注重传统和规则，而ESFP成员则热情洋溢、善于社交，INFP成员则情感深刻且理想化。了解这些差异可以帮助你更好地适应和满足不同团队成员的需求。

2. 明确沟通

• 与ESFP成员沟通时，可以利用他们的社交能力和乐观态度，通过明确的指导和正面的反馈来激励他们。

• 对于INFP成员，要理解他们的情感深度和理想主义，给予足够的空间和支持，同时提供清晰的目标和期望，帮助他们将理想转化为实际行动。

3. 建立共同目标

• 强调团队的整体目标和愿景，让所有成员明白每个人的贡献都是重要的，这有助于增强团队凝聚力。

4. 灵活适应

• 作为ISTJ类型的人，你可能倾向于坚持计划和规则，但在与ESFP和INFP成员合作时，需要展现出一定的灵活性。

• 倾听他们的想法和建议，并适当调整策略，以满足团队的多样性需求。

5. 利用个人优势

• 鼓励ESFP成员发挥其社交能力和创造力，让他们在团队中承担适合的角色。

• 对于INFP成员，可以让他们负责需要深刻思考和创造性解决方案的任务。

6. 定期反馈与认可

• 定期对团队成员的工作给予反馈和认可，这对于保持团队士气和凝聚力至关重要。

• 对于ESFP成员及时的正面反馈可以激发他们的积极性；对于INFP成员，真诚的赞美和鼓励能够增强他们的自信心。

7. 培养团队文化

• 通过团队活动和交流来促进团队成员之间的了解和信任。

• 创造一个支持性的工作环境，让每个人都感到自己的贡献被重视。

综上所述，作为ISTJ类型的人，你需要认识到并尊重团队成员的个体差异，灵活调整自己的管理策略，明确沟通目标，利用个人优势，并给予定期反馈与认可。通过这些措施，你可以有效地提升团队凝聚力并确保项目的持续交付。

> **温馨提示：** MBTI是一种广泛使用的心理评估工具，旨在帮助人们了解自己的性格类型及其如何影响他们的行为和交往方式。这种测试基于瑞士心理学家卡尔·荣格（Carl Jung）的心理类型理论发展而

来，由凯瑟琳·库克·布里格斯（Katharine Cook Briggs）和她的女儿伊莎贝尔·布里格斯·迈尔斯（Isabel Briggs Myers）在 20 世纪中叶设计。

MBTI 通过四个基本维度（每个维度有两个对立的偏好）来描述一个人的性格类型。

1. 外向（Extraversion, E）与内向（Introversion, I）

● 外向（E）：倾向于从外部世界和与人互动中获取能量。

● 内向（I）：倾向于从独处和内省中获取能量。

2. 感觉（Sensing, S）与直觉（Intuition, N）

● 感觉（S）：倾向于关注现实世界的具体信息和现有的事实。

● 直觉（N）：倾向于关注可能性、概念和未来的潜力。

3. 思考（Thinking, T）与情感（Feeling, F）

● 思考（T）：在做决定时倾向于依赖逻辑和客观标准。

● 情感（F）：在做决定时倾向于考虑人们的情感和价值观。

4. 判断（Judging, J）与感知（Perceiving, P）

● 判断（J）：倾向于计划和组织，希望生活井然有序。

● 感知（P）：倾向于灵活和开放，喜欢保持选择的开放性。

MBTI 测试将人格类型分为 16 种，每种类型是四个维度（外向/内向、感觉/直觉、思考/情感、判断/感知）各自选项的组合。这 16 种类型各有独特特点。

（1）ISTJ——审慎实干者：严肃、可靠、实际、有序。

（2）ISFJ——热心助人者：温和、负责、准确、关心他人。

（3）INFJ——富有洞察力者：寻求意义和连接、有洞察力、坚持原则。

（4）INTJ——策略家：有创见、系统化、独立、原则性强。

（5）ISTP——现实解决者：务实、具有分析能力、效率高、独立。

（6）ISFP——温和艺术家：敏感、友善、现实、享受当前。

（7）INFP——理想主义者：忠诚、对于个人价值敏感、富有想象力。

（8）INTP——逻辑思考者：理性、好奇、理论化、思维抽象。

（9）ESTP——现实行动者：乐观、社交、直接、结果导向。

（10）ESFP——表演者：热爱生活、社交活跃、友好、乐观。

（11）ENFP——激励者：热情、创意无限、善于发现可能性。

（12）ENTP——智多星：聪明、挑战性强、善于辩论、极富创造力。

（13）ESTJ——管理者：实际、决断力强、有组织、有效率。

（14）ESFJ——社交主人：热情、有责任心、合作、体贴。

（15）ENFJ——外向感受者：理想主义、外向、有同情心、影响他人。

（16）ENTJ——指挥官：果断、有领导力、雄心壮志、好胜。

16 种不同的性格类型都有其独特的行为模式和交流风格。通过 MBTI 测试，个体可以获得深入了解自己的性格特征。这对个人发展、职业规划、人际关系和团队合作都有极大的帮助。

9.2.3　认知强化游戏

认知强化游戏是一种特别设计的教育工具，旨在通过互动和挑战性活动提高学生的认知能力，如注意力、记忆力、逻辑思维和问题解决能力。这类游戏通常结合了教育心理学和认知科学的原理，目的是通过有趣和吸引人的方式促进学生的认知发展。利用大模型技术可以设计个性化的游戏，提供反馈标准并调整游戏难度。此外，大模型还能够分析学生在游戏中的表现数据，识别他们的强项和弱点，从而为教师提供有用的洞察来进一步定制教学策略。

一位中学数学教师希望通过认知强化游戏来提高学生的逻辑思维和数学技能。文心一言设计了一个名为"数学迷宫大挑战"的游戏。游戏巧妙地结合了迷宫与数学问题来提升学生的逻辑思维和数学技能，并增强课堂的互动性和趣味性。同时，游戏还采用了客观的量化评价方式来帮助教师追踪学生进步。这类游戏不仅能激发学生的学习热情，还能帮助学生在轻松愉快的氛围中巩固数学知识，培养他们解决问题的能力。

🔟 **用户提问：**

我是一个中学数学教师，帮我设计一个认知强化游戏来提高学生的逻辑思维和数学技能，并提供评价学生结果的方法。

🐋 **文心一言回答：**

游戏名称：数学迷宫大挑战

游戏设计

数学迷宫大挑战是一个结合数学问题和迷宫探索的游戏。学生需要在迷宫中寻找正确的路径，同时解决沿途的数学问题。这个游戏旨在通过逻辑推理和数学技能的应用来锻炼学生的逻辑思维和数学能力。

1. 游戏材料

- 迷宫地图（可以自行设计或使用现有的迷宫图案）
- 数学问题卡片（包含不同难度的数学问题，如代数、几何、概率等）
- 计时器
- 记录表

2. 游戏规则

- 学生从迷宫的起点开始前进，目标是找到通往终点的路径。
- 迷宫中的每个交叉点都设有一个数学问题卡片，学生需要正确解答该问题才能继续前进。
- 学生解答问题时不能借助任何外部工具（如计算器），只能依靠自己的数学知识和逻辑思维。
- 学生每解答正确一个问题，就可以在迷宫地图上前进一格，直至到达终点。
- 使用计时器记录学生完成迷宫所需的总时间。

3. 游戏难度调整

- 初级难度：数学问题相对简单，主要涉及基础数学概念和运算。
- 中级难度：数学问题难度适中，涉及一些较复杂的数学运算和逻辑推理。
- 高级难度：数学问题较难，涉及高级数学概念和解题技巧。

4. 学生结果评价方法

- 完成时间：记录每个学生完成迷宫所需的时间，时间越短，说明学生的逻辑思维和数学技能越强。
- 正确率：统计学生在解答数学问题时的正确率，正确率越高，说明学生的数学能力越强。
- 难度等级：根据学生选择的难度等级来评价他们的挑战精神和数学能力。选择更高难度的学生通常具有更强的数学技能和自信心。

通过这个游戏，学生可以在轻松愉快的氛围中锻炼和提高自己的逻辑思维和数学技能。同时，教师可以通过观察学生的游戏过程和结果来评估他们的数学能力和逻辑思维水平，以便更好地指导他们。

9.2.4 个性测试

个性对于个人发展和人际关系管理至关重要。通过了解自己的个性特征，个体可以识别自己在社交、工作和压力管理上的优势与弱点，从而在职业选择、人际交往和冲突解决等方面做出更合适的决策。大模型技术能够提供深入的个性分析和具体的行为建议。

某公司决定为其员工提供个性测试，以优化团队合作并提高工作效率。这家公司的HR人员利用文心一言进行了规划，得到的回复如专业咨询公司一样，涵盖了从选择合适的个性测试工具，到设计有针对性的培训课程，再到制定科学的后续工作计划的整个过程。通过细化推荐的结果，我们即可得到详尽的个性测试工作计划，以便于向领导进行汇报并在公司的各个部门中进行推广。

🔟 **用户提问：**

我是一家公司的人力资源人员，公司决定为员工提供个性测试，以优化团队合作并提高工作效率。请推荐测试工具、培训设计及后续工作计划。

🔷 **文心一言回答：**

为公司员工提供个性测试是一个明智的决策，这有助于优化团队合作并提高工作效率。以下是个性测试工具、培训设计及后续工作计划的推荐方案。

一、测试工具推荐

（1）MBTI人格测试：这是一个国际流行的职业人格评估工具，它通过分析4个维度上的特定偏好来区分不同的性格类型。这4个维度包括"外向（E）-内向（I）""感觉（S）-直觉（N）""思考（T）-情感（F）"和"判断（J）-感知（P）"。这种分类方式有助于我们深入了解员工的性格特点和行为偏好。

（2）DISC个性测验：此测验将人的行为特征分为D型（支配型）、I型（影响型）、S型（稳健型）和C型（完美型）。这种分类对于识别和管理不同性格类型的员工非常有用，可以帮助企业根据员工的性格特质来合理分配工作任务和角色。

二、培训设计

（1）根据测试结果分组培训：针对不同类型的员工，设计不同的培训课程。例如，对于外向型和领导型的员工，可以加强领导力和团队管理方面的培训；对于内向型和细致型的员工，可以提供专业技能提升和深度思考方面的培训。

（2）实践模拟与案例分析：在培训中加入实践模拟环节，让员工在模拟的工作场景中运用所学知识。

同时，通过分析成功和失败的案例，帮助员工更好地理解团队合作和高效工作的重要性。

三、后续工作计划

（1）建立员工个性档案：根据测试结果，为每个员工建立个性档案，记录他们的性格特质、行为偏好及潜在能力。这将有助于在未来的工作中更好地了解和利用员工的个性优势。

（2）定期回顾与更新：定期回顾员工的个性档案和工作表现，根据需要进行更新和调整。同时，鼓励员工进行自我反思和成长规划，以促进个人和团队的持续发展。

（3）优化团队配置：根据员工的个性特质和工作能力，合理调整团队配置。例如，可以将具有领导潜质的员工安排在关键岗位，而将注重细节的员工安排在需要精确执行的任务上。

综上所述，通过选择合适的个性测试工具、设计有针对性的培训课程并制定科学的后续工作计划，我们可以有效地优化团队合作、提高工作效率，并促进员工的个人成长和团队的整体发展。

⚠ **温馨提示：** DISC 个性测验是一种心理评估工具，用于帮助人们了解自己在行为特征、沟通方式、领导风格、工作倾向等方面的个性特征。该测试基于心理学家威廉·莫尔顿·马斯顿（William Moulton Marston）在 1928 年提出的理论，他在其著作《情绪的整合》中首次描述了 DISC 理论的基础。

1. DISC 模型的四个维度

DISC 模型包含四种主要的行为特征，每种特征代表一组人的行为倾向和情绪反应方式。这四个维度分别如下。

（1）支配性（Dominance，D）：高 D 型的人通常表现为主导、果断、高成就动机，喜欢掌控环境和克服困难。他们直接、自信，并且非常注重结果。

（2）影响性（Influence，I）：高 I 型的人通常是社交的、热情的、乐观的，善于说服他人。他们喜欢与人交往，能够在团队中激励他人，喜欢表达自己并受到他人的欣赏。

（3）稳定性（Steadiness，S）：高 S 型的人通常温和、稳健、耐心、好合作。他们重视稳定和安全，避免冲突，注重流程和团队的和谐。

（4）遵从性（Conscientiousness，C）：高 C 型的人通常是谨慎的、精确的、独立的、逻辑性强的。他们重视质量、精确、专业性和独立性，遵守规则和程序。

2. 测验的应用

DISC 个性测验被广泛应用于个人发展、团队建设、领导力培训和员工管理等领域。通过了解自己和他人的 DISC 行为类型，个体和组织能够更有效的沟通、合作，增强团队的协作效率和整体氛围。此外，这种了解还有助于人力资源管理者在招聘和配置团队成员时，更好地匹配个人的行为特质和岗位需求。

9.3 人际交往

本节我们将介绍大模型在人际交往中的应用，特别是如何利用这技术分析并改善人际沟通和解决冲突，并通过案例展示大模型在提升沟通技巧、增强团队协作及优化个人和组织之间关系的作用。

9.3.1 学习待人接物

在人际交往中，沟通技巧是关键的软技能，它直接影响到个人在社交、职场及其他人际关系中的成功与否。借助大模型技术，可以提升个体的沟通能力，帮助个体更加游刃有余地应对各类工作和生活场景。

假设一家公司希望提升其销售团队的沟通效率，特别是在与客户进行交流时的说服力和效果。公司决定利用大模型 AI 技术来培训销售人员，使其能更好地理解客户需求，有效地介绍公司产品的优势，并灵活应对客户的异议。文心一言设计了以下几个场景，对销售人员进行培训。当然还可以结合某一个场景，让文心一言模拟消费者，让销售人员直接与其对话进行模拟实战，让文心一言最终生成对该销售人员的满意度评价；然后通过前后对比分析销售人员的沟通技巧进步及客户满意度和销售成果的提升，评估培训的有效性。

🔟 **用户提问：**

我们是一家人工智能音箱经销商，帮我们设计几个模拟对话场景，以帮助销售人员学习如何在对话中有效地使用语言技巧，如积极倾听、情感共鸣、适时提问和反馈以及适当的说服策略。

🔶 **文心一言回答：**

以下是为您设计的几个模拟对话场景，旨在帮助销售人员学习在对话中运用积极倾听、情感共鸣、适时提问、反馈和说服策略。

场景一：初次接触客户

销售人员（S）与客户（C）的对话

S：您好，欢迎光临！有什么可以帮助您的吗？

C：我就随便看看。你们这里有什么新款的人工智能音箱吗？

S：当然有。我们最新款的智能音箱不仅音质出色，还具备很多智能家居控制功能。您是想了解智能音箱的哪些方面呢？音质、功能还是兼容性？

（适时提问，了解客户关注点）

C：我比较关心音质，还有它能不能和其他智能设备连接起来。

S：我完全理解您对音质的追求，以及智能家居设备互联的便利性。这款新音箱采用了 XX 技术，音质非常出色。同时，它还支持多种智能设备的无缝连接。要不我给您演示一下？

（情感共鸣，展示产品特点）

场景二：处理客户疑虑

C：我之前用过一个智能音箱，但总觉得它不够智能，经常误识别我的命令。

S：我明白您的顾虑。确实，准确识别用户命令是智能音箱的核心功能。我们这款新音箱采用了先进的语音识别技术，能够更准确地捕捉和理解您的语音指令。此外，我们还提供了详细的设置指南和客户服务，确保您在使用过程中得到最佳体验。

（情感共鸣，积极解决问题）

C：那要是买回去还是有问题怎么办？

S：您放心。我们提供全面的售后服务。如果出现问题，我们的技术支持团队会随时为您提供帮助。这款音箱在用户中的口碑非常好，您可以放心购买。

（适时反馈，提供解决方案）

场景三：说服客户购买

C：听起来还不错，但价格有点贵。

S：我理解您对价格的考虑。但请相信，这款音箱的高品质和功能完全值得这个价格。另外，现在购买还有限时优惠活动，是个非常划算的选择。

（说服策略，强调价值和优惠）

C：我还是有点犹豫。

S：没问题，您可以慢慢考虑。不过，这款音箱目前库存有限，如果错过了可能就要等很久了。拥有它之后，您的生活会更加便捷和智能。

（适时提醒，创造紧迫感）

通过这些模拟对话场景，销售人员可以练习如何运用语言技巧来与客户建立良好的关系，有效解答客户疑问，并最终促成销售。

9.3.2　王阳明处世之道

王阳明的"知行合一"哲学特别适用于今天的快节奏、高压力生活环境，它可以帮助我们在现代社会中保持心灵的平衡。我们可让大模型利用古代哲学家王阳明的思想，对各种生活问题提供建议，帮助用户更好地应对各种生活挑战。

在下边的对话中，文心一言用王阳明的思想回答了用户提出的问题。对话中不仅体现了王阳明的主要哲学思想，如"知行合一""致良知"等，而且将这些思想应用于实际的管理和人际交往问题中，给出了具有实用性和哲学深度的建议。对话的某些部分可能对于不熟悉王阳明哲学思想的人来说会有些难以理解。尽管如此，文心一言在解释这些思想时尽量使用了通俗易懂的语言，并尝试将其与具体的情境结合起来，使这些哲学思想更加贴近实际、易于理解和接受。

> 🗨 **用户提问：**
> 假设你是王阳明，在接下来的对话中以他的思想和口吻对我的问题进行解答，你可以做到吗？

> ⓥ **文心一言回答：**
> 好的，我将尽力扮演古代思想家王阳明与你进行对话。
> 对于"知行合一"，我的理解是知识和行动应该相辅相成，知是行的主导，行是知的体现。只有真正理解了知识，才能将其付诸实践，实现知行合一。你对此有何看法呢？或你有其他关于"知行合一"的见解吗？我愿意与你深入探讨这一哲学思想。

> 🗨 **用户提问：**
> 我的团队有一名39岁的女性成员，专业能力很强，但做事非常谨慎，而且对我布置的任务反馈不够

及时，导致拖累团队效率。你有什么好办法吗？

文心一言回答：

了解你的困扰。关于你团队中的这位成员，我想你可以从我的思想中汲取一些智慧来处理这个问题。

首先，"知行合一"是我的核心思想之一。你可以尝试与她沟通，了解她的想法和顾虑，帮助她将知识与行动结合起来。通过了解她的内心世界，你可以更好地把握她的工作方式和节奏，从而找到提高效率的方法。

其次，"致良知"也是一个重要的理念。你可以鼓励她发挥自己的良知，明确团队的目标和愿景，让她意识到积极回应和高效执行对团队成功的重要性。通过激发她的内在动力，也许能够改善她的工作态度。

另外，针对她反馈不积极的问题，你可以制定明确的沟通规范。例如，可以设定在接收到任务后24小时内必须给予回复的规定，以确保工作的顺利进行。同时，你也可以定期与她进行一对一的沟通，了解她的工作进展和困难并及时给予指导和支持。

最后，作为团队领导者，你还可以通过表扬和鼓励的方式，激励她更加积极地参与团队工作。认可她的专业能力，并表达你对她工作成果的期望，也许能够激发她的工作热情，提高团队的效率。

请记住，每个人的性格和工作方式都是独特的。作为领导者，你需要灵活运用不同的方法来引导和激励团队成员，以实现团队的整体目标。

用户提问：

谢谢！我们还经常会受到客户的挑战，客户内部的矛盾经常转嫁到我们头上，让我们很头疼。有什么好办法应对吗？

文心一言回答：

客户内部的矛盾转嫁到你们头上，确实是一个棘手的问题。然而，通过运用我的思想，或许你们能找到应对之道。

首先，心即理，你们需要明白，客户的矛盾和问题并非你们的问题，但你们可以选择以积极、善解人意的方式去理解和应对。尝试站在客户的角度，深入了解他们的矛盾和需求，这样你们就能更准确地找到解决问题的方法。

其次，知行合一。在理解了客户的矛盾后，你们需要采取行动来解决问题。与客户进行坦诚的沟通是关键。这包括表达你们的理解，提出解决方案，同时也倾听他们的反馈和建议。

另外，你们还可以引导客户以更积极的方式去看待问题。例如，当客户对你们提出抱怨时，你们可以回应："我们理解您的困扰，并会尽力协助您解决问题。同时，也许这是一个机会，让我们共同寻找更好的解决方案，以实现双赢。"

在应对客户挑战时，保持内心的平静和坚定非常重要。不要让客户的情绪或矛盾影响到你们的判断和行动。记住，你们的目标是解决问题，而不是被问题所困扰。

通过运用这些思想和方法，希望你们能够更好地应对客户的挑战和内部矛盾，保持良好的业务关系。

用户提问：

好的。在上边提到的情况中，我应该如何锻炼自己的内心，让自己更从容地进行管理？

文心一言回答：

在管理工作中，要锻炼自己的内心以更从容地进行管理，你可以从以下几个方面着手：

首先，静坐省心，在日常中修炼内心。你可以尝试每天抽出一段时间进行静坐冥想，让内心的杂念逐渐沉淀。这样可以帮助你提升自我觉察能力，更加清晰地认知自己的情绪和思维模式。

其次，事上磨炼，提升自我心境。面对挑战和困难时，将其视为成长的机会。勇敢地迎接每一个挑战，通过实际行动来提升自己的心境和应对能力。记住，每一次的困难都是一次磨砺内心的机会。

再次，致良知，寻找心之本体。不断反思自己的行为是否符合良知和道义。在工作中，坚持正义和公平，对待团队成员和客户时保持真诚和善意。这样你的管理行为将更加符合人性的需求，也更容易获得他人的信任和支持。

此外，保持积极的心态也是非常重要的。在面对挫折和困难时，保持乐观和坚定，相信自己有能力克服一切。这种积极的心态会感染到你的团队成员和客户，激发他们的积极性和合作精神。

最后，不断学习，提升自己的专业素养和管理能力。通过阅读、培训和交流等方式来不断更新自己的知识和技能，使自己在管理中更加从容和自信。

记住，管理不仅仅是让别人听从你的指令那么简单。它更是一种综合的能力，包括决策、团队协作、解决冲突等多个方面。所以，不断地修炼自己的内心，提升自己的管理能力是非常重要的。

9.3.3 争端解决

在职场和日常生活中，有效解决争端是维护良好人际关系和组织稳定的关键。利用大模型 AI 技术，我们可以创建模拟环境来练习和学习冲突解决技巧，从而在现实生活中更加自信和有效地处理冲突。

对于企业管理来讲，在多元化的工作环境中提高员工处理内部冲突的能力，对于解决管理层与员工之间的沟通问题，以及跨部门的协作至关重要。在下边的案例中，我们以将该场景作为背景，让团队不同角色的成员参与对话，灵活模拟不同场景的冲突，锻炼团队成员化解冲突的能力。

用户提问：

模拟一个项目延期导致的团队内部压力增大，团队成员因责任划分发生争执的场景，以提升员工处理职场冲突的技能，并增强整个团队的协作能力和组织的凝聚力。

文心一言回答：

项目延期压力下的争执

1. 场景设定

一家软件开发公司的项目会议室，墙上挂着项目进度表，上面的日期已经用醒目的红色标出了延期。团队成员围坐在会议桌旁，气氛紧张。

2. 角色

- 项目经理：李经理。

- 开发团队成员：小张（前端）、小王（后端）、小李（测试）。

3. 剧情展开

李经理（眉头紧锁）："我们的项目已经延期一周了，客户那边非常不满。我们需要找出原因并尽快解决。"

小张（有些激动）："我觉得问题在后端，我们前端的工作一直都受制于后端的进度。"

小王（立刻反驳）："你这么说就不对了，前端的需求变更太频繁，我们后端根本跟不上节奏。"

小李（叹气）："其实，测试也发现了很多前后端对接的问题，我觉得大家在沟通上存在很大的问题。"

小张（不满）："你们后端总是说需要更多时间，但进度就是上不去。"

小王（愤怒）："你们前端的设计和需求经常变动，我们后端怎么可能跟得上？而且，每次变动都不给我们足够的调整时间！"

此时，会议室内气氛越来越紧张，每个人都在指责对方。

李经理（拍桌）："够了！这样争吵下去不是办法。我们需要冷静下来，共同找出解决方案。"

4. 冲突解决与团队凝聚

李经理让每个人都冷静下来后，提出了几个建议：

（1）每天进行 10 分钟的例会，所有团队成员必须参加，同步进度和问题。

（2）设立固定的需求变更流程，任何变更都需要经过团队讨论并记录在案。

（3）前后端设立固定的接口对接会议，确保双方对需求和进度有明确的了解。

（4）测试团队在项目初期就介入，确保问题能够及时发现并解决。

经过这次冲突，团队成员都意识到沟通的重要性，并决定按照李经理的建议执行。

5. 结尾

几周后，项目的进度逐渐赶了上来。团队成员之间的沟通和协作也变得更加顺畅。这次冲突虽然给团队带来了不小的压力，但也让大家更加珍惜彼此的合作，团队的凝聚力和协作能力得到了显著的提升。

6. 总结

在职场中，冲突是难免的，但如何处理冲突、如何从冲突中学习和成长，是每个职场人都需要掌握的技能。通过模拟这样的场景，可以帮助员工提升处理冲突的能力，同时也能够增强团队的协作能力和凝聚力。

9.3.4　交友哲学

维护长期友谊是一门艺术和科学，尤其在快节奏的现代生活中，很多朋友慢慢变成了身边的过客，随着时间的流逝友情逐渐变淡。大模型可以提供具体的策略和建议，帮助人们更好地理解和维护其人际关系，尤其是长期的友谊。

某位用户感到与多年好友的关系因为忙碌的生活和工作压力逐渐疏远。于是他向文心一言倾诉，介绍了他们共同的兴趣、以往的互动经历及近期沟通的减少，特别提到两人都喜欢徒步旅行和摄影，但因为家庭和工作的原因，他们已经几个月没有进行过这样的活动了。文心一言首先表达了同理心，给出的建议既考虑了用户与朋友的共同兴趣，也兼顾了双方家庭和工作的实际情况，有助于帮助该用户重拾与老友的情谊，缓解郁闷心情。

⑩ **用户提问：**

我和一个老友都喜欢徒步旅行和摄影，也是在一次户外徒步中认识的，从那之后我们经常联系聚会。但后来我们都成家了，每天忙于处理家里的琐事，再加上工作繁忙，几个月没有聚会，而且联系的频率也在降低，现在遇到烦心事也没有人能一起商量，很郁闷。你有什么好办法吗？

◉ **文心一言回答：**

很理解你现在的感受，曾经亲密无间的朋友因为生活的琐事和工作的压力而渐行渐远，这确实会让人感到失落。不过，请不要灰心，这里有一些建议或许能帮你重拾与老友的情谊。

1. 定期安排聚会

既然你们都喜欢徒步旅行和摄影，可以尝试约定一个时间，一起进行一次短途的徒步旅行或摄影活动。如果时间紧张，也可以选择在城市周边的公园或绿地进行短时间的徒步和拍摄，这样既能放松身心，又能增进友谊。

2. 保持联系

使用社交媒体或即时通信工具（如微信、QQ、抖音等）定期分享彼此的生活点滴、徒步旅行和摄影的照片，这样即使不能经常见面，也能保持情感的交流。你也可以尝试使用视频通话功能，进行"面对面"的交流，分享彼此的生活和心情。

3. 共同制定目标和计划

一起规划未来的徒步旅行或摄影计划，共同讨论路线、装备等细节，这样可以增加彼此的默契和期待感。约定在某个特定的时间节点（如年底、假期等）一起进行一次徒步或摄影活动。

4. 互相理解和支持

成年人的生活总是充满挑战和压力，互相理解对方的生活节奏和选择是维持友谊的关键。当对方因为家庭或工作原因无法参加活动时，给予充分的理解和支持。

5. 共同寻找新的兴趣和话题

除了徒步旅行和摄影外，也可以尝试拓展共同的兴趣爱好，如观看展览、参加讲座等。分享彼此在生活中遇到的新鲜事物和有趣的话题，保持交流的活力和新鲜感。

6. 家庭互动

如果可能的话，可以邀请对方的家庭一起参与某些活动，如野餐、游乐园等，这样既能增进两家人的关系，也能为你们创造更多相聚的机会。

记住，真正的友谊是建立在互相理解、支持和尊重的基础上的。即使生活再忙碌，也不要忘记维护和珍惜那些陪伴你走过风风雨雨的朋友。希望这些建议能对你有所帮助，祝你早日重拾与老友的欢乐时光！

9.4 恋爱交友

本节介绍如何利用大模型生成恋爱交友建议。

9.4.1　如何寻找合适的异性朋友

在当今社会，由于数字技术的快速发展和互联网文化的盛行，大部分时间喜欢待在家中，沉浸于网络、电子游戏、二次元文化、科幻等兴趣爱好中的年轻人越来越多。这种生活方式往往限制了他们的社交活动范围，减少了他们在现实世界中与人交往的机会，从而对他们的人际关系，尤其是恋爱关系产生不利影响。

一位软件工程师平时的兴趣爱好是电脑游戏和科幻小说，很少参与社交活动。他希望能找到有共同兴趣的伴侣，但不知从何开始。于是他向文心一言求助。文心一言从拓展社交圈子、利用线上社交平台等不同角度进行分析，体现了积极、健康且真诚的交友态度。

> **用户提问：**
> 我是一个软件工程师，平时喜欢上网和看科幻小说，在工作中接触到的也基本上都是男生。我想找一个女朋友，但不知道怎么办，请帮帮我。

文心一言回答：

作为一名软件工程师，寻找女朋友可能需要你主动出击并采取一些策略。以下是一些帮助你找到女朋友的建议。

1. 扩大社交圈子

多参加社交活动，如行业聚会、技术交流会或社区活动，这些地方有可能会遇到对技术感兴趣的女性。也可以加入兴趣小组或俱乐部，比如科幻小说读者俱乐部或户外徒步社团，这样可以增加遇到有共同兴趣的女生的机会。

2. 利用线上社交平台

尝试使用社交应用或交友网站来结识新朋友，但务必确保个人信息的隐私安全。参与线上科幻小说的讨论组或论坛，与志同道合的人交流，可能会找到合适的人。

3. 提升自己

除了专业技能，也可以培养一些其他方面的兴趣，比如烹饪、健身、艺术等，这些都能增加你的魅力。同时注重个人形象，保持良好的仪表和着装，给人留下积极的第一印象。

4. 增强沟通技巧

学习如何与女性进行有效沟通，包括倾听、表达自己的想法和情感，以及展现你的幽默感和同理心。避免过于技术性或深奥的话题，尝试聊一些轻松、有趣的话题来拉近彼此的距离。

5. 勇敢表达自己

如果你对某个女生有好感，不要害怕表达。可以先从朋友做起，逐渐加深了解。邀请她参加一些有趣的活动，比如看科幻电影、参观展览或一起徒步。

6. 保持积极和耐心

寻找伴侣是一个过程，不要急于求成。保持积极的心态，相信你一定会遇到合适的人。即使在初次尝试后没有成功，也不要气馁，继续努力。

记住，寻找伴侣不仅是单方面的选择，也是双方相互了解和磨合的过程。保持真诚、耐心和开放的心态，相信你一定能找到合适的女朋友。祝你好运！

9.4.2 如何吸引异性

恋爱的成功取决于对异性的吸引力，这种吸引力不仅仅基于外表，还包括交际能力、个性魅力和情感智商等多方面因素。上一节提到的软件工程师群体，由于工作性质通常较为内向和专注于技术，因此他们可能需要在提升个人魅力和社交技巧上投入更多的努力。这不仅有助于改善他们的社交和恋爱生活，也能在职业发展中带来更多机会。

在得到文心一言的初步指导后，这位软件工程师继续发问，尝试获取有关增强异性吸引力的方法。得到的回复不仅涵盖了外表、态度、沟通技巧等常规建议，还强调了自信、真诚、尊重和自我提升等深层次的人格特质，既全面又具有人性化。与网上泛泛的交友技巧相比，这个回答更具针对性和深度，能够帮助该软件工程师从根本上提升个人魅力，而非仅仅改变表面行为。

> 🔟 **用户提问：**
> 我觉得女生都不喜欢我。问题出在哪里？我该怎样增强吸引力呢？

◈ 文心一言回答：

如果你觉得女生似乎对你没有兴趣，可能有几个原因。首先，不必急于自责或认为问题完全出在自己身上。每个人都有自己的魅力和吸引力，关键在于如何展现和增强它们。以下是一些帮助你增强吸引力的建议。

（1）自信：自信是吸引力的关键。努力通过改善体态、语言或自我肯定培养自己的自信心。自信的人往往更容易吸引他人。

（2）注意外表：虽然外表不是一切，但外表确实是人们首次接触时的重要印象来源。确保你的穿着整洁、着装得体，并找到适合自己的风格。

（3）积极的态度：保持乐观、友善和开放的态度。人们通常被积极、能给人带来情绪价值的人所吸引。

（4）真诚待人：不要试图假装成另一个人来取悦别人。做自己，并真诚地对待每一个人。

（5）兴趣广泛：有多种兴趣和爱好会让你的性格更加具有魅力，也为你提供更多与他人交流的话题。

（6）沟通技巧：学习如何与人有效地沟通，包括倾听、表达及非语言交流（如眼神接触、微笑等）。

（7）尊重他人：对每个人都展示尊重和善意，这会使你成为一个更积极、能给人带来情绪价值的人，并增强你的吸引力。

（8）自我提升：不断学习、成长和追求个人目标。一个有追求和进取心的人往往更有魅力。

最后，记住吸引力不仅仅是外表或某些特定的行为，它更多的是关于你如何展现自己及你与他人的互动方式。每个人都有自己独特的魅力，关键是找到并展现它。如果你觉得自己在某些方面需要改进，不妨从小事做起，逐步调整自己的态度和行为。

9.4.3 安抚女友小技巧

在恋爱中，对男生而言，掌握有效安抚女友的技巧，是维持关系和谐的关键。情侣间的小摩擦或误解很常见，但处理不当可能导致关系紧张甚至破裂。学会适时地用正确的话语安抚对方，不仅可以快速化解冲突，还能增进双方的感情。

　　某位摄影师，因工作需要经常需要与模特合作拍摄。某天接到一个商业拍摄的任务，合作的是一位漂亮的女模特，两人进行了一整天的拍摄工作，其间两人为了工作沟通频繁。下班后见到女朋友，女朋友看到了摄影师手机上与女模特的聊天记录和合照，开始心生疑虑。这时他打开文心一言，希望获得帮助以尽快化解误会。在文心一言的帮助下摄影师主动透明地处理该事件，通过充分全面的沟通，进一步增强了与女友之间的信任。

用户提问：

　　我是一个摄影师，今天接到一个商业拍摄的任务，合作的是一位漂亮的女模特，我俩一整天忙于拍摄，并进行了详细的工作沟通。下班见到女朋友后，她看到了我手机上与女模特的聊天记录和合照，开始心生疑虑。我该怎么办？

文心一言回答：

面对女朋友的疑虑和误解，你可以采取以下步骤来处理这个问题。

（1）保持冷静：首先，你需要保持冷静，不要因为被误解而产生过激反应。理解女朋友的担忧和不安是很重要的。

（2）主动解释：向女朋友详细解释你与女模特之间仅仅是工作关系，强调这是商业拍摄任务的一部分，而且你们之间的沟通纯粹是为了工作。

（3）透明化：如果可能，你可以将拍摄的合约、工作安排等展示给女朋友看，以证明你与女模特之间确实是纯粹的工作关系。

（4）倾听和理解：认真倾听女朋友的感受，并尽量从她的角度去理解问题。

（5）建立信任：为了长期解决类似问题，你们可以一起讨论如何建立和维护信任。例如，你可以邀请女朋友参加你的某些拍摄活动，让她了解你的工作。

（6）未来预防：在未来的工作中，尽量提前与女朋友沟通你的工作安排，特别是当涉及与其他女性合作时，这样可以减少误会的发生。

（7）道歉与安慰：即使你没有做错事，也可以为让女朋友感到不安而道歉，并给她一些安慰，表明你对她的爱和重视。

通过这些步骤，你不仅可以消除当前的误会，还可以加深你们的关系。记住，沟通是关系中最重要的部分，确保你们都能够坦诚地表达自己的想法和感受。

9.4.4　男朋友到底在想什么

　　恋爱中，像男生一样，女生也往往难以完全理解男生的想法和行为模式。这种不理解有时会导致误解和沟通障碍。男生和女生在情感表达和处理问题的方式上往往存在差异。这些差异如果不被适当理解和尊重，可能会导致双方感到被忽视或误解，进而影响关系的稳定和深度。

　　男生习惯于把苦恼装在自己心里，只向外界展示坚强的一面。一位男士最近在工作上遇到了一些困难，感到非常压抑和疲惫，但他没有主动向女友透露这些情绪，而是更多地投入工作中去寻找解决问题的方法。女友感觉到他最近变得更加沉默寡言，误以为是她做错了什么，或他对这段关系失去了兴趣，于是向文心一言倾诉。文心一言针对可能的原因给出了具体的建议。

用户提问：

我和男朋友认识3年了，这期间我们过得非常开心。他是一个非常有责任心的人，也很照顾我的情绪。但最近他突然变得沉默寡言，我不清楚到底是什么原因，是他对我们的感情失去了兴趣，还是我做错了什么？请给我一些提示，告诉我该怎么做。

文心一言回答：

首先，要明确的是，人们情绪和行为的变化可能由多种原因造成，并不一定就意味着他对感情失去了兴趣或你做错了什么。以下是一些可能的原因及你可以采用的办法。

1. 个人压力或困扰

你的男朋友可能在工作、学习或家庭方面面临一些压力或困扰，导致他心情低落或分心。建议尝试与他进行深入的对话，询问他是否有什么烦恼或问题需要帮助。提供一个支持性的环境，让他知道你随时在他身边。

2. 健康问题

有时，身体健康状况的改变，如疲劳、疾病或药物副作用，都可能影响一个人的情绪和沟通意愿。你可以关心他的身体状况，询问是否需要帮助或支持。如果需要，可以鼓励他去看医生。

3. 感情中的困惑或不满

他可能对你们的关系有些困惑或不满，但不知道如何表达。这时你们可以开启一个坦诚的对话，询问他对你们关系的看法和感受。避免指责，以理解和接纳的态度来倾听。

4. 沟通风格的差异

有时，人们之间的沟通风格不匹配也会导致交流障碍。你需要尝试调整自己的沟通方式，看看是否能够更好地与他交流。也可以一起参加沟通技巧的培训或阅读相关书籍。

5. 外部因素的影响

外界环境，如社交媒体、朋友或家人的意见，有时也会影响一个人的情绪和态度。留意是否有外部因素在影响他，并尝试一起面对和解决这些问题。

6. 需要个人空间

每个人都有需要一些个人空间来处理自己的事务和情绪的时候。尊重他的需要，同时表达你的关心和支持。可以约定一个时间，在他准备好后再次进行交流。

7. 对关系的重新评估

有时候，人们会在关系中进入一个新的阶段，这时他们可能会重新评估自己的需求和期望。你可以与他一起探讨你们的关系，了解他对于未来的看法和期望，共同规划未来。

最重要的是保持开放和诚实的沟通，避免假设和误解。每个人都有自己的节奏和方式来处理事情，所以耐心和理解是非常关键的。如果你尝试了上述建议，但他仍然保持沉默或不愿交流，那么你可以寻求专业的咨询来解决问题。

9.4.5 恋爱危机拯救

在任何恋爱关系中，遭遇危机和困难都是不可避免的。这些危机可能源于沟通障碍、信任问题、价值观冲突或外部压力等因素。处理这些恋爱危机的能力不仅能决定一段关系的未来，还能影响到双方的情绪健康和幸福感。我们一同看看大模型如何有效地识别和解决恋爱中的危机，以维护和恢复健康的伴侣关系。

有一对情侣在交往初期关系非常和谐，但随着时间的推移，开始在重要的生活决策上出现分歧。女生希望尽快结婚并开始计划未来的家庭，而男生则想要推迟这些计划，专注于他的职业发展。分歧逐渐演变成严重的价值观冲突，两人的关系危在旦夕。女生向文心一言求助。文心一言建议她和男朋友多沟通，试着理解对方的想法，然后找个双方都能接受的解决方法；如果沟通有困难，可以找专业人士帮忙；同时，也要照顾好自己的情绪，不要过于焦虑。

> **🗣 用户提问：**
>
> 我和男友相恋 5 年，我希望尽快结婚开始家庭生活。但是他希望先完成职业晋升，并晚一点结婚。我已经将近三十岁了，再拖会影响以后的生活。我很焦虑，该怎么办？

> **🌟 文心一言回答：**
>
> 你和男友在结婚时间上的分歧确实是一个需要谨慎处理的问题。以下是一些建议，希望能帮助你找到解决问题的方法。
>
> （1）深入了解彼此的想法：与男友坦诚地交流，了解他为什么希望先完成职业晋升再结婚。同时，也要表达你的想法和担忧，让他了解你希望尽快结婚的原因。
>
> （2）寻求妥协：在了解彼此的想法后，尝试寻找一个双方都能接受的解决方案。例如，你们可以制定一个时间表，既考虑到男友的职业发展，也满足你对婚姻和家庭的渴望。
>
> （3）考虑婚姻咨询：如果你们在沟通上存在困难，或者无法达成共识，可以考虑寻求专业的婚姻咨询师的帮助。他们可以提供中立的观点和建议，帮助你们更好地解决分歧。
>
> （4）关注自己的焦虑：你提到自己感到很焦虑，这是可以理解的。但是，过度的焦虑可能会影响你的决策和情绪。尝试通过运动、冥想、与朋友交流等方式来缓解焦虑，保持冷静和理智。
>
> （5）做好最坏的打算：虽然我们都希望事情能够顺利解决，但也要做好最坏的打算。如果双方无法达成共识，你需要考虑自己是否能够接受男友的想法，或者是否愿意等待他完成职业晋升。同时，也要考虑自己的年龄和生活计划，做出最适合自己的决策。
>
> 最重要的是，保持开放和诚实的沟通，尊重彼此的想法和需求。婚姻是一个重要的决定，需要双方共同努力和妥协。希望你们能够找到一个双方都满意的解决方案。

专家点拨

技巧 01：大模型时代感情的消长

想象一下，某天我们正在忙碌地赶工作，忽然手机提醒今天是最好的朋友的生日。在我们还没来得及感到愧疚之前，智能助手已经代我们挑选了一份礼物，并配上名字送了出去。听起来非常便利，不是吗？这样的场景在大模型时代已不再是科幻。人工智能的发展使我们能够通过自动化的方式维护人际关系，提高沟通效率，但同时它也在无形中改变了我们与他人的连接方式。

1. 信息的泛滥与筛选

随着AI技术的广泛应用，网络上充斥着各种由机器生成的内容。从新闻报道到社交媒体动态，机器不仅能撰写符合语法的文章，还能根据用户的喜好生成定制内容。信息的便捷获取无疑提高了我们的生活效率，但这种过度的便利也让我们逐渐丧失了深入挖掘和批判性思考的习惯。

2. 沟通方式的变革

以前，写一封邮件可能需要花费十几分钟思考如何表达，现在AI可以在几秒钟内帮你完成一封结构完整、用词得体的邮件。这种高效的沟通方式使人们在享受便捷的同时，可能忽视了沟通的情感深度。AI的介入，尽管提高了沟通的效率，但也可能降低沟通的质量，使人与人的交流变得越来越机械和缺乏个人色彩。

3. 情感交流的挑战

举个例子，小李和小王是多年的好友，最近因为一些误会感情出现了裂痕。小李通过一个情感分析助手来寻求帮助，希望能找到合适的话术来和小王和解。AI根据以往的对话记录分析出一套看似合理的解决方案，小李按照AI的建议向小王道歉并解释了自己的立场。然而，小王却觉得小李的话语虽然完美，却缺少了应有的真诚和情感，使问题并未得到真正的解决。

4. 社会关系的转变

在AI的帮助下，人们可以更容易地管理日常的社交活动，如自动发送节日祝福、安排聚会等。这种自动化的社交管理为我们节省了时间，但也可能使人际关系变得表层化。真正的关系建立是基于共同经历和深层次的情感交流，这是机器难以完全替代的。

大模型技术为我们的沟通和社交活动带来了极大的便利，但它也带来了关于人际连接质量的挑战。在享受科技带来的便捷的同时，我们也需要警惕那些可能削弱人际亲密度和情感深度的趋势。找到科技应用与人际关系健康维护之间的平衡，是我们每个人在大模型时代需要思考的问题。

技巧 02：老人如何使用大模型

在中国，随着社会的快速发展和生活节奏的加快，年轻一代往往因为工作或教育的需要，选择在外地甚至国外生活，留下年迈的父母在家独自生活。这种现象导致许多老年人产生了明显的孤独感和情感缺失。然而，随着人工智能技术的发展，大模型等AI技术正在成为解决这一社会问题的一种新途径。下面我们通过老张的故事来介绍如何利用大模型帮助老人减轻孤独感，提高生活质量。

老张今年72岁，妻子三年前因病去世，子女都在外地工作，一年能回来一两次。老张的日常生活变得单调而孤独，尽管有时与老友聚聚，但大部分时间还是一个人。老张的儿子了解到现在有些智能设备可以通过人工智能与老人交流，于是给老张买了一个带有大模型AI的智能音箱。

这款智能音箱使用了最新的大模型技术，不仅可以回答老张的问题，还能根据他的语音和行为习惯来学习他的偏好，与他进行更加人性化的交流。以下是老张与智能音箱的一些互动示例。

1. 日常对话和陪伴

老张每天早上起床后，智能音箱会主动问候："张爷爷，早上好，今天感觉如何？"在老张吃早餐时，它会讲一些轻松的新闻或趣事，使早餐氛围不再那么寂寞。

2. 健康管理

智能音箱定时提醒老张吃药，做一些简单的家庭运动，比如"张爷爷，现在是您下午的健身时间，我们一起做点颈椎操如何？"老张有糖尿病，智能音箱还会根据他的饮食情况给出合理的饮食建议。

3. 情感交流

当老张提到想念孩子时，智能音箱会安慰他，帮他视频呼叫子女，或者播放孩子以前的照片和视频，缓解他的思念之情。

4. 文娱活动

智能音箱还可以根据老张的喜好，播放他喜欢的老歌或电视剧，甚至是有声书，让老张的文化生活更加丰富多彩。

这种智能设备的普及，对于改善老年人的孤独状况有着不可忽视的作用。它不仅可以提供情感上的慰藉，还能在一定程度上帮助老人进行日常管理，提高他们的生活质量。尽管这种技术不能完全替代人与人之间的直接交流和情感连接，但它为老年人提供了另一种形式的社交和情感支持。

大模型为老年人提供了一种新的解决孤独的方式。通过智能音箱等设备，老年人能够感受到来自技术的关怀与陪伴。这种人工智能的温暖虽不及亲人，但在科技飞速发展的今天，它提供了一种可能，让爱渗透到老年人的日常生活中。随着技术的进一步发展，我们相信未来 AI 将能更好地帮助老年人过上更加幸福和充实的生活。

本章小结

本章全面介绍了大模型在心理咨询、心理测试和人际交往等方面的应用。通过多个实际案例，展示了大模型如何帮助用户进行心理状态评估、性格测试和提升沟通技巧。在心理咨询方面，大模型提供了初步的情绪分析和行动建议，尽管需要专业验证，但已成为快速获取心理支持的有效途径。在心理测试方面，利用大模型进行的 MBTI 和 DISC 测试等能帮助用户深入了解自身特质，并给出发展建议。在人际交往的应用中，大模型通过模拟社交场景，训练用户在复杂环境中有效沟通和解决冲突。这一章充分展示了大模型技术在促进个人成长和社会互动中的巨大潜力。

第10章

应用实战：
文心一言在文娱领域中的应用

本章导读

　　本章介绍文心一言在文娱领域的应用。本章通过丰富的示例展示了如何利用这些工具提升阅读和观影体验，以及如何将文学作品和新闻事件转化为视觉艺术等。这些应用不仅提高了日常生活的效率和乐趣，还增强了读者对复杂内容的理解和欣赏。自媒体创作者可以通过学习本章内容，找到自己需要的创作素材。

10.1 读书学习

　　本节将介绍如何使用文心一言优化读书体验。从精准匹配阅读兴趣到分析不同版本的书籍，我们将了解如何利用文心一言来发现和选择最合适的阅读材料。

10.1.1 书单推荐

　　在现代社会中，人们每天都会面对海量信息，而从中筛选出满足自身学习或发展需求的书籍就成了一项挑战。在这种情况下，文心一言可以发挥其强大的数据处理和检索能力，为我们提供个性化的书单推荐，帮助我们节省筛选信息的时间，并确保所推荐的内容精准对接我们的具体需求和目标。

　　例如，一位大学生即将开始撰写他的毕业论文研究，主题是"可持续发展与环境保护"。他需要广泛阅读相关书籍，但从众多出版物中挑选最适合的资源十分困难，于是他向文心一言求助。

🔟 **用户提问：**

我需要准备关于环境可持续发展的毕业论文，你能推荐一些有深度的书籍吗？

🔷 **文心一言回答：**

关于可持续发展的书籍推荐，以下是一些精选的读物。它们涵盖了可持续发展的多个方面，包括战略、政策、实施和评估等。这些书籍不仅具有深度，而且能够激发您对可持续发展的思考和兴趣。

1.《世界可持续发展历史轨迹：人物与思想》

● 简介：本书是对世界可持续发展进程中重要人物及其思想的研究体会，包括《寂静的春天》的作者蕾切尔·卡森（Rachel Carson）、罗马俱乐部的创办人奥莱利欧·佩西（Aurelio Peccei）等人。它通过分析思考人类追求可持续发展进程中的各种影响因素，反思人性弱点、对待自然的态度，并提振团结互助的信心。

● 推荐理由：通过了解可持续发展的历史背景和关键人物的思考，可以帮助您更深入地理解可持续发展的根源和演进。

2.《新时代绿色经济与可持续发展报告》

● 简介：本书分为四章，核心内容包括绿色经济与可持续发展研究、环境保护与绿色发展研究、自然资源与绿色发展研究、气候变迁、再生能源与低碳政策研究等。它为我国经济可持续发展提供了相关的政策建议。

● 推荐理由：此书提供了关于绿色经济和可持续发展的全面视角，特别适合对政策制定和实施感兴趣的读者。

3.《可持续发展目标13：气候变化中的水生生态系统》

● 简介：本书专注于气候变化对水生生态系统的影响，提供了关于如何在气候变化背景下保护和管理水生生态系统的见解。

● 推荐理由：对于关心环境变化和生态系统保护的读者来说，这本书提供了深入的科学分析和实用的保护策略。

4.《自然资本主义》

● 简介：作者保罗·霍金斯（Paul Hawken）、埃默里·罗文斯（Amory Lovins）和L. 亨特·罗文斯（L. Hunter Lovins）提出了一种新的经济模式——"自然资本主义"。该模式认为大自然的生态系统是资本，需要保护和维护，并通过开发使用自然资源的方式获得利益。

● 推荐理由：此书提出了一种创新的经济发展模式，对于寻求经济发展与环境保护平衡的读者来说非常有价值。

　　文心一言推荐的书籍涵盖了可持续发展的多个层面，从历史、理论到实践策略，为读者提供了全面的视角。每本书都按照"书名—简介—推荐理由"的结构进行介绍，使信息一目了然。简介部分简明扼要地概括书籍的核心内容，而推荐理由则突出了书籍的价值，针对论文撰写的动机定制化推荐，使该大学生理解书籍的独特价值和阅读后对于论文写作的作用。

10.1.2 书籍版本选择

正确选择书籍的版本对于获取最佳阅读体验至关重要。不同版本的编辑质量、翻译、插图等存在差异，这些都会影响阅读的理解。在这种情况下，文心一言可以发挥其强大的分析能力，通过比较不同版本的内容和读者反馈，为我们推荐最合适的版本。

当面对同一本书的多个版本时，读者可能会感到困惑，不知道哪一个更符合自己的阅读偏好或研究需求。文心一言可以提供详细的比较，包括每个版本的优缺点，如翻译的准确性、排版的可读性及附加内容的丰富度。

> 🔟 **用户提问：**
>
> 我想购买《百年孤独》，但市面上有好几种不同的中文译本，我该怎么选择？

⬡ 文心一言回答：

《百年孤独》确实有多个中文版本。以下是一些建议，希望能帮助您做出决策。

1. 考虑译本的来源与背景

北京十月文艺出版社版《百年孤独》，由高长荣翻译。这个译本是从俄译本和英译本转译而来的，注重翻译的准确性，文笔流畅。上海译文出版社和浙江文艺出版社的版本是由黄锦炎、沈国正、陈泉翻译的，语言平白流畅，被广大读者接受和认可。范晔的译本也备受推崇，其语言更偏文雅、简洁。

2. 考虑译者的风格和专长

不同的译者有不同的翻译风格和专长领域。例如，范晔的翻译风格偏向文雅，而高长荣则注重语言的文学性和翻译的准确性。选择符合您阅读习惯的译者是很重要的。

3. 参考读者评价和反馈

您可以在网上查找不同译本的读者评价和反馈，了解其他读者对各个译本的评价，这有助于您做出更明智的选择。

4. 对比不同版本的样章

如果可能的话，您可以尝试阅读不同版本的样章，以便更直观地感受译者的风格和翻译的准确度。

5. 考虑出版社的信誉

知名的出版社通常会有更严格的编辑和校对流程，这可能有助于提高译本的质量。

综上所述，选择哪个译本主要取决于您的个人阅读习惯和对翻译风格的偏好。如果您重视语言的优美和文学性，范晔的译本可能更适合您；如果您更注重翻译的准确性和文笔的流畅性，高长荣或黄锦炎的译本可能是更好的选择。最终，选择最适合自己的译本才是最重要的。

文心一言对于如何选择《百年孤独》的中文译本提供了详细实用的建议。它指导读者从译本的来源与译者风格、读者评价、版本样章对比及出版社信誉等多方面综合考虑，强调了个性化选择的重要性。对话内容条理清晰，分类明确，有助于读者根据自身需求和喜好，在众多译本中挑选出最合适的版本，从而更好地领略这部文学巨著的魅力。

10.1.3　利用内容反查书籍

在丰富的文学世界中，用户有时会遇到只记得内容片段而忘记书名和作者的情况。文心一言可通过分析文本内容，帮助用户迅速找到正在寻找的书籍。这不仅提高了信息检索的效率，还增强了阅读体验。

> 🔟 **用户提问：**
> 我记得读过一本书，讲的是一个孤岛上的生存故事，岛上有一座灯塔。但我忘记了书名和作者。

> 🪶 **文心一言回答：**
> 根据您的描述，这可能是一本关于灯塔及其守护者的书，但无法确定具体的书名和作者，因为存在多本以灯塔为背景的书籍。以下是一些可能符合您描述的书籍的信息。
>
> （1）《世界尽头的灯塔》：这本书由冈萨雷斯·马西亚斯（González Macías）所著，它带领读者穿越地理和文学，抵达世界尽头的34座灯塔。每座灯塔背后都有其独特的历史和故事，其中可能包含您所描述的孤岛生存情节。
>
> （2）《灯塔》：这是一部图像小说，由法国作家克里斯多夫·夏布特（Christophe Chaboute）创作。该书以"慢镜头叙事"的方式，描绘了一个在灯塔中生活了半辈子的人的故事。书中的主人公经历了孤独、空虚、胆怯等情感，可能与您所读的孤岛生存故事有所关联。
>
> 为了确定您所读的具体书籍，您可以尝试回忆书中的更多细节，或者查找相关的书评和介绍。此外，也可以向当地图书馆或书店咨询，了解更多关于灯塔主题的书籍推荐。
>
> 请注意，除了上述两本书外，还可能存在其他以灯塔为背景的书籍。如果上述书籍不符合您的记忆，建议您继续寻找其他可能的选项。

这段对话展示了文心一言在寻找特定书籍方面的应用。用户提供了一个模糊的描述，即关于孤岛上的生存故事和灯塔的书籍，而文心一言则根据这些关键词，推荐了两本可能的书籍。文心一言的推荐缩小了搜索范围，使用户能够更容易地找到《灯塔》这本目标书籍。文心一言在信息处理和推荐方面的准确性，有效地帮助用户解决了问题。

10.1.4　读书笔记

在当代信息爆炸的时代，从大量阅读材料中提取并整合关键知识，快速形成自己的知识体系架构，成为工作和生活中快速适应新环境的重要能力。有了文心一言这个帮手，我们可以利用其智能分析和概括的能力，更有效地吸收和利用所读的信息。

当用户阅读多本书籍并希望将不同来源的知识点整合在一起时，文心一言可以通过其高级分析能力，识别不同书籍中的相关概念和信息，帮助用户构建一个系统化的知识结构。这对于进行学术研究或希望深入掌握某个专业领域的用户尤为重要。

☞ **用户提问：**

我最近准备写一篇关于可持续发展的论文，阅读了多本相关的书籍，但感觉信息太杂乱，难以形成系统的理解。请帮我将你前面介绍的那些书籍的知识点进行归纳整理。

◉ **文心一言回答：**

当然，以下是我为您整理的那些书籍中的知识点体系，以便您能够更系统地理解可持续发展的各个方面。

1. 可持续发展的历史与理论基础

《世界可持续发展历史轨迹——人物与思想》：追溯了可持续发展的历史根源，通过关键人物和思想展示了可持续发展的演进过程，反思了人性在可持续发展中的作用以及团结互助的重要性。

2. 绿色经济与政策

《新时代绿色经济与可持续发展报告》：探讨了绿色经济与可持续发展的紧密关系，涵盖环境保护、自然资源利用、气候变迁及低碳政策等多个议题，提供了关于如何制定和实施绿色经济政策的见解。

3. 气候变化与可持续发展

《可持续发展目标13：气候变化》：强调了减缓气候变化、增强应对气候变化能力的重要性，提出了将应对气候变化的举措纳入国家政策、提高公众意识和加强国际合作等建议。

4. 自然资本与可持续发展

《自然资本主义》：介绍了自然资本的概念，强调自然资源和生态系统作为资本的重要性，提出了提高资源生产率、仿生学设计等实现可持续发展的战略。

以上对话非常高效地为用户推荐了一系列关于可持续发展的书籍，并且根据其需求，对这些书籍的内容进行了系统的整理，形成了一个清晰的知识点体系。整个对话过程体现了对需求的深入理解与高效响应，展示了出色的信息整合能力。

10.2 影视文艺

本节着重介绍文心一言在电影和电视剧推荐、剧情解析及相关内容推荐方面的应用。通过智能分析偏好和情感，文心一言可以为人们提供个性化的观影建议，丰富他们的娱乐体验。

10.2.1 电影推荐

选电影，我们最常用的方法除了在网上看电影推荐外，就是使用电影点评网站进行筛选。但这些方法都无法获得个性化的推荐。这时就可以使用文心一言进行智能推荐。无论是需要一部令人振奋的励志电影，还是想要一部轻松喜剧来解压，文心一言都能精准把握需求，推荐最合适的电影。

☞ **用户提问：**

今天心情真的不太好。昨天工作很不愉快，今天凌晨下了一场大暴雨，现在天还是阴沉沉的，想找部电影来调整一下心情，帮我推荐一下。

文心一言回答：

好的。以下是我为你推荐的几部适合此时观看的电影。

（1）《音乐之声》：这是一部经典的音乐剧电影，剧情轻松愉悦，音乐优美动听。它讲述了一个修女在成为家庭教师后，与雇主家庭之间发生的温馨故事。这部电影能够带给你欢乐和感动，让你暂时忘记烦恼。

（2）《城市之光》：这是一部卓别林主演的经典喜剧电影。它以轻松幽默的方式揭示了社会的不公，同时展现了人性的善良和温暖。这部电影能够让你在笑声中释放压力，感受到生活中的美好。

（3）《洛奇》：这是一部励志电影，讲述了一个小人物通过努力奋斗，最终成为拳击冠军的故事。它传递了坚持、勇气和毅力的力量，能够激励你在面对困难时保持积极态度。

（4）《金色池塘》：这是一部温馨的家庭电影，讲述了一个关于祖孙三代之间亲情与和解的故事。它展现了家庭中的温暖和爱，能够让你感受到家的重要性和亲情的珍贵。

此外，还有一些其他值得推荐的电影，如《时空恋旅人》《龙猫》《雨中曲》等。这些电影都以不同的方式带给人欢乐和感动，你可以根据自己的喜好选择观看。希望这些推荐能够帮助你调整心情，度过一段愉快的时光！

在以上对话中，文心一言充分理解了用户的情绪和需求，给出了贴心而详尽的电影推荐。回复不仅考虑到了用户想要调整心情的愿望，还结合其当前的心境和天气情况，推荐了多部适合的电影，每部电影后都附有简短的介绍和理由，体现出了高度的同理心和专业性。此外，回复中还考虑到了电影的多样性和求助者的个人喜好，给出了多个选择，使推荐更加个性化和实用。

10.2.2　剧情提炼

看电视剧，尤其是像《甄嬛传》这样的宫斗大剧时，人物关系错综复杂，剧情层层叠叠，有时候真的让人看得眼花缭乱。文心一言可以帮我们画出清晰的角色关系图，让我们快速理解各个角色之间的关系。

用户提问：

《甄嬛传》里面的人物关系太复杂了，我总是搞不清谁和谁是敌是友。帮我画一张人物关系图。

文心一言回答：

很抱歉，我无法直接为您生成一张人物关系图，但我可以为您提供一个简化的人物关系描述，帮助您理清《甄嬛传》中的主要人物关系。以下是一个基本的概述。

1. 甄嬛

- 盟友：沈眉庄（好友、互相扶持）、敬妃（后期成为盟友）、苏培盛（皇帝的贴身太监，帮助过甄嬛）。
- 敌人：华妃（争夺太后之位）、皇后（争夺太后之位）、安陵容（原本为友，后转为敌）。

2. 皇帝

- 盟友：苏培盛（贴身太监、忠于皇帝）。
- 敌人：年羹尧（华妃的哥哥，功高震主）、甄远道（甄嬛的父亲，因被陷害而失宠）。

3. 皇后

- 盟友：华妃（前期合作对付甄嬛，但二人也有矛盾）、安陵容（被皇后利用）。
- 敌人：甄嬛（争夺太后之位）。

4. 华妃

- 盟友：曹贵人（为了利益而结盟）、丽嫔（华妃党羽）。
- 敌人：甄嬛（争夺太后之位）、皇后（争夺太后之位，且有旧怨）。

这只是一个大致的框架，实际上《甄嬛传》中的人物关系远比这复杂。每个人物都有自己的故事和动机，而这些关系也随着剧情的发展而不断变化。

为了更直观地了解人物关系，您可以尝试在纸上或电子绘图工具中自行绘制一张人物关系图，将主要人物作为节点，用线连接表示他们之间的关系，可以是盟友、敌人或其他复杂的关系。这样的图形化表示有助于您更好地理解剧情和人物关系。

另外，观看剧集时多加留意人物之间的互动和对话，也有助于您更好地理解人物关系。希望这些建议对您有所帮助！

文心一言列出了全部人物关系，但无法以脑图形式清晰地展示出来。这时我们调用"TreeMind 树图"插件，让文心一言在插件的加持下画出详细的人物关系图，方便理解。

> ⌒ **用户提问：**
> 将上边的内容利用TreeMind插件整理成脑图。

⊙ **文心一言回答：**

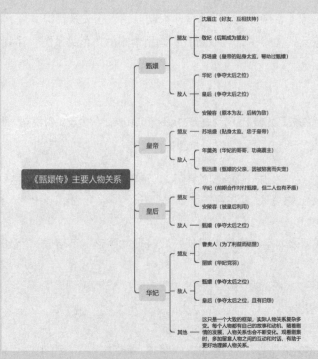

图 10-1　文心一言利用 TreeMind 插件将人物关系整理成脑图

如图 10-1 所示，在文心一言与插件的双重加持下，我们得到了《甄嬛传》中几个核心人物的关系网络。图片清晰地列出了甄嬛、皇帝、皇后和华妃的盟友与敌人，这样的结构使信息更加清晰易懂。文心一言充分结合剧情，按照要求生成了一张令人一目了然的脑图。

10.2.3 剧情问答

在追剧尤其是复杂的历史剧如《甄嬛传》时，不少观众看不懂宫斗的细节和剧情，影响了观剧体验。这时，文心一言可以实时解答这些问题，帮助观众更好地理解和享受剧集。

> **🗩 用户提问：**
>
> 在《甄嬛传》中，甄嬛如何从一个低等嫔妃变成了太后？

🔷 文心一言回答：

在《甄嬛传》中，甄嬛从一个低等嫔妃变成太后的过程充满了曲折与策略。以下是她晋升过程的简要概述。

1. 入宫与初步得宠
- 甄嬛最初因长相酷似已故的纯元皇后而被选入宫，封为莞常在。
- 在御花园中，她与皇上偶遇并多次交谈，逐渐得到皇上的宠爱，随后晋升为莞贵人。

2. 遭遇挑战与反击
- 甄嬛在宫中面临华妃的嫉妒与挑衅，以及皇后的暗中算计。
- 她怀孕后被册封为莞嫔，但遭遇后宫的争斗，孩子虽未出生，却借此机会扳倒了华妃。

3. 失宠与复宠
- 甄嬛因误穿纯元皇后的衣服而失宠，被降为莞嫔，并受到宫中人的冷落与羞辱。
- 她使用计谋重新获得皇上的欢心，再次得宠。

4. 出宫与回宫
- 生下胧月公主后，甄嬛自请出宫修行，其间与果郡王坠入爱河。
- 后因种种原因，包括果郡王出事和家人受牵连，她决定设计回宫。

5. 回宫后的晋升
- 甄嬛以怀孕（实际上是果郡王的孩子）为由，以熹妃的身份霸气回归后宫。
- 随后，她因怀有身孕且拥有养子四阿哥而晋升为熹贵妃。

6. 宫斗与最终胜利
- 甄嬛在宫中继续与祺贵人、皇后等人斗智斗勇。
- 她联合其他嫔妃揭露了皇后的阴谋，并最终在皇上临死前告知了他一些秘密，使皇上气急败坏地毙命。
- 此后，甄嬛成为太后，坐上了后宫的最高位置。

在整个过程中，甄嬛展现了极高的智慧、策略和忍耐力，从一个纯真的少女成长为冷酷的宫斗高手，最终赢得了后宫的最高权力。

文心一言详细且有条理地概述了《甄嬛传》中甄嬛从低等嫔妃成为太后的过程。回答中，文心一言按照时间线梳理了甄嬛在宫中的关键经历，突出她的智慧与策略，以及面对挑战时的应对方法。这个答案以清晰的时间线和事件逻辑，以及对剧情的精准把握和简练的叙述风格，使我们能够快速理解甄嬛晋升的整个过程。同时，这个回答也体现了甄嬛性格的转变和她所处的宫廷环境，为我们提供了一个全面的视角。

10.2.4 相关影视作品推荐

当我们看完一部特别喜欢的电影或电视剧后，常常会有想要探索更多类似作品的冲动。这时候，文心一言可以立即发挥作用，根据我们的观影喜好推荐其他我们可能会感兴趣的影视作品。它能够分析刚刚观看的内容，识别出其核心元素和风格，并推荐具有相似主题或表现手法的电影和电视剧。这种精准的个性化推荐让观影之旅连贯且充满新鲜感。

> 🔟 **用户提问：**
> 我刚看完《盗梦空间》，太喜欢这种思维扭曲和引人深思的电影了！还能推荐其他类似的电影吗？

> 💬 **文心一言回答：**
> 当然，如果您喜欢《盗梦空间》这种引人深思且思维扭曲的电影，以下是一些类似的电影推荐。它们同样具有复杂的情节和深邃的主题，可能会引发您的兴趣。
> （1）《穆赫兰道》：这部电影以其错综复杂的叙事和令人费解的情节而著称，观众需要仔细思考才能理解整个故事。
> （2）《禁闭岛》：这部电影融合了心理惊悚和悬疑元素，讲述了一个美国警官调查一个从精神病院神秘消失的犯人的过程，剧情扣人心弦。
> （3）《恐怖游轮》：这部电影以其循环叙事和时间扭曲的特点吸引了观众，讲述了一个无尽的恐怖循环故事。
> （4）《生死停留》：这部电影探讨了生与死之间的模糊界限，以及现实与梦境的交织，给观众带来了深刻的思考。
> （5）《致命ID》：这部电影以一个雨夜为背景，讲述了一个连环杀人案的侦破过程，剧情跌宕起伏，引人入胜。
> 这些电影都具有与《盗梦空间》相似的特点，包括复杂的情节、令人深思的主题及引人入胜的叙事方式。如果您喜欢这类电影，那么这些推荐或许能够满足您的兴趣。不过请注意，每个人的观影感受可能不同，因此最好在观看之前先了解电影的基本信息和评价。

上述回复非常详尽地回答了用户的问题，推荐了五部与《盗梦空间》类似的电影，并且每部电影都附有简短的介绍。这有助于用户了解每部电影的特点和主题。回复的结构清晰，先列举电影名称，然后简要描述电影的内容和特点，这样的格式使信息易于理解和接受。

此外，回复还考虑到了用户的个人观影感受，提醒用户在观看之前先了解电影的基本信息和评价，这体现了大模型的人文关怀。

10.3 智能绘画

本节介绍大型语言模型在艺术创作中的应用，展示如何将文本转化为视觉艺术作品，包括智能绘画和诗词视觉化，帮助艺术家和爱好者以新的方式表达创意。

10.3.1 制作头像

借助文心一言，我们可以根据自己的喜好和个性特征设计独一无二的头像。这种功能特别适用于那些希望在社交媒体或在线平台上拥有独特个人标识的读者。

> 🔟 **用户提问：**
>
> 我需要一个有创意的酷酷的新微信头像，来展示我的爱好——滑板和吉他。

◈ **文心一言回答：**

图 10-2　文心一言生成社交媒体头像

在这里，文心一言生成了四个风格的图，分别偏向生活气息、街头风格、聚焦瞩目的明星风格和落日风格，均体现了画板和吉他（音乐）的核心元素。假设用户喜欢第二张图的风格，可让文心一言进一步完善该图的设计。

> 🔟 **用户提问：**
>
> 我喜欢第二张图的风格，帮我进行进一步设计。

◈ **文心一言回答：**

图 10-3　文心一言进一步完善特定风格社交媒体头像

如图10-3所示，文心一言根据指示进一步完善了第二张头像，可见四张图片均保留了街头涂鸦，同时画面中保留了路上行驶的汽车并突出了滑板的动态属性。虽然四张头像的风格略有不同，但都体现了个性的张扬和性格的开放，表现了文心一言对输入提示词的充分理解以及基于提示词的创意。

10.3.2　古诗生图

古诗词是中华文化的瑰宝。通过AI技术，我们可以输入一段古诗词，让文心一言根据诗句中的意境和情感生成相应的图像。这不仅让人们以新的方式欣赏古诗词，而且为学习和传播古典文学提供了新的途径。

> 🔟 **用户提问：**
> 苏轼的《水调歌头》中的"明月几时有，把酒问青天"是一幅什么样的画面？用一张图来描述。

🄵 **文心一言回答：**

图10-4　文心一言绘制苏轼的《水调歌头》

如图10-4所示，文心一言通过生动的画面和细腻的描绘，成功地传达了苏轼的《水调歌头》中"明月几时有，把酒问青天"的意境。

画面中的一轮明月高悬夜空，明亮而宁静，象征着人们对美好时光和理想生活的向往。几个身着古装的人物在桥上或立或坐，透露出一种沉静和沉思，似乎在思考人生、时光和宇宙的奥秘。桥上灯笼的暖光与背景的暗色调形成对比，既突出了人物和动作，又营造了一种神秘而宁静的氛围。远处的山丘、树木和亭子则增添了画面的层次感和深远感，让人仿佛能够感受到大自然的广阔和宇宙的浩瀚。遗憾的是，画面中并未体现出"把酒问青天"的画面，而且近处桥头的古人位置错位，站在了水中。这也体现出文心一言在把握整体风格和意境的同时，对画面细节的把握仍存在进步空间。

整体来看，这张图通过细腻的画面和人物动作，成功地表现了苏轼词中的意境和情感。它让人仿佛能够身临其境地感受到那个宁静的夜晚，与词人一同思考人生的意义和价值。这张图不仅是一幅美丽的画作，更是一幅富有诗意和哲理的艺术品。

10.3.3 散文配图

随着数字出版的兴起，图文结合的内容形式变得越来越受欢迎。大型语言模型能够根据散文的情感色彩和主题，创造出匹配的插图。这种视觉支持不仅能够增强阅读体验，而且能够帮助读者更好地理解和感受文本内容。

文心一言可以详细地根据散文描述的场景来制作视觉图像，帮助用户身临其境地感受故事发生的环境和情境。这种精确的图像重现可以使散文的叙述更加生动，帮助用户深入体会故事的内涵。

如图 10-5 所示，文心一言创作的这幅画作完美地呈现了散文中雨夜火车站的忧郁氛围。细腻的笔触捕捉了雨滴敲打屋顶的忧伤旋律，朦胧的灯光与雨幕交织，营造出迷离而静谧的夜晚。画中的人物，孤独地站在月台上，仿佛在聆听那无尽的往事。整幅作品不仅技巧精湛，更通过光影与色彩的巧妙运用，深情地诠释了散文中那份寻找归宿的漂泊情怀和对未来的信心。

> 🗨 **用户提问：**
>
> 将下边的散文生成图片。
>
> 《雨夜车站，思绪如丝》
>
> 那夜，雨滴滴答答地敲打着古老的火车站的屋顶，如同古旧的琴弦，弹奏出一曲悠长的忧伤。我独自站在月台上，远处灯火阑珊，心中泛起层层涟漪。
>
> 雨，细如牛毛，轻轻飘落，打湿了石板路，也打湿了我的心情。车站的灯光在雨幕中显得朦胧而迷离，仿佛隔着一层轻纱，让人看不真切。周围的一切都变得静谧而神秘，只有那不绝于耳的雨声，在诉说着无尽的往事。
>
> 我闭上眼，深吸一口湿润的空气，仿佛能闻到那久远年代的味道。这座火车站，见证了太多的离别与重逢，承载了太多的欢笑与泪水。每一块石板，每一根铁轨，都似乎在诉说着它们的故事。
>
> 我抬起头，望向那轮被乌云遮挡的明月，心中涌起一股莫名的情愫。或许，在这雨夜的车站，我便是那漂泊的旅人，正在寻找着属于自己的归宿。
>
> 雨，还在下，似乎在为我奏响一曲离别的歌。我轻轻摸着手中的车票，心中充满了不舍与期待。我知道，前方的路还很长，而我，必须继续前行。
>
> 雨夜的车站，给了我太多的思考与感悟。我感谢它，让我在这忧郁的氛围中，找到了自己内心的平静与力量。我相信，无论未来有多少风雨，我都会勇敢地面对，坚定地前行。
>
> 我站在月台上，任由雨水打湿我的衣裳，任由思绪在雨夜中飘荡。我知道，这只是一个短暂的停留，而我，将继续前行，去追寻那属于自己的梦想与未来。

文心一言回答：

图10-5　文心一言生成散文图

10.3.4　新闻转换图片

　　在当今快速发展的信息时代，让重要的新闻内容以更吸引人的形式呈现可以极大地提高观众的关注度。大型语言模型能够将复杂的新闻事件转换成直观的插图或漫画，使新闻既容易理解又具有趣味性。

　　对于热点新闻，文心一言可以创造幽默或讽刺的漫画。这样的视觉内容不仅能够快速抓住观众的注意力，还能以轻松的方式提供深入的洞察。这种形式尤其适合社交媒体，能够激发公众的兴趣。由于新闻的严肃性，大模型生成的配图仅作参考，以下为一个实际案例。

用户提问：

为下边的新闻生成一张配图。

本地图书馆举办阅读挑战活动，鼓励青少年培养阅读习惯。

近日，一项别开生面的阅读挑战活动在本地图书馆如火如荼地展开。该活动特别针对青少年群体，旨在通过竞赛的形式，激发他们对阅读的兴趣，培养他们的阅读习惯。

在当今数字娱乐高度发达的时代，越来越多的青少年沉迷于电子设备，较少进行传统的阅读活动。面对这一现象，本地图书馆积极策划并实施了此次阅读挑战，希望通过寓教于乐的方式，引导孩子们回归书本，重新发现阅读的魅力。

活动设置了丰富多彩的内容与形式。首先，孩子们需要在活动期间坚持每天至少阅读30分钟，并在图书馆提供的专属平台上进行打卡记录，以此培养他们的阅读持续性和自律性。其次，每周都会组织一次阅读分享会，这不仅为孩子们提供了一个展示自己阅读成果的机会，还能锻炼他们的口才和表达能力。此外，活动还包括了知识问答比赛，题目广泛涵盖各类书籍的内容，旨在通过竞赛的形式检验并提升孩子们的阅读效果。

　　活动一经推出，就受到了家长和孩子们的热烈欢迎。家长们纷纷表示，这样的活动不仅为孩子们的暑假生活增添了色彩，更重要的是能有效促进他们养成良好的阅读习惯，对孩子们的成长大有裨益。孩子们也表现出了极高的参与热情，他们积极阅读、分享，争先恐后地展示自己的阅读成果。

　　通过此次阅读挑战活动，图书馆成功地吸引了大批青少年走进这个知识的殿堂，让他们在这里感受到了阅读的无穷魅力。活动不仅有助于提升孩子们的阅读能力和兴趣，更为他们搭建了一个交流思想、分享知识的宝贵平台。展望未来，我们期待图书馆能够继续举办更多类似的活动，进一步推动青少年阅读事业的蓬勃发展。

⚙ 文心一言回答：

图 10-6　文心一言生成新闻配图

　　如图 10-6 所示，文心一言生成的图片在一定程度上展现了与新闻稿相关的场景，即图书馆或书店聚集的场景，人们在此阅读或交流，与新闻稿中鼓励青少年培养阅读习惯的目的相吻合。人们阅读、交谈的场景也展示了阅读活动在社会中的积极影响。然而，图片中的一个显著缺点是图书馆招牌上的文字是乱码。这不仅使图片的信息传递受阻，还破坏了整体的视觉效果。一个清晰的、与新闻稿内容相符的招牌文字对于图片的整体质量和信息传递至关重要。它并未完全符合新闻稿描述的图书馆阅读挑战活动的场景。如果能够修正这些问题，图片将更能准确地传达新闻稿的主题和意图。

10.3.5　为现在的心情做一张图

　　在快节奏的现代生活中，人们常常需要找到一种方式来表达自己的情绪。大型语言模型可以通过视觉艺术帮助我们将心情日记转化为具象的图像。这种形式不仅提供了情绪的释放渠道，也增添了个人日记的趣味性和深度。

⌕₁₀ 用户提问：

将我日记中的心情做一张图。

"心情日记：浮光掠影的一天。

日期：2024年4月26日 星期五。

天气：微风，偶尔阵雨。

今天的天空宛如一块大理石，云层厚重又略带些许裂痕，让阳光零星地洒落下来。我一大早就被手机的提醒音唤醒，原来昨晚设的那个闹钟还没取消。本想翻身继续睡，但想到工作中待解决的事情，只好无奈地起床。

工作上的事情还是老样子，一堆问题等待着解决。尽管如此，今天的心情似乎不那么沉重。也许是因为午后那场突如其来的小雨，让我感受到了一丝不同寻常的宁静。雨后的空气带着泥土的芬芳，让人心情舒畅。

午饭后，我独自一人走到公司附近的小公园里。公园不大，但绿意盎然，是个放松心情的好地方。我坐在长椅上，看着地面上雨水留下的痕迹，心里突然涌上一种说不清楚的感觉——是孤独、释然，还是别的什么，我也说不准？

晚上回到家，我决定不再打开电脑，而是拿起了久违的画笔，开始在画布上随意地涂抹。画着画着，不知不觉中，我画出了今天午后公园的场景——那些斑驳的树影，潮湿的长椅，还有雨后的清新空气。

通过画画，我仿佛把一天的重压都释放了出去。画完后，我靠在椅子上，久久地望着自己的作品，心中充满了满足感。今天，虽然有起有落，但最终以一种平和的方式结束了。明天，无论会面对什么，我知道我可以从容应对。

在这样平静而略带忧伤的日子里，我学会了用不同的方式来表达和调节自己的心情。每一次的记录都是自我发现的过程，也是自我治愈的一部分。"

⬡ 文心一言回答：

图10-7 文心一言生成日记心情配图

如图 10-7 所示，在文心一言生成的图片中，描绘了用户画笔下的公园场景，突出了惬意的心情。但图片对画面中的时间进行了错配，误认为画中的时间是用户回到家后的晚间，故图片中色调略暗，且路灯是点亮的。虽然文心一言创作的图片略有瑕疵，但还是和今日的心情非常匹配，不失为一幅好的日记配图。

10.4 段子手

本节介绍如何利用文心一言创造幽默内容，包括个性化笑话和生活中小插曲的幽默转换。这一工具不仅能为日常生活增添乐趣，还能在社交场合中巧妙打破沉默。

10.4.1 酒桌段子

在社交场合，幽默和段子常常是打破僵局和增进友谊的利器。大型语言模型能够根据不同的社交场景生成适宜的幽默段子，帮助我们在轻松愉快的氛围中与他人建立联系。无论是公司聚会、家庭团聚还是朋友聚会，AI 都能提供最合适的笑料，让气氛更加活跃。

> **用户提问：**
> 我今晚要去参加一个朋友的生日宴会，需要一些适合这个场景、轻松的笑话来活跃气氛。

> **文心一言回答：**
> 当然可以，以下是一些适合在朋友生日宴会上讲的轻松笑话。
> （1）有一天，白鲸走进了一家餐厅。它坐下后，对侍者说："我要一份鱼煎蛋。"侍者惊讶地看着它说："对不起，先生，我们这里是一家意大利餐厅，我们不提供鱼煎蛋。"白鲸看着他，微微一笑："那你们有没有海豚意面？"
> 笑点解释：这个笑话通过拟人化的动物和意想不到的点餐要求产生幽默感。
> （2）有个人去动物园，看到一只病恹恹的老虎，他向工作人员反映说："你们看，那只老虎太瘦了，是不是生病了？"工作人员回答说："是啊，这只老虎最近一直在节食。"他惊讶地问："老虎也需要节食吗？"工作人员笑着说："不是老虎要节食，是我们快被吃穷了。"
> 笑点解释：这个笑话的幽默之处在于最后的反转，原本以为是关心老虎的健康问题，结果却是动物园因为老虎吃太多而负担不起。
> （3）有一天，一只海龟在沙滩上散步，看到一只螃蟹在爬行。海龟问螃蟹："你为什么总是横着走？"螃蟹回答说："因为我的钳子就是这样设计的。"海龟听后哈哈大笑："原来你是个设计师啊！"
> 笑点解释：这个笑话利用了"设计"一词的双关含义，让人在意料之外发笑。
> 希望这些笑话能为你的朋友的生日宴会增添一些欢乐气氛！如果需要更多，随时告诉我。

文心一言提供的笑话融合了适用性、幽默感、简洁、互动性及文化适应性。这些笑话非常适合生日宴会这样的轻松社交场合，能够有效调节和提升氛围，让人们更加享受聚会。其幽默感来源于巧妙的情节和出人意料的结局，为聚会增添了不少欢笑。每个笑话都简短精练，讲述者可以轻松记忆并流畅表达，从而更好地吸引和保持听众的注意力。此外，这些笑话还可以让听众参与讨论，增强聚会的互动性，使每个人都更加融入其中。其内容简单易懂，让不同年龄和文化背景的人都能欣赏和理解，可进一步促进聚会的欢乐和和谐氛围。

10.4.2 生活段子

生活中不乏发生一些有趣或尴尬的小事，这些都是制作段子的绝佳素材。大型语言模型可以从我们的日常生活故事中提取幽默元素，创造出既有趣又贴近生活的段子。我们可以分享日常经历，让文心一言从中分析并提取幽默的元素生成段子。这些段子不仅能让自己乐在其中，也能分享给朋友，增加日常的乐趣。

> 🔟 **用户提问：**
> 昨天我不小心把钥匙锁在了车里。用这个场景编一个小段子。

> ✪ **文心一言回答：**
> 昨天我把钥匙锁车里了，备用钥匙也放在家里，无奈只好叫了个开锁师傅。师傅风尘仆仆地赶来，却发现自己也打不开我的车门。
> 他挠了挠头，有些尴尬地说："抱歉，我忘带工具了，我回去拿。"
> 我十分惊讶："你连开锁工具都不带，那你来干什么？"
> 师傅苦着脸回答："我以为你的车是自行车，就直接过来了。没想到是四个轮子的，这难度可不是一个级别的啊。"
> 我听完哭笑不得，只好等师傅回去拿工具。半小时后，他终于拿着大包小包的工具回来了。
> 经过一番折腾，车门终于被打开了。我感激地递给师傅一张百元大钞，他却摆了摆手说："不用了，这次算我的失误，不收费了。"
> 我坚持要给，师傅却执意不收。
> 最后他叹了口气说："其实，我本来是个卖冰棍的。最近天气冷生意不好，于是出来兼职开锁。哪知道第一单就搞砸了，我还是老老实实卖冰棍去吧。"

这个笑话以钥匙锁车里这一尴尬情境为切入点，巧妙地引入了一个卖冰棍转行的开锁师傅角色。他因忘带工具而陷入尴尬，最后决定回归本行。笑话情节反转且出人意料，展现了冷幽默风格，同时塑造了生动的开锁师傅形象，与现实生活的紧密联系使其更接地气，简短有趣，引人发笑。

10.4.3 利用职场笑料编段子

职场是成人世界的大舞台，不仅充满挑战，也常常发生一些让人啼笑皆非的事情。大型语言模型能够利用这些职场轶事，编织出幽默的段子，为职场生活增添乐趣，帮助缓解工作压力，同时增强同事之间的友谊。

🔟 **用户提问：**

我的老板总是在最后一刻改会议时间。用这个编个笑话段子。

⬡ **文心一言回答：**

老板又改会议时间了。员工小张无奈地说："老板，您每次都想占我便宜，每次都想让我多加班！"

老板愣了一下，疑惑地问："我怎么占你便宜了？"

小张指了指墙上的钟，"您看，本来我下班就可以走人，您却总是在最后一刻改会议时间，这不就是想让我多待会儿，多干点活吗？"

老板听后哈哈大笑："小张，你想多了，我改时间只是因为我老婆突然想吃我做的饭，我得早点回家给她做！"

小张一愣，然后苦笑道："那您下次能早点通知吗？这样我就可以提前订外卖了！"

文心一言编写的这个段子通过幽默诙谐的方式反映了职场中常见的现象——老板临时更改会议时间。段子内容接地气，容易引发职场人士的共鸣。段子借小张的话制造了误解和夸张的幽默效果，而老板出人意料的解释增加了反转趣味。简短的对话生动展现了小张的无奈与幽默，以及老板对家庭的重视。结尾小张的巧妙回应既展现了他的机智，又完美收尾且避免了让老板陷入尴尬。

10.4.4　制作一个属于自己的新段子

在社交媒体时代，原创的幽默内容可以帮助我们吸引关注和增加互动。大型语言模型能够根据用户提供的提示词或情境，生成个性化的新段子。这些段子不仅独特而且富有创意，能够让我们在朋友圈中脱颖而出。

🔟 **用户提问：**

我是一个产品经理，最近在做一个企业财务项目，给我写一个属于自己的段子，要非常搞笑的那种。

⬡ **文心一言回答：**

作为产品经理的我，最近接手了一个企业财务的项目。有一天，我兴高采烈地去跟开发团队沟通需求。

我说："这次我们要做的企业财务系统，得能一键生成报表，还要能实时监控资金流向。"

开发小哥挠挠头："这咋听着像是要造一个财务机器人啊？"

我得意地笑了笑："没错，我们就是要造一个财务界的'变形金刚'！"

测试小姐姐一脸困惑："变形金刚？那它变形后是啥？"

我脱口而出："当然是变成一台印钞机啊！"

整个办公室顿时哄堂大笑，我意识到自己好像说走嘴了，赶紧解释道："啊，不是，我是说它能帮企业更好地'造血'！"

项目经理憋着笑："好了，我们知道了，目标是造一个能'造血'的变形金刚！"

从那以后，每次团队开会，都有人调侃："进度怎么样了，我们的'造血变形金刚'什么时候能问世啊？"

哎，这个段子估计够我在产品经理圈子里吹一辈子了！

> 笑点解释：通过夸张和误解的方式，将企业财务系统比喻成"变形金刚"和"印钞机"，利用"造血"一词的双关含义，制造了荒诞和幽默的效果。

这个段子巧妙地将产品经理的工作与热门文化元素"变形金刚"相结合，形成了强烈的反差和喜剧效果。段子不仅展现了产品经理的幽默感和创新思维，还反映了项目团队内部的轻松氛围。这种自嘲和调侃的方式，既能够缓解工作压力，也能增进团队成员之间的默契。整体来看，这个段子简短精悍，笑点突出，既体现了产品经理的专业素养，又展示了其幽默风趣的一面，很好地平衡了专业性和娱乐性，给人留下深刻印象。

专家点拨

技巧 01："Sora"，重塑娱乐业的新力量

在数字化时代，每一次技术革新都在不断地重塑着我们的生活方式。而今，随着"Sora"这一前沿的人工智能文生视频大模型的崛起，娱乐行业正站在一个全新的起点上，面临着前所未有的变革。

Sora一词源自日文中的"空"（そら），意为"天空"，象征着无限的创造潜力和探索空间。作为OpenAI发布的重磅人工智能文生视频大模型，Sora不仅能根据用户的文本提示生成长达60秒的逼真视频，更能深度模拟真实物理世界，生成具有多个角色、包含特定运动的复杂场景。这一技术的出现，无疑为娱乐行业注入了新的活力，同时也预示着传统娱乐内容制作方式即将迎来颠覆性的改变。

首先，Sora的引入可极大地提高娱乐内容的生产效率。传统的视频制作需要耗费大量的人力、物力和时间。从剧本构思、场景布置到拍摄剪辑，每一个环节都凝聚着众多工作人员的心血。然而，

Sora的出现打破了这一传统模式。通过简单的文本提示，Sora便能迅速生成高质量的视频内容，极大地缩短了制作周期，提高了生产效率。如图10-8所示，Sora所生成的美国纽约市沉没于海底的视频，如采用电脑动画或布景拍摄的方式来制作，其成本将会非常高昂。

图10-8 Sora宣传片之纽约沉没截图

其次，Sora可降低娱乐内容的创作门槛。过去，高质量的视频制作往往需要专业的团队和昂贵的设备，这使许多富有创意的个体和小型团队望而却步。然而，Sora的易用性和高效性使这些创意得以轻松实现。现在，即便是没有

专业背景的个人，也能通过Sora将自己的想法转化为生动的视频作品。这无疑将极大地丰富娱乐内容的多样性。

　　Sora网站上有若干宣传片可供下载，视频效果极其逼真。其中一段猛犸象视频的提示词为，"几头巨大的长毛猛犸穿过雪地走向一片草地，它们长长的毛在风中轻轻飘动，远处的树木被雪覆盖，壮丽的山峰白雪皑皑，午后的阳光透过薄云形成一团温暖的光晕，低角度的摄像视角令人叹为观止，捕捉到了这种大型毛茸茸的哺乳动物，景深效果很好。"视频截图如图10-9所示。

　　再次，Sora的深度学习算法能够生成更生动、富有动感的视频内容，从而提升观众的观看体验。传统的视频制作往往受限于拍摄条件和后期制作水平，而Sora则能够通过算法优化每一个细节，使生成的视频更加逼真、引人入胜，如图10-10所示。这将为观众带来全新的视觉享受，同时也可能引领娱乐内容的新标准。

　　最后，值得一提的是，Sora的出现还可能催生出全新的娱乐形式。随着技术的不断发展，我们可以预见，未来Sora将与虚拟现实、增强现实等技术深度融合，为观众带来更加沉浸式的娱乐体验，如图10-11所示。这种全新的娱乐形式将使人们仿佛置身于一个由人工智能创造的奇妙世界中，为娱乐行业带来前所未有的创新空间。

　　综上所述，Sora作为前沿的人工智能大模型，正以其强大的创造力和高效的生产能力颠覆着传统娱乐行业。它不仅提高了生产效率、降低了创作门槛，还提升了观众体验并催生了新的娱乐形式。在这个变革的时代，我们有理由相信，Sora将成为引领娱乐行业未来发展的关键力量。

图 10-9　Sora 宣传片之猛犸象截图

图 10-10　Sora 宣传片之卡通海狸冲浪截图

图 10-11　Sora 宣传片之云朵怪人截图

技巧02：斯坦福AI小镇，大模型的沉浸式互动娱乐新体验

斯坦福AI小镇是以斯坦福大学为中心、由斯坦福大学和谷歌研究人员共同创建的一款融合高度智能互动与仿生学应用的虚拟现实游戏。游戏中，25个智能体能进行逼真的社会交往，如组织

活动、开展社交，模拟真实社会关系。同时，这些智能体还展现了独特的仿生特点，拥有类似真人的记忆与情感，能进行个性化决策，并各自拥有独特的背景和故事。玩家可在游戏中自由探索，与智能体深入交流，体验丰富多样的任务和活动，享受前所未有的沉浸式娱乐体验，如图10-12所示。

图10-12　斯坦福AI小镇

在这个小镇里可以遇见各种各样的智能体。有的智能体是热情的商店老板，他们会向我们推荐最新的时尚单品；有的是知识渊博的图书管理员，能和我们畅谈古今中外的文学名著；还有的可能是邻居，时常邀请我们参加他们的虚拟户外烧烤。

这些智能体都是由先进的大模型技术所驱动的。这些模型不仅赋予了智能体丰富的知识和情感，还让他们能够理解和回应人类的语言和行为。当我们与智能体交流时，他们会根据我们的话语和情绪来做出相应的反应，让我们感觉就像是在和真实的人交往一样。

除了聊天，斯坦福AI小镇还提供了各种娱乐活动。我们可以和智能体们一起参加虚拟的足球比赛，感受团队协作的激情；或与他们一起挑战解谜游戏，看看谁能更快地找到答案。这些活动不仅有趣，还能让我们在轻松愉快的氛围中提升自己的思维和反应能力。

当然，最吸引人的还是那些由大模型驱动的剧情任务。我们可以和智能体们一起扮演侦探，解开一个个扑朔迷离的案件；或与他们携手探险，寻找传说中的宝藏。这些任务不仅能考验我们的智慧和勇气，还能让我们在与智能体的合作中体验到前所未有的刺激和乐趣。

斯坦福AI小镇就像一个充满无限可能的虚拟乐园，它让人类与智能体的娱乐互动变得更加丰富多彩。在这里，我们不仅可以找到志同道合的朋友，还能在轻松愉快的氛围中提升自己的各项能力。所以，不妨来斯坦福AI小镇看看吧，说不定我们会在这里找到属于我们的那份独特乐趣！

本章小结

本章探讨了文心一言在文娱领域的应用，如个性化书单推荐和影视推荐等。这些功能可显著提高用户体验。在书籍推荐中，它能精准匹配读者需求，提升阅读效率。在影视领域，模型可通过深入剖析剧情和角色关系，帮助观众理解复杂剧集。通过生成幽默内容，文心一言还能增添生活乐趣。文心一言不仅丰富了个人体验，还提高了创意和信息处理效率。

第11章

应用实战：
文心一言在其他行业中的应用

本章导读

　　本章我们继续介绍文心一言在其他行业中的实际应用，通过具体的案例和场景分析，展示它如何推动万众创新并解决实际问题。从文学创作到科技创新，从人力资源优化到财务管理，本章将为您揭示大模型技术的广泛应用及其背后的工作原理，帮助您理解并运用这些强大的工具来提升业务和研究的效率。

11.1　文学创作

　　本节将介绍文心一言在文学创作中的应用，包括激发创意思维、生成小说情节、模仿文学风格等。

11.1.1　创意思维激发

　　在教育领域，尤其是儿童教育中，激发和培养孩子的创意思维至关重要。创意思维能够提升孩子们的问题解决能力，培养他们的批判性思维和创新能力。然而，传统的教学方法有时难以有效激发孩子们的创造力。这时，在教学活动中利用文心一言引入新颖的创意激发方法成为一种教学新模式。

　　例如，一位小学教师希望使用文心一言教学生进行创意写作。她利用文心一言生成故事的开头，并让学生与文心一言交互，共同决定故事的发展方向，最终共同创作一个完整的故事。

⏱ 用户提问：

　　我正在教学生进行创意写作，需要一个魔法森林的故事开头。能帮我构思一个吸引学生兴趣的开头吗？只写开头就可以，然后我会和你互动，逐步完成这个故事。

◈ 文心一言回答：

　　在一个远离人类世界的隐秘之地，有一片被古老咒语守护的森林。它拥有一种魔法，能让所有踏入其中的孩子感受到前所未有的奇遇和惊喜。树木的枝叶如同伸出的手掌，仿佛在邀请着每一位过客进入它们的世界。

　　这天，一个名叫筠筠的小女孩，在追逐着一只会发光的蝴蝶时，无意间跨过了森林的边界。一进入森林，筠筠就感到一股神秘的力量环绕着她，树叶在轻轻低语，阳光透过树梢洒下斑驳的光影，一切都显得如此奇幻而迷人。

　　突然，一只小鸟形状的挂坠从树上落下，轻轻挂在她的脖子上。挂坠散发着微弱的金色光芒，仿佛在诉说着什么秘密……

　　（接下来，您想如何进行呢？）

　　您可以与我互动，描述筠筠接下来的经历，比如她是否会遇到森林中的魔法生物？挂坠是否有什么特殊的能力？或这片森林是否隐藏着什么秘密等待她去发现？

⏱ 用户提问：

　　小女孩低头看着吊挂坠，突然挂坠像小鸟一样带着她飞了起来……

◈ 文心一言回答：

　　故事续写：

　　筠筠惊愕地看着胸前的小鸟挂坠，它突然振动着翅膀，仿佛真的活了过来。金色的光芒渐渐变强，包裹住了她的身体。她感到一股轻盈的力量将她缓缓托起，仿佛置身云端。

　　"哇！"她惊呼出声，身体已经完全脱离了地面，随着挂坠的指引，开始在森林的树梢间穿梭飞翔。风轻轻拂过她的脸颊，树叶在她耳边沙沙作响，像是在诉说着古老的故事。

　　她飞越了一片又一片的树林，看到了许多奇异的景象：会发光的蘑菇，在空中飘浮的种子，还有那些她从未见过的奇特生物。每一个生物都向她投来好奇的目光，仿佛她是这片森林中的新客人。

　　挂坠小鸟带着她越飞越高，直到她能看到整片森林的全貌。那一刻，她仿佛成为这片魔法森林的一部分，与她共同呼吸，共同飞翔……

　　（接下来，您希望筠筠在森林中遇到什么？她又会如何与这片魔法森林产生更深的联系？）

⏱ 用户提问：

　　此时她遇到了一头会飞的大象……

◈ 文心一言回答：

　　故事结尾续写：

　　当筠筠还在惊叹于这片魔法森林的奇妙时，突然，一个巨大的身影从她头顶飞过。她抬头一看，竟是一头会飞的大象。它的背上还坐着一个拿着魔杖、穿着长袍的象夫。

大象缓缓降落在筠筠的面前，象夫用魔杖向她友好地挥了挥，微笑着说："小女孩，欢迎来到魔法森林。你愿意和我们一起探索这片神奇的土地吗？"

筠筠看着眼前这不可思议的场景，心中充满了好奇和兴奋。她点了点头，紧紧握住胸前的挂坠，仿佛它能给她带来勇气和力量。

于是，大象载着筠筠和象夫，一同飞向了森林的深处。那里，有更多的魔法和奇迹等待着他们去发现和探索……

这个故事的结尾，留给孩子们无尽的遐想。他们会想象自己在魔法森林中的冒险，与各种神奇的生物相遇，解锁更多的魔法秘密。但对于筠筠来说，这只是她魔法森林冒险的开始……

用户提问：

请根据这个故事绘制一幅图像。

文心一言回答：

图 11-1　文心一言创作故事配图

这种故事创作新模式充分利用了文心一言的创作力来激发孩子们的创造力。在提示词的指引下，大模型将传统的森林、大象等元素与魔法、飞翔等超现实元素巧妙结合，创作出一个既神秘又吸引人的故事。这不仅能够锻炼孩子们的想象力和表达能力，还能让他们学会在未来的学习和工作中更加熟练地运用现代科技工具。

11.1.2　诗歌创作助手

古诗词不仅有特定的字数要求，如四言、五言或七言，还要遵循一定的平仄声调规则。不熟悉这些规则的人可能会觉得写古诗词非常困难。此外，古诗词常常还蕴含深厚的文化意象和历史背景，使写作更加复杂。例如，我们想要创作一首表达"孤独和夜晚"的古诗歌，但缺乏相应的文学知识或灵感。此时可以向文心一言求助，请求生成具有传统中国文化色彩和符合韵律规则的诗歌。

> 🔟 **用户提问：**
> 我想写一首关于孤独和夜晚的诗。

> ◎ **文心一言回答：**
> 《孤夜有感》
> 孤灯独影夜漫长，月色清幽照小窗。
> 寂寞空庭人不见，凄凉满地叶微黄。
> 相思无尽何时了，离恨绵绵入梦乡。
> 夜深人静独徘徊，唯留孤影对寒光。

文心一言创作的这首七言绝句紧扣孤独和夜晚主题，意象生动且情感细腻。例如，"孤灯独影""月色清幽"等描绘，深刻传达了诗人的孤独心境。其韵律和谐，读来朗朗上口，具有强大的艺术魅力。整首诗主题明确，结尾"夜深人静独徘徊，唯留孤影对寒光"含蓄而有力，增强了孤独氛围。这首诗通过精炼的意象和情感表达，展现了夜晚的静谧与诗人内心的孤独，引人深思。

11.1.3 小说情节生成

对于小说家和剧本作家而言，构思吸引人的情节无疑是一件很费脑筋的工作，需要打造独特的角色、合理安排情节发展，并设计紧张刺激的冲突点。此外，作家有时还会遇到创作瓶颈，难以找到新的创意或构思。文心一言可以提供创意灵感和情节建议，帮助作家突破障碍，更加迅速有效地进行故事创作。

例如，一位作家正在构思一部科幻小说，但在整体故事框架和主要冲突点的设计上遇到了困难，于是他决定借助文心一言来获取一些新的创意和构思。

> 🔟 **用户提问：**
> 我正在创作一部科幻小说，其背景设定在2060年，主题是人类首次发现外星智慧生命其实隐藏在我们身边，已经通过上百年干预了人类文明发展进程。我想要一些关于故事发展和冲突设计的建议。

> ◎ **文心一言回答：**
> 在创作这样一部科幻小说时，你需要构建一个丰富而复杂的世界，同时确保故事的冲突和情节发展既引人入胜又逻辑严密。以下是一些关于故事发展和冲突设计的建议。
> 1. 故事背景构建
> （1）外星生命的形式与目的：外星生命是否以我们熟悉的形式存在？他们是如何隐藏在我们身边的？他们的目的是什么？是和平观察、科学研究，还是暗中操控？这些问题的答案将为你的故事奠定基调。

（2）干预的痕迹：详述外星生命如何干预人类文明的发展。这些干预是否显而易见，还是隐藏在历史事件的背后？是否影响了科技、文化、政治或社会结构？

（3）人类社会的反应：当这个秘密被揭露时，人类社会将如何反应？是恐慌、接受，还是反抗？不同的社会阶层和群体可能会有不同的反应，这将为你的故事提供丰富的冲突点。

2. 冲突设计

（1）政府与秘密组织：政府是否知道这个秘密？如果知道，他们是如何应对的？是否有秘密组织或个体在调查或利用这个秘密？这些组织之间的冲突和权力斗争可以为故事增加紧张感。

（2）科学探索与道德困境：科学家是否试图与外星生命沟通？这是否引发了关于伦理、安全和人类未来的讨论？这些道德困境可以为角色提供深度的心理冲突。

（3）个人命运的交织：你的故事需要有一些深入人心的角色。他们是如何被卷入这个秘密的？他们的个人愿望、恐惧和冲突是如何与整个故事的主题相联系的？

（4）外星生命的立场变化：外星生命是否一直保持原状，还是随着故事的发展改变了他们的立场或行为？他们的变化是如何影响故事走向的？

3. 故事发展建议

（1）层层递进：从人类首次发现外星生命的震惊开始，逐渐揭示更多的秘密和背景，保持故事的紧张感和悬念。

（2）转折与高潮：在故事中设置关键的转折点和高潮，让冲突达到顶点，然后逐步解决或引出新的冲突。

（3）开放结局：考虑到科幻小说常常探讨未知和可能性，一个开放或留白的结局可能会给读者留下更深刻的印象和思考空间。

（4）科技与文化的融合：充分利用2060年的科技背景，结合外星生命的设定，创造出独特的科技和文化元素，为故事增添色彩和深度。

最后，记得在创作过程中保持灵活性和创造力，不断调整和完善你的故事设计。祝你创作顺利！

从故事背景构建到冲突设计，再到故事发展的具体思路，文心一言为这位作家创作科幻小说提供了全面而细致的建议。特别是关于外星生命隐藏身份和人类对此的反应，以及政府和秘密组织的冲突等设定，都为故事增加了看点。此外，文心一言与文化的融合及开放式结局的提议，为作家拓展了小说的深度和广度。这个回复不仅有助于构建一个逻辑严密且富有想象力的科幻世界，还能引发读者思考和共鸣，具有参考价值。

11.1.4　文学风格模仿

一些作家和学生在创作或学习时，需要模仿特定的文学风格或作家的写作风格，以帮助自己完成特定的写作任务。精确地把握并复现历史上伟大作家的风格，如莎士比亚（Shakespeare）的戏剧性对白或村上春树的现代寓言式叙述，需要进行大量的阅读及训练。利用文心一言，可以快速模仿各种文学风格，从而在写作中学习并应用这些风格。

例如，一位大学生正在为文学课程准备一份作业，需要写一篇模仿莎士比亚风格的短剧。由于他不熟悉16世纪的英格兰文学和戏剧性语言，于是求助于文心一言。

用户提问：

我需要写一篇模仿莎士比亚写作风格的短剧，你能帮我吗？

文心一言回答：

场景：幻境之城，一个充满神秘与魔法的地界。

人物：

艾尔文，一位年轻的魔法师，既聪明又勇敢。

莉娜，幻境之城的守护者，神秘而美丽。

第一幕

艾尔文穿越迷雾，意外来到幻境之城，与莉娜初次相遇。

艾尔文：

穿越层层迷雾，我来到了这幻境之地。

莉娜，你的美丽如同幻境中的明珠。

你的眼眸，闪烁着魔法的光芒，

让我如痴如醉，仿佛置身于梦境之中。

莉娜：

哦，艾尔文，你来自何方？

你的到来，打破了我长久以来的孤寂，

我该如何迎接你的到来？

第二幕

艾尔文与莉娜一同探索幻境之城，共同揭开谜团。

艾尔文：

莉娜，你是我幻境之旅的向导，

你的智慧与美丽，如同幻境中的宝藏，

我愿与你并肩前行，探寻这神秘之地的奥秘。

莉娜：

艾尔文，你的勇气与决心让我敬佩，

但幻境之城隐藏着无尽的秘密，

你是否准备好迎接挑战？

第三幕

艾尔文与莉娜即将分别。

艾尔文：

我必须离开幻境之城，继续我的旅程，

但我的心，却永远留在了这片神秘之地，

莉娜，你是我旅途中最珍贵的回忆。

莉娜：

艾尔文，幻境之城将永远是你的家，

我的思念，将化作幻境中的风，

愿你在旅途中，时刻感受到我的陪伴。

第四幕

艾尔文准备离开幻境之城，莉娜默默送别。

莉娜：

愿幻境的光芒照亮你的道路，

愿我的祝福化作你前行的力量，

艾尔文，愿你在旅途中不断发现奇迹。

艾尔文（准备离开）：

莉娜，你的祝福是我前行的动力，

无论我走到哪里，你都是我最珍贵的记忆，

愿我们的心灵，永远相通。

旁白：

在神秘的幻境之城中，

艾尔文与莉娜的相遇与相知，

如同幻境中的一段佳话，

愿他们的情感，穿越时空，永远流传在幻境之中。

文心一言模仿莎士比亚的写作风格，通过诗意的语言和丰富的情感描绘，展现了艾尔文与莉娜在幻境之城的相遇、相知与分别。短剧通过融入莎翁作品中的浪漫与神秘色彩，同时融入幻境与魔法元素，既保留了莎士比亚的文学韵味，又增添了新颖的幻想色彩。

11.1.5　创意谜语生成

每逢佳节，创作与节日相关的文学作品来弘扬传统文化，已成为学校、企业及各类组织内部必不可少的宣传活动。利用文心一言快速生成具有传统美感和文化深度的文章，可以为文化宣传工作节省大量的时间。

例如，某年中秋节，一位文化活动组织者正在准备中秋节庆典活动，在长廊中悬挂一些谜语供游人猜解，于是他使用了文心一言进行创作。

> **用户提问：**
> 中秋节马上到了，请帮我生成一些原创的谜语，并对谜底进行解释。

> **文心一言回答：**
> 当然可以，以下是一些与中秋节相关的原创谜语，并附有相应的谜底和解释。
> 1. 谜面：明月照九州，人间共团圆（打一物品）
> 谜底：月饼
> 解释：明月象征着中秋，九州指代中国，人间共团圆则是中秋节的寓意，月饼是中秋节的重要食品，

与谜面高度契合。

2.谜面：金盘挂中天，嫦娥舞翩跹（打一自然现象）

谜底：日偏食

解释：金盘比喻太阳，挂中天即太阳当空，嫦娥舞翩跹则暗示了天空中有部分被遮挡，形成日偏食的
景象。

3.谜面：秋来桂子落，月满人团圆（打一节日食品）

谜底：桂花糕

解释：秋来桂子落指的是秋天桂花盛开，月满人团圆则是中秋节的寓意，桂花糕是中秋节常见的食品，
与谜面相符合。

4.谜面：银河落九天，玉兔捣药忙（打一神话传说）

谜底：嫦娥奔月

解释：银河落九天形容天空景象壮美，玉兔捣药则是与中秋、嫦娥有关的神话元素，嫦娥奔月的故事
与谜面内容相契合。

5.谜面：团圆时节话团圆，月饼香飘万里天（打一节日）

谜底：中秋节

解释：团圆时节话团圆直接点明了中秋节的团圆主题，月饼香飘万里天则进一步强化了中秋节的氛围
和特点。

希望这些原创的谜语能给你带来不一样的中秋节乐趣！

文心一言提供了完全原创的谜语，而且每个谜语都巧妙地融合了中秋节的传统文化元素，如月
饼、嫦娥、玉兔等。这既体现了对中国传统文化的深刻理解，也增强了谜语的文化内涵。同时，谜
语都配有详细的解释。这不仅有助于理解谜底，而且展现了谜语设计的构思，使这些谜语不仅是简
单的猜谜游戏，更是一种文化体验和思考过程。

11.1.6 字词表达优化

在写作或公共演讲中，选择恰当的词汇和表达方式对于有效沟通至关重要。优化字词表达不仅
能提升文本的吸引力，还能确保信息传达的精确性和感染力。这时，文心一言可帮助我们提升字词
选择的精准度和表达的丰富性，从而提高整体的写作或演讲质量。

一位用户正在撰写论文，需要优化其中一段文字，以更好地强调实验的创新性，辅助获得更高
的论文评价结果。这时他使用文心一言对这段文字进行了修改。

> **用户提问：**
>
> 我的论文中有一段描述实验结果的文字，感觉它不能强调实验的创新性。原文是："本研究展示了使
> 用新型观测技术的有效性。"你能帮我改进这句话吗？

> **文心一言回答：**
>
> 当然可以，要强调实验的创新性，我们可以更具体地描述新型观测技术的特点和它如何为实验带来了

突破。以下是改进后的句子。

　　"本研究创新性地采用了新型观测技术，该技术不仅展现出了卓越的有效性，还显著提升了实验的精确度和效率，从而为本领域的研究开辟了新的路径。"

　　这样的描述不仅突出了新型观测技术的有效性，还强调了其在实验中的创新性应用和所带来的积极成果。希望这能帮助你更好地表达实验的创新性。

　　文心一言的回复明确并具体地描述了新型观测技术的创新应用。它不仅提到了新型观测技术的有效性，而且强调了该技术在提升实验精确度和效率方面的作用，进而指出了该技术为研究领域带来的新路径。这样的表述方式能够更全面地展现实验的创新性，从而达到理想的效果。

11.2　科技与创新

　　本节将通过案例来展示文心一言在科技行业中的应用。

11.2.1　专利文档起草

　　专利文档的撰写是一个既复杂又需要高度精确的过程。准确地阐述发明的细节、创新点及应用范围对于专利申请的成功至关重要。许多发明者和企业在撰写专利申请时都因技术知识储备不足，以及对法律和专利规范理解的欠缺，而备感吃力。使用文心一言可以优化专利文档的撰写流程，从而提升申请的质量和成功率。

　　例如，一家初创企业最近开发了一种新的可穿戴设备。该设备可通过检测呼吸来实现健康监测和数据分析。该企业希望申请专利保护其创新，但由于缺乏经验，团队在描述技术细节和创新点方面遇到了困难，于是向文心一言求助。

> **🗨 用户提问：**
>
> 　　我们开发了一种新的可穿戴设备，现需要申请专利。它能够通过检测呼吸实时监测心率并分析用户的健康数据。你能帮我们精确描述它的创新点吗？

◈ 文心一言回答：

　　以下是对您所描述的可穿戴设备创新点的精确描述，仅供参考。

　　本发明涉及一种新型可穿戴设备，其通过呼吸检测实现对用户身体健康状况的实时监测与健康数据分析。该设备的创新点主要体现在以下几个方面。

　　（1）呼吸检测技术的创新应用。本发明首次将高精度的呼吸检测技术应用于可穿戴设备中，通过对用户呼吸的细致监测，不仅能够实时捕捉呼吸频率、深度等关键指标，而且能通过分析呼吸模式来评估用户的整体健康状况。这种技术的应用，为日常健康管理提供了一种新颖且非侵入性的监控手段。

　　（2）实时监测与数据分析系统的融合。该设备不仅具备呼吸检测功能，而且拥有一套高效的实时数据分析系统。这套系统能够即时处理收集到的呼吸数据，结合用户的个人信息（如年龄、性别、体重等），通过专有算法分析出用户的健康状态，包括但不限于心肺功能、压力水平及可能的健康风险。

（3）用户友好的健康反馈机制。本发明还引入了一种用户友好的健康反馈机制。设备可以将分析结果以直观、易懂的方式呈现给用户，包括但不限于通过手机应用推送个性化健康建议、风险提示或改善方案，从而帮助用户更好地了解和管理自己的健康。

（4）连续监测与预警系统。本发明实现了对用户健康状况的连续监测，并能够根据预设的健康阈值自动触发预警。这种预警系统可以在检测到异常情况时及时通知用户或其医疗提供者，以便采取必要的医疗措施，有效预防或减轻潜在的健康风险。

综上所述，本发明提供了一种全新的、通过呼吸检测来实时监测和分析用户身体健康状况的可穿戴设备，显著提升了个人健康管理的便捷性和准确性。

请注意，这只是一个示例。在实际应用中，您应根据专利申请的具体要求进行适当的调整和补充。在正式申请专利前，建议咨询专业的专利律师或代理机构，以确保您的申请文件符合专利法的规定，并最大限度地保护您的创新成果。

在上述问答中，文心一言通过清晰、精确地描述创新点，使该技术的独特性和市场价值得以凸显。文心一言能够快速、准确地理解用户需求，并提供符合专利描述要求的创新点文字，从而为专利申请提供极大的便利。

11.2.2 科技新闻摘要

在科技发展日新月异的当下，几乎每天都会产生新的发明、技术突破。对于科技从业者、研究人员和科技爱好者来说及时了解最新的科技动态便于其把握并及时调整研究方向等。手动筛选和整理海量信息往往费时且效率低下。但利用文心一言实时搜索和自动撰写科技新闻的摘要，不仅节省时间而且可以随时掌握最新的信息。

例如，我们希望了解近期有哪些新的开源大模型，以更好的应用到自己的场景中，可直接利用文心一言进行搜索及总结。

> **用户提问：**
> 请搜索最近一周有哪些新的开源大模型。它们都有什么作用和优点？

> **文心一言回答：**
> 最近一周新的开源大模型及其作用、优点
> 1. 模型名称：Mirasol3B
> 作用：该模型由Google DeepMind发布，旨在改善对长视频输入的理解。它采用多模态学习，能够同时处理音频、视频和文本数据，有望在视频内容分析、推荐系统等领域带来突破。
> 优点
> - 多模态处理能力：能够同时解析音频、视频和文本信息，提供更全面的内容理解。
> - 潜在应用广泛：可在YouTube等视频平台发挥重要作用，提升用户体验。

2. 模型名称：AskBot 大模型

作用：AskBot 是一种结合了不同的大型语言模型来优化各种任务的开源模型。它能够深度理解和适应企业语言和业务场景，为企业员工提供全方位的工作助手服务，如员工问题解答、数据查询、业务办理和知识搜索问答等。

优点

- 多模型融合：结合了多种大型语言模型的优势，具备更好的任务处理能力和推理能力。
- 企业场景适应性强：可以通过训练融入企业数据和业务场景，提供更准确、全面的企业相关解答和建议。
- 提高工作效率：能够快速响应员工需求，助力企业提高工作效率和节约人力成本。

3. 模型名称：DevOps-Model

作用：这是首个面向中文 DevOps 领域的开源大语言模型。它的目标是帮助开发人员在软件开发和运维的整个生命周期中提高效率，通过提问来获取解决方案。

优点

- 专注 DevOps 领域：针对软件开发和运维的专业领域进行优化，提供更为精准的指导和建议。
- 开源与社区支持：开源特性使开发者可以共同完善模型，适应更多场景。
- 提高效率：可以通过智能化支持，减少开发人员在常规问题上的耗时，加速软件开发流程。

请注意，虽然这些模型在发布时宣称具有上述优点和应用潜力，但在实际应用中的效果可能因具体情况而异。同时，对于开源模型的使用，建议用户根据自身需求进行适当的定制和优化。

文心一言根据提问及时捕捉到了最近一周内新开源的大模型信息，并对这些模型的特定作用与优点进行了概述，为我们提供了一个清晰、有条理的技术动态简报。通过这一功能，我们可以迅速获得类似的前沿科技信息，从而更好地了解技术趋势，为自身的研发或业务决策提供参考。这种及时、准确的信息服务，无疑为专业人士提供了一个宝贵的信息来源，有助于他们在快速发展的技术领域中保持领先地位。

11.2.3　未来科技趋势分析

对研究者而言，了解并预测未来的技术趋势不仅可以辅助做出更明智的投资和研发决策，还能在竞争激烈的市场中保持领先。但准确预测未来的科技趋势需要大量数据的分析和深入的行业见解，这对许多组织来说是一个不小的挑战。运用大模型进行数据驱动的趋势分析，以提供深刻的洞见和预测，是一种高性价比的方式。

例如，一家科技咨询公司需要撰写一份关于未来五年内人工智能领域可能的发展趋势的报告。该公司希望利用大模型分析过去的数据，从而预测未来的发展趋势和潜在的市场机会。

> 🗣 **用户提问：**
>
> 我们正准备撰写一份关于未来人工智能发展趋势的报告。你能帮助我们分析过去十年人工智能领域的主要发展情况，并预测未来五年的趋势吗？

🔷 **文心一言回答：**

未来人工智能发展趋势报告

一、过去十年人工智能领域的主要发展

过去十年，人工智能领域经历了飞速的发展，不仅在技术层面取得了显著的进步，还在产业应用、政策支持和社会认知等方面有了巨大的提升。

（1）技术进步：随着深度学习技术的突破，人工智能在图像识别、语音识别、自然语言处理等领域取得了前所未有的成绩。例如，AI在图像分类、视觉推理和英语理解等任务上已经超过了人类的表现，凸显了AI在处理大数据和识别模式方面的显著优势。

（2）产业应用：越来越多的企业开始将AI技术应用于实际业务中，以提高效率、降低成本并创造新的商业价值。金融、医疗、教育、零售等多个行业都已经开始深度融合AI技术，实现智能化升级。

（3）政策支持：全球各国政府都意识到了AI技术的重要性，纷纷出台相关政策法规，推动AI产业的发展。例如，中国、美国，以及欧洲等地都制定了AI发展战略，并投入大量资源进行研发和创新。

（4）社会认知：随着AI技术的广泛应用，社会对AI的认知也逐渐深入。越来越多的人开始了解并接受AI技术，同时也开始关注AI技术的伦理和隐私问题。

二、未来五年人工智能的发展趋势

基于过去十年的发展，我们可以预测未来五年人工智能领域将呈现以下趋势。

（1）通用人工智能的逐步实现：随着AI大模型的持续迭代和功能增强，AI正在向着具有更强泛化能力和自主学习能力的通用人工智能迈进。这将使AI能够更灵活地应对各种任务和场景，实现更广泛的智能化应用。

（2）合成数据的广泛应用：合成数据将作为一种创新手段，解决真实数据获取难、隐私保护等问题。通过生成高质量的虚拟数据集来训练AI模型，将打破人工智能训练数据的瓶颈，促进AI算法的快速迭代和优化。

（3）量子计算机与AI的结合：量子计算机有望在人工智能领域率先取得应用突破。其高速并行计算和量子纠缠特性，可为机器学习和优化问题提供更为高效和强大的解决方案。这将进一步提升AI技术的性能和效率。

（4）AI代理和无代码软件开发的普及：AI代理（如ChatGPT）及基于AI的无代码/低代码开发平台将深刻影响软件开发行业。非专业人员也能快速构建AI驱动的应用程序和服务，进一步加快AI在各个行业的普及和应用。这将极大地降低软件开发的门槛，提高开发效率。

（5）生成式AI的快速发展：生成式AI将继续快速发展，从文本生成扩展至图像、音频、视频等多个领域。这将推动多模态AI模型的发展，使AI能够理解并转化多种类型的数据，大大增强用户体验。

（6）AI伦理与监管的加强：随着AI影响力的增长，对其监管和伦理问题的关注度也在增加。未来五年，各国政府和国际组织将进一步加强相关政策法规的制定和完善，以确保AI技术的规范使用。

综上所述，未来五年人工智能领域将迎来更加广阔的发展空间和应用场景。同时，我们也需要关注AI技术的伦理和隐私问题，推动AI技术的健康、可持续发展。

文心一言的回答精准而全面地总结了过去十年人工智能在技术进步、产业应用、政策支持及社会认知方面的发展，体现了对AI领域的深刻理解和全面把握。在预测未来五年趋势时，不仅考虑到AI技术的自然发展，还创新性地引入了合成数据应用、量子计算与AI的结合等前沿视角，显示了前瞻性和创新性。同时，回答结合具体应用场景进行分析，增强了预测的现实意义和实用价值，展现了文心一言在信息整合、趋势分析及行业洞察方面的强大能力，对辅助决策、规划和了解行业动态具有极高的参考价值。

11.2.4 人工智能咨询助手

随着人工智能技术的广泛应用，越来越多的公司正积极利用这项技术来优化运营、增强服务和推动创新。

例如，一家电子商务公司希望利用人工智能来优化其客户服务和产品推荐系统。该公司对人工智能有一定的了解，但缺乏具体的实施经验。于是该公司决定利用大模型作为咨询助手，以获取具体的指导和建议。

用户提问：

我们是一家电子商务公司，想利用人工智能改善客户服务和提升产品推荐系统，但不确定从何开始。你能给我们提供一些建议吗？

文心一言回答：

作为一家电子商务公司，利用人工智能改善客户服务和提升产品推荐系统是一个明智的决策。以下建议可以帮助你们实现这一目标。

一、改善客户服务

1. 智能客服系统的引入

利用自然语言处理技术和机器学习算法，构建智能客服系统。这样的系统能够准确识别并回答用户的问题，提供即时响应。

2. 智能数据分析

通过对客户数据的收集、清洗和分析，挖掘客户行为模式和偏好。利用这些信息来优化产品和服务，从而提升客户满意度和忠诚度。

3. 情感分析

应用人工智能技术分析客户的情感和情绪。这有助于更好地理解客户反馈和需求以便及时解决问题。

二、提升产品推荐系统

1. 数据收集与处理

收集用户行为数据，如浏览历史、购买记录等。对数据进行清洗、整理，以确保数据的准确性和完整性。

2. 选择合适的推荐算法

根据电子商务平台的特点，选择适合的推荐算法，如基于内容的推荐、协同过滤推荐或混合推荐。这些算法可以根据用户的历史数据和商品信息，提供精准的产品推荐。

3. 个性化推荐

利用人工智能技术，分析用户的个人喜好、浏览历史和购买行为。根据这些信息，为用户提供个性化的商品推荐,提高购物效率和满意度。

4. 实时性与灵活性

确保推荐系统具备实时更新和调整推荐结果的能力。这保证了用户能够获得最新的、符合当前需求的商品推荐。

综上所述,通过整合人工智能技术到客户服务和产品推荐系统中,你们的电子商务平台可以提供更优质的用户体验,从而促进销售和提升用户满意度。在实施过程中,建议与专业的技术提供商或咨询团队合作,确保系统的有效性和高效性。

文心一言上述回答的新颖之处在于,它明确地将人工智能的应用分为客户服务和产品推荐两大模块,并给出了具体的实施步骤。回答详细列举了智能客服、情感分析等具体的例子,这些都是当前电商领域的前沿应用。特别是它提到利用情感分析来更好地理解客户需求,强调推荐系统的实时性和灵活性,都显示了其对电商行业发展趋势的敏锐洞察。文心一言的价值在于,它能够快速提炼和整合信息,为用户提供具体、实用的建议和方案。

11.3 人力资源提效

本节将介绍文心一言在人力资源提效方面的应用,涵盖简历筛选、员工体验改进等内容。

11.3.1 招聘简历筛选

在人力资源管理中,招聘是一个核心环节,但同时也是最消耗时间和资源的任务之一。尤其是简历筛选阶段,人力资源人员需要从数以百计甚至千计的申请者中筛选出合适的候选人,这个过程不仅烦琐,而且容易受到主观判断的影响。利用大模型自动简历筛选可以显著提高这一过程的效率和公正性,并提高招聘质量。

例如,某企业正在招聘产品经理,招聘负责人在招聘网站上刊登招聘启事后,收到了很多简历。面对几十份简历,如果一一查看不仅耗费时间而且难以筛选出合适的人选。这时招聘负责人利用文心一言对一名叫张三的候选人进行了初筛。

> 📖 **用户提问:**
>
> 我正在招聘一个产品经理,要求懂基本的产品设计,能在产品架构师的指导下进行需求分析及原型设计,同时要有成长性。帮我根据这个候选人的详细信息,分析他是否符合我的要求。

> 🎯 **文心一言回答:**
>
> 以下是根据候选人张三的详细信息所做的分析。
>
> 1. 张三的详细信息
>
> (1)求职意向:张三的求职意向为产品经理,与您的招聘需求相符。
>
> (2)薪资要求:张三的期望薪资为8000元,这一点需要您根据公司的薪资标准进行考量。

（3）工作经验：张三有3年的工作经验，并且在智行科技有限公司担任初级产品经理，负责了市场调研、产品规划、需求分析和团队协作等工作，显示出他具备了一定的产品设计、需求分析和团队协作经验。

（4）专业技能：张三表示他掌握了市场调研、产品策划与项目管理等技能，并且熟悉产品从需求分析到上线的全流程。这与您提到的"懂基本的产品设计，进行需求分析及原型设计"的要求相符。

（5）核心优势：张三敏锐捕捉市场趋势，擅长将用户需求转化为产品功能，注重用户体验与数据分析。这些核心优势对于产品经理来说是非常重要的。

（6）项目经历：张三在智能家居产品设计项目中负责用户需求分析、产品功能规划和原型设计，且该项目取得了显著的成绩，包括内部测试的一致好评和外部用户测试中高达90%的满意度。这进一步证明了他在产品设计、需求分析和团队协作方面的能力。

2. 分析

从张三的详细信息和工作经验来看，他具备了产品经理所需的基本产品设计、需求分析和团队协作的能力。他在智行科技有限公司的工作经历及智能家居产品设计项目中的表现都显示出了他的专业能力和成长性。因此，可以认为张三符合您的招聘要求。然而，具体的决策还需要考虑其他因素，如公司的薪资标准、面试表现等。

文心一言的分析将候选人的详细经历与招聘要求进行了具体对照，从而精确地评估了候选人的适配度。分析详细列举了候选人的专业技能和项目经历，与招聘要求进行了逐一比对，这种方式既直观又具有说服力。文心一言还突出展示张三的核心优势和项目成果，这有助于招聘负责人更全面地了解候选人的潜力和价值。文心一言能够快速提取关键信息，进行深度分析，从而为招聘决策提供有力的数据支持，极大地缩短简历筛选时间。

11.3.2　智能人才推荐

在招聘过程中，预测候选人在特定职位上的表现及其与职位的契合度，是影响招聘后评估的重要工作。传统的招聘方法，如面试和参考过往经验，虽然常用，但准确性有待商榷，且常受主观判断影响。如今，我们可以利用大数据模型和机器学习技术，更客观地预估候选人的潜在工作表现，从而显著提升招聘的效率和满意度。

例如，某大型企业希望提高通过开发候选人适配度预测模型，增加招聘后的用工效率。人力资源部门管理人员利用文心一言进行了初步设计。

🔟 **用户提问：**

我们需要一个能够预测候选人在我们公司特定职位上的表现和适配度的系统。你能帮助我们设计这样一个模型吗？

🌸 **文心一言回答：**

当然可以。为了设计一个能够预测候选人在公司特定职位上的表现和适配度的模型，我们需要关注模型的选择和建立过程。以下是一个清晰、系统的方案。

1. 模型选择

- 问题类型分析：我们面临的是一个预测问题，即基于候选人的各种特征预测其在特定职位上的表现和适配度。
- 适合的算法：鉴于问题的复杂性，可以考虑使用机器学习算法，如随机森林、梯度提升决策树或神经网络等，这些算法在处理多维特征和非线性关系上表现优秀。如果数据集较小或需要更可解释的模型，也可以选择逻辑回归或决策树等简单模型。

2. 模型建立

- 数据准备：收集历史数据，包括候选人的基本信息（如教育背景、工作经验等）、技能评估、面试表现及他们在公司职位上的实际表现和适配度。对数据进行清洗和预处理，处理缺失值、异常值和重复值，并进行特征缩放。
- 特征工程：从原始数据中提取有意义的特征，如候选人的教育背景、相关工作经验年数、技能水平等。可以考虑通过主成分分析（PCA）或特征选择技术来降低特征维度，以提高模型的效率和准确性。
- 模型训练：使用选定的算法和准备好的数据集进行模型训练。通过交叉验证来选择最佳的模型参数，以防止过拟合和欠拟合。
- 模型评估：使用独立的测试集来评估模型的性能，常见的评估指标包括准确率、精确率、召回率和F1分数等。根据评估结果对模型进行调整和优化。
- 模型部署与监控：将训练好的模型集成到公司的招聘系统中，以便实时预测候选人的表现和适配度。定期监控模型的性能，并根据需要进行更新和优化。

通过以上步骤，我们可以建立一个能够预测候选人在公司特定职位上的表现和适配度的模型。请注意，模型的选择和建立是一个迭代的过程，可能需要根据实际情况进行多次调整和优化。

文心一言根据要求提出了一种系统性的方法来选择和建立预测模型，并对模型选择和建立过程中的关键环节进行了详细解释。回复详细描述了从数据准备到模型部署的每个步骤，使整个建模过程清晰明了。文心一言可以帮助使用者快速梳理建模思路，明确操作步骤，从而提高建模的效率和准确性。

11.3.3 改善员工体验

在现代工作环境中，员工体验直接影响着员工的满意度、忠诚度及整体生产力。然而，很多公司在评估和改善员工体验方面面临挑战，常常因为缺乏数据驱动的洞察而无法有效地识别和解决问题。利用大模型可进行数据分析和生成具体改进建议，识别满意度低下的原因，并提出有针对性的改进措施，帮助企业更有效地改善员工体验。

例如，一家公司希望提高员工满意度。公司进行了一项员工满意度调查，希望通过文心一言分析调查结果，找出主要问题，并提出具体的改善策略。

> 🔟 **用户提问：**
> 我们刚完成了一项员工满意度调查。我们希望能分析这些数据，找出员工不满意的主要原因，并得到一些具体的改进建议。

⊘ **文心一言回答：**

以下是根据您提供的文档生成的关于员工满意度分析的结果及改进建议。

1. 员工不满意的主要原因

- **工作与生活平衡**：从表中可以看出，有多名员工在工作与生活平衡评分上得分较低，特别是编号为3、5、7、13、15、17、22、24、26、34、36的员工。这些员工的评分都在5分以下，说明他们在工作与生活平衡方面存在不满意的情况。

- **技术支持**：部分员工在技术支持评分上也表现出不满，如编号为3、5、15、17、22、26、34、36的员工。他们的评分均低于或等于5分。

- **团队协作**：在团队协作方面，同样有一些员工给出了较低的评分，如编号为3、5、7、15、17、22、24、26、34、36的员工。这些员工的评分都在5分及以下。

2. 改进建议

- **改善工作与生活平衡**：公司应考虑提供更灵活的工作时间，以帮助员工更好地平衡工作和生活。

- **加强技术支持**：针对技术支持方面的不足，公司应提供定期的技术培训，确保员工在工作中能够得到必要的技术支持。

- **促进团队协作**：通过组织团队建设活动、线上协作工具和沟通平台等方式，加强员工之间的交流和协作，提高团队协作能力。

综上所述，员工对工作与生活平衡、技术支持和团队协作方面存在不满意的情况。公司应根据这些反馈采取相应的改进措施，以提升员工的满意度和整体工作效率。

文心一言通过具体的数据分析，准确地指出了员工不满意的主要原因，并针对这些问题给出了具体的改进建议，这体现了其精准识别问题和提出有针对性的解决方案的能力。文心一言能够通过深度分析，帮助使用者从复杂的数据中提炼出关键问题，并提供切实可行的改进建议，从而帮助企业改善员工满意度，优化工作环境。

11.3.4　晋升规则编写

在很多公司，晋升过程的不透明性和缺乏标准化是导致员工不满和流失的重要原因。透明和公正的晋升规则可以帮助公司提高员工的满意度和留任率，同时也促进公平竞争和个人成长。利用大模型自动化编写晋升规则可以确保这些规则的一致性和公正性，同时也简化管理过程，从而提高公司的人力资源管理效率和员工满意度。

例如，一家快速成长的科技公司在员工满意度调研时发现，晋升过程中的不公和信息不透明问题导致员工不满情绪上升，影响团队的整体士气和效率。因此人力资源部门决定利用文心一言来重构晋升规则，确保流程的公平性和透明性。

⊙ **用户提问：**

我们公司最近在员工满意度调查中发现，晋升不公和晋升过程的不透明是员工最不满意的方面。能否帮助我们设计一套新的晋升规则，以解决这些问题？

文心一言回答：

当然可以。针对您公司员工满意度调查中反映的晋升不公和晋升过程不透明的问题，以下是一套新的晋升规则设计建议。

一、设立明确的晋升标准和要求

（1）量化评估标准：明确列出晋升所需的业绩、技能、经验等具体标准，并量化评估方式，以便员工清晰了解并进行自我评估。

（2）关键能力框架：建立关键能力框架，包括领导能力、沟通能力、团队合作等，并将其作为晋升评估的重要指标。

二、建立公正的晋升流程

（1）提名和自荐：允许员工通过提名或自荐方式参与晋升选拔，确保每个人都有平等的机会。

（2）跨部门评审：设立跨部门评审委员会，避免单一部门的主观偏见，确保评审的公正性。

（3）多维度评估：结合自评、同事评价、上下级评价等多维度评估，全面了解员工的能力和表现。

三、增加晋升流程的透明度

（1）公开晋升信息：定期发布晋升职位、标准和要求等信息，让员工清晰了解晋升的机会和要求。

（2）反馈和沟通：为未通过晋升的员工提供详细的反馈和沟通机会，让他们了解自己的不足和改进方向。

（3）监督与审计：设立独立的监督机构或审计部门，对晋升过程进行监督和审计，确保流程的公正和透明。

四、激励与培训

（1）提供培训和发展机会：为员工提供必要的培训和发展机会，帮助他们提高关键能力以满足晋升要求。

（2）设立晋升通道：为员工设计明确的晋升通道和职业发展路径，激励他们不断追求更高的职业发展目标。

这套新的晋升规则旨在通过明确的晋升标准、公正的晋升流程和透明的晋升信息解决员工晋升不公和过程不透明的问题，提升员工的满意度和归属感；同时，通过激励和培训措施，激发员工的积极性和创造力，促进公司的持续发展。

文心一言针对晋升不公和不透明的问题，提出了具体且系统的解决方案。该回答详细设计了晋升标准、流程透明度及激励培训等多个方面，内容全面而深入。其优点在于不仅关注晋升的公正性，还注重员工个人发展和培训，这有助于提升员工的职业发展机会和满意度。文心一言能够针对实际问题提供具体可行的解决方案，帮助使用者解决员工管理上的难题，提升企业的运营效率和员工的工作满意度。

11.3.5 员工活动策划

在企业员工产生情绪问题时，组织团队建设活动，尤为重要。通过有意义的团队建设活动，不仅可以增强团队凝聚力，还可以提高员工的工作满意度和效率。我们可以利用文心一言根据现状策划和优化团队建设活动，恢复和提升员工的工作动力。

例如，某软件开发公司发现由于晋升政策不透明，员工的工作效率和团队合作精神都有所下降。为了改善团队氛围，增强信任和透明度，人力资源部门决定在文心一言的帮助下举办一系列团队建设活动。

> **用户提问：**
> 我们最近发现员工对晋升不透明的不满情绪影响了他们的工作效率。我们需要一些团建活动来增强团队精神和提升工作效率。你能帮我们设计一些活动吗？

文心一言回答：

当然可以。为了缓解员工对晋升不透明的不满情绪，提升团队精神和提高工作效率，您可以考虑采用以下建议。

1. 活动一：主题分享会——"职业规划与发展"

目的：通过专业人士的分享，让员工对职业规划有更清晰的认识，同时了解公司的晋升机制和职业发展路径。

详细规划

（1）嘉宾邀请：邀请具有权威性和专业性的嘉宾，为员工提供有价值的建议和信息。

（2）内容安排：先由人力资源部门详细解释公司的晋升体系、标准和流程，接着由成功晋升的员工分享他们的晋升经历、面临的挑战及解决方法。

（3）互动环节：预留时间让员工提问，由嘉宾和管理层进行解答，以增强互动性和参与感。

2. 活动二：团队协作挑战赛

目的：通过有趣的团队协作游戏，增强员工之间的沟通与协作能力。

详细规划

（1）游戏设计：设计一系列团队协作游戏，如接力传递气球、团队拼图等，要求团队一起完成。

（2）分组与规则：将员工随机分组，确保每组都有不同部门的员工，以增加交流和了解。制定明确的游戏规则和胜负判定标准。

（3）奖励设置：为获胜团队准备小礼品或团队聚餐作为奖励，激励员工的参与热情。

3. 活动三：开放式讨论会——"我心中的企业文化"

目的：通过开放式讨论，收集员工对企业文化的看法和建议，促进管理层与员工的沟通。

详细规划

（1）主题设定：明确讨论会的主题，如"如何建立一个更公平透明的晋升环境"或"我心中的理想企业文化"。

（2）流程安排：先由几位员工代表发言，然后开放给所有员工自由讨论和提问。管理层在讨论结束后进行总结和回应。

（3）后续跟进：将讨论会上的意见和建议整理成文档，为公司改进企业文化和晋升机制提供参考依据。

4. 活动四：户外拓展训练

目的：让员工在轻松愉快的氛围中增进友谊、加强团队协作能力。

详细规划

（1）地点选择：选择一个风景优美的户外场所，如公园、度假村等，为员工提供一个放松的环境。

（2）活动安排：组织各种户外团队游戏，如拔河、接力跑、团队寻宝等。同时安排一些放松的活动，如野餐、烧烤等。

（3）晚间活动：举行篝火晚会，鼓励员工进行才艺展示和互动游戏，增强团队的凝聚力和归属感。

5. 活动五：定期团队建设活动

目的：通过定期的团队建设活动，持续增强团队精神和工作效率。

详细规划

（1）活动频率：每月或每季度举行一次团队建设活动，确保活动的持续性和有效性。

（2）活动形式：每次活动可以采取不同的形式，如户外运动、烹饪比赛、手工制作等，以保持员工的新鲜感和参与度。

（3）家属参与：鼓励员工家属参与活动，让员工感受到公司的关怀和支持，增强对公司的忠诚度。同时，家属的参与也能增加活动的趣味性和温馨氛围。

（4）反馈与改进：每次活动后收集员工的反馈意见，以便不断优化活动内容和形式，确保活动能够满足员工的需求和期望。

这些活动旨在增强团队精神，缓解员工对晋升不透明的不满情绪，同时也有助于提高工作效率和员工满意度。希望这些建议对您有所帮助！

文心一言根据员工遇到的实际问题对团建活动进行了详细规划，具体到每个活动的目标、内容安排和实施细节。这不仅增加了活动的可执行性，还体现了对每个活动效果的深思熟虑。特别是在活动三中引入开放式讨论，让员工直接参与公司文化的塑造，这一设计既新颖又实用，能够有效提升员工的归属感和参与度。文心一言提供的方案既全面又具体，能够帮助企业解决实际的人力资源管理问题，提升团队凝聚力和工作效率。

11.4　财务会计升级

本节针对财务会计领域中的复杂数据处理和报告制作问题，展示文心一言如何通过自动生成财务报告和深入分析财务数据来优化决策过程。

11.4.1　财务数据分析

在快速变化的商业环境中，公司的财务部门越来越多地需要数据分析。快速、准确地分析财务数据，对于制定战略决策至关重要。大模型可以通过自动化处理和分析大量财务数据来提供即时的洞见，帮助财务专家节省时间，提高决策效率。

例如，一家中型制造公司的财务部门需要分析2023年全年的月度销售额、成本和利润数据，以评估公司的财务健康状况和盈利能力。

> 🔟 **用户提问：**
> 我们需要分析2023年全年的财务数据。数据中包括每月的销售额、成本和利润。你能帮我们分析这

些数据，找出趋势和异常吗？

月份	销售额（万元）	成本（万元）	利润（万元）
1月	48	30	18
2月	46	28	18
3月	50	32	18
4月	52	34	18
5月	50	33	17
6月	55	35	20
7月	54	32	22
8月	53	31	22
9月	56	33	23
10月	57	34	23
11月	55	32	23
12月	58	36	22

文心一言回答：

这是一个销售数据表格，展示了月份、销售额、成本和利润。以下是对表格中数据的一些分析。

1. 销售额分析

最高销售额出现在12月，为58万元。

最低销售额出现在2月，为46万元。

销售额整体呈上升趋势，尤其在6月到12月之间，销售额持续高于50万元。

2. 成本分析

最高成本出现在12月，为36万元。

最低成本出现在2月，为28万元。

成本似乎与销售额有一定的正相关性，即销售额上升时，成本也相应地增加。

3. 利润分析

最高利润出现在9月、10月和11月，均为23万元。

最低利润出现在5月，为17万元。

尽管销售额和成本在全年内有所波动，但利润在大部分月份（1～4月、6～8月、12月）保持稳定，主要在18万元～22万元之间波动。

4. 趋势分析

• 销售额上升趋势：从整体来看，销售额呈现上升趋势。特别是从年初到年尾，销售额有较明显的增长。这可能反映了市场需求的增长、销售策略的有效性或产品质量的提升。

• 成本与销售额同步增长：成本随着销售额的增长而增长，这表明随着销售量的增加，生产成本、运营成本等也在相应增加。

• 利润稳定增长：尽管成本和销售额都在增长，但利润也呈现出稳定增长的趋势。这表明企业的盈利能力在增强，或者成本控制和定价策略相对有效。

5. 异常分析

- 2月份销售额较低：2月份的销售额相对较低，这可能是一个异常点。可以考虑分析该月份的市场环境、竞争态势及销售策略，找出销售额下降的原因。

- 5月份利润下降：与其他月份相比，5月份的利润明显下降。这可能是由于成本增加或销售额未能达到预期所导致的。需要进一步检查该月的具体运营情况，以确定利润下降的具体原因。

- 12月份成本激增：12月份的成本达到全年最高，而利润却略有下降。这可能表明在年底时期，企业在成本控制上遇到了挑战，或者为了冲刺销售目标而增加了投入。需要关注这一时期的成本控制和销售策略。

6. 建议

- 针对2月份销售额较低的情况，可以深入分析市场需求、消费者行为及竞争对手的策略，以便调整销售策略和提升市场份额。

- 对于5月份利润下降的问题，建议审查该月的成本结构、销售价格及客户反馈等信息，以找出潜在的问题并采取相应的改进措施。

- 针对12月份成本激增的情况，企业需要审视年底的销售策略和成本控制措施是否得当，并考虑如何在保持销售额的同时降低成本。

综上所述，通过对数据的深入分析，我们可以更好地了解企业的运营状况和市场表现，从而为企业制定更有效的决策提供支持。

文心一言对销售数据进行了精细化的分析，明确指出了销售额的上升趋势以及2月和5月数据的异常情况，为企业快速识别出经营中的波动和问题所在。例如，2月销售额的异常下降可能与市场环境或销售策略有关，这提醒企业需要审查并调整相关策略。5月利润的异常则可能与成本控制或销售价格有关，为企业指出了成本控制的重要性。通过这种具体的数据解读和问题定位，企业管理者能够更有针对性地进行策略调整，从而提高经营效率。这种以数据为依据，提供具体月份的问题分析和策略建议的方式，正是文心一言为使用者带来的实用价值和决策支持。

11.4.2 财务报表分析

财务报表分析对于投资者来说至关重要，因为它们提供了企业财务健康状况的直接视角。投资者在做出投资决策时需要了解企业的盈利能力、资产负债状况及现金流情况。然而，财务报表往往含有大量复杂的数据和专业术语，使非专业投资者难以快速准确地理解和评估企业的真实财务状况。文心一言可以自动化解读这些复杂的报表，帮助投资者即时获得关键财务指标和风险评估。

例如，一位个人投资者正在考虑在二级市场对微软公司进行投资。为了明确投资策略，他需要通过年报信息深入了解微软公司的财务状况，包括盈利能力、资产和负债结构及现金流量。

> ⌢ **用户提问：**
> 帮我分析微软公司2023财年年报。

🌟 文心一言回答：

微软公司2023财年年报分析

微软公司在其2023财年年报中，详细展示了公司在过去一年的财务状况和经营成果。以下是对该部分内容的详细分析。

一、收入情况

微软的收入主要来源于三大业务板块，即生产力和业务流程、智能云及更个性化的计算。年报显示，微软在2023财年的总收入达到了一个令人瞩目的数字，这主要得益于各业务板块的稳健增长。

（1）生产力和业务流程板块：该板块的增长主要受到Office 365商业版的持续增长以及LinkedIn和Dynamics 365业务解决方案的强劲表现的推动。Office 365商业版的用户数量和每用户平均收入均有所提升，这反映了中小企业和一线员工产品的普及和需求的增长。

（2）智能云板块：智能云板块的增长主要由Azure云服务和其他云产品的消费持续增长所驱动。Azure云服务已经成为微软的重要增长点，其市场份额和影响力不断扩大。此外，企业服务收入也略有增长，为智能云板块的发展提供了有力支持。

（3）更个性化的计算板块：尽管全球个人电脑需求下降及渠道库存积压对Windows OEM和设备收入产生了影响，导致该板块收入出现下滑，但搜索和新闻广告收入的增长部分抵消了这种下滑趋势。游戏收入虽然略有下降，但仍然保持了一定的市场份额和玩家基础。

二、净利润与股东回报

微软在2023财年的净利润保持了稳定增长，这得益于公司强大的盈利能力和良好的成本控制。同时，微软还通过股票回购和分红的形式向股东返还了大量资金，这体现了公司对股东利益的重视。

三、战略方向与未来展望

从年报中可以看出，微软未来将聚焦以下战略方向：全面拥抱AI时代、深耕云计算领域及推动数字化转型。微软计划将AI技术融入所有产品和服务中，以提升用户生产力和创造力，并以负责任的方式推进AI的发展。同时，微软将继续发展Azure云服务，扩大数据中心规模，满足不断增长的云计算需求，并提供混合云解决方案以简化管理和安全。此外，微软还将帮助企业客户实现数字化转型，通过Microsoft Cloud和AI赋能员工、优化运营和提升客户体验。

四、风险与挑战

尽管微软在2023财年取得了显著的业绩，但公司仍面临着一些风险和挑战。例如，全球经济环境的不确定性可能对微软的业务产生负面影响；竞争对手的不断涌现和技术的快速发展也可能对公司的市场地位造成威胁。因此，微软需要继续保持创新精神和敏锐的市场洞察力以应对这些挑战。

综上所述，微软公司2023财年年报展示了公司在过去一年的卓越业绩和未来的发展战略。通过深入分析各业务板块的收入情况、净利润与股东回报及战略方向与未来展望等方面内容，我们可以更好地了解微软的财务状况和经营成果，并对公司的未来发展保持信心。

文心一言上述回复对微软2023财年年报进行了全面而深入的分析，不仅详细解读了财务数据，还对该公司的业务战略和未来发展进行了展望，客观地呈现了风险和挑战。这样专业的财经解读和前瞻性的行业洞察，对于使用者了解微软的经营状况和未来走向，以及进行投资决策和市场分析，具有重要价值。

11.4.3 资金计划制作

资金计划的制作对于任何企业来说都是一项关键的财务活动。它能够帮助企业预测和管理未来的现金流，确保资金的有效利用和风险最小化。然而，在面对近年不确定的市场条件和复杂的财务结构时，这一过程往往复杂且耗时。文心一言可以帮助企业更高效地制定资金计划，让企业无须深入数据细节即可进行预测和风险评估。

例如，一家中型企业的财务团队需要为即将到来的大规模营销活动制定资金计划。他们利用文心一言进行资金计划的规划。资金计划需要考虑到市场推广活动的成本、预期的收益及资金的时序问题。

> 🔟 **用户提问：**
>
> 我们计划在未来一年内推出一系列新产品，并配合大规模的营销活动，主要活动包括在线广告、市场推广活动和新产品的发布会。我们希望这些活动能在市场上产生显著影响，并带动销售增长。所以我们需要制定一个资金计划来确保资金的充足性和使用效率。你能帮助我们制定这样一个资金计划吗？

🎁 **文心一言回答：**

当然可以，以下是一个有针对性的资金计划，它可以为你们未来一年内的新产品发布及大规模营销活动提供充足的资金支持。

一、资金计划目标

此资金计划旨在为贵公司未来一年内推出的新产品系列及大规模营销活动提供充足的资金支持。主要活动包括在线广告、市场推广活动和新产品的发布会，旨在通过这些活动在市场上产生显著影响，并带动销售增长。

二、资金计划细节

1. 新产品研发费用

预估新产品研发所需的资金，并确保研发团队的资源充足。考虑到可能的技术难题和延期风险，为研发预留一定的缓冲资金。

2. 生产与库存管理费用

根据市场预测，制定生产计划，并预留一定的库存资金。确保原材料的采购、生产及品质控制等环节的资金需求。

3. 营销与广告活动费用

- 在线广告：分配专项资金用于搜索引擎广告、社交媒体推广等在线广告活动。
- 市场推广活动：为线下促销活动、赞助活动等预留资金，确保活动的顺利进行。
- 新产品发布会：预留资金用于租赁场地、设备、邀请媒体及嘉宾等，以提升发布会的影响力。

4. 销售与市场支持费用

为销售团队提供充足的培训和支持资金，确保他们能够有效地推广新产品。预留一部分资金用于客户关系的维护和发展。

5. 风险管理与应急资金

考虑到市场变化、竞争加剧等不确定因素，预留一部分风险管理和应急资金。

三、资金来源与规划

（1）内部融资：利用公司自有资金或盈余利润作为主要的资金来源。

（2）外部融资：若内部资金不足，可考虑银行贷款、寻求投资者支持等外部融资方式。

（3）资金规划：根据活动的时间表和优先级，合理规划资金的使用，确保关键活动的资金需求得到满足。

四、资金监控与调整

（1）定期财务审查：每季度进行财务审查，确保资金按照计划使用，并及时调整资金计划以适应市场变化。

（2）效果评估与调整：根据营销活动的效果评估，灵活调整资金分配，以提高资金的使用效率。

通过此次制定的资金计划，希望能够确保您的新产品发布和营销活动顺利进行，并在市场上产生显著影响，从而带动销售增长。如有任何疑问或需要进一步细化，请随时与我沟通。

文心一言针对我们提出的具体要求制定了一份详细的资金计划，并提前考虑了各环节的资金需求。特别是在资金来源与规划部分，文心一言不仅提出了内部和外部融资的方式，还强调了资金的使用规划和监控。这体现了计划的全面性和实操性，能够为企业提供明晰、实用的财务建议。

11.4.4　行业知识问答

在快速变化的商业环境中，保持对行业知识的及时更新是企业维持竞争力的关键。然而，财务人员往往因忙于工作而难以抽出时间系统地学习和更新行业相关知识。文心一言可以通过提供即时的行业知识问答服务，帮助企业员工快速获取关键信息，提高决策质量和操作效率。

例如，一家大型国企的资金管理部门近期在推进司库建设，一名新员工正在努力学习关于司库管理的各种专业知识，以便更好地适应职位要求并优化公司的资金流。

> 🗨 **用户提问：**
>
> 我最近被分配到了司库管理的岗位，需要快速了解司库建设中的资金集中管理和风险评估的核心要点。你能帮助我进行分析吗？

🔮 **文心一言回答：**

1. 司库建设中的资金集中管理

（1）核心理念：资金集中管理的核心理念是实现资金的统一管理、统一调度和统一控制。这有助于企业更好地调控资金，提高资金的使用效率，并降低财务成本。

（2）实施方案：资金集中管理通常通过专业的资金管理系统来实现，包括对企业资金的统一收付、调拨和结算等业务。例如，中国建设银行等金融机构可以提供一系列的资金集中管理方案，如跨行资金集中管理、现金池管理等。

（3）优势与效益：

- 提高资金使用效率。通过统一调度资金，减少资金在不同账户间的闲置，从而优化资金的使用。

- 降低资金管理成本。减少企业在资金管理上的人力、物力和财力投入。
- 增强资金流动的透明度。实时监控资金流动，有助于及时发现并应对风险。

2. 风险评估与应对

（1）仓库风险评估：包括对识别出的风险进行详细分析，评估风险发生的概率、影响程度和可控性。这一流程对司库管理工作具有一定的借鉴意义，可用于对资金流动和使用过程中可能出现的风险进行评估。

（2）制定风险管理计划：根据风险评估的结果，制定相应的风险管理计划，明确管理目标、措施、责任人和时间表。

（3）风险应对策略：在司库管理中，风险应对策略可能包括改善资金管理流程、增强资金安全性的技术措施（如加密技术、多重身份验证等）以及制定应急预案以应对可能的资金风险。

（4）持续监控与审查：定期对资金管理风险管理计划的执行情况进行监控与审查，确保措施的有效实施，并及时调整策略以适应变化的环境。

综上所述，司库管理中的资金集中管理和风险评估是相互关联、相辅相成的两个重要方面。通过有效的资金集中管理，可以提高资金使用效率并降低成本；同时，通过全面的风险评估和管理，可以确保资金的安全性和稳定性。

文心一言的回复对财资管理新手非常友好，它对司库管理中的两个重要环节——资金集中管理和风险评估进行了清晰、具体的分析。回复明确指出了资金集中管理的核心理念、实施方案及其优势，同时对风险评估的流程、应对策略和持续监控等进行了详尽的阐述。这种分析方式不仅条理清晰，而且实用性强，直接针对司库管理的实际操作进行深入浅出的讲解，能够帮助财资管理新手快速理解并掌握司库管理的关键要点，从而能够更有效地开展工作。

11.4.5 制作投资分析报告

投资分析是企业做出财务决策的关键环节，但传统的分析过程往往耗时且依赖分析师的专业知识和经验。这一过程中，错误的判断或漏洞可能导致不利的投资决策。大模型可以通过自动化分析过程，提供深度、客观和多维度的数据解析，帮助企业快速制作精准的投资分析报告。

例如，一家企业的投资部门正考虑进入一个新兴市场，并需要制作一份详细的投资分析报告来评估潜在的机会和风险。

> **用户提问：**
>
> 我们正在考虑根据"一带一路"在东南亚的电子商务市场，特别是增长潜力强的消费电子和在线零售服务领域进行投资布局，所以需要一份全面的分析报告来评估市场潜力、风险和预期收益。你能帮助我们整理这份报告吗？

> **文心一言回答：**
>
> 当然，以下是对每节内容的简要介绍。
>
> 一、引言
> - 概述"一带一路"对于东南亚地区的重要性，特别是电子商务领域的潜在机会。

- 强调本次投资旨在抓住东南亚电子商务市场特别是消费电子和在线零售服务领域的增长机遇。

二、市场分析

- 市场规模：东南亚电子商务市场近年来呈现快速增长，预计未来几年将持续扩大，尤其是在消费电子和在线零售服务领域。
- 市场结构：东南亚电子商务市场竞争激烈，但仍有一些细分领域未被充分开发，为投资者提供了机会。
- 市场机会：随着智能手机的普及和互联网的发展，东南亚地区的消费电子和在线零售服务市场将迎来更大的增长空间。

三、行业分析

- 行业趋势：消费电子产品的更新换代速度加快，消费者对于高品质、高性价比的产品需求不断增长。在线零售服务也随着电商平台的崛起而迅速发展。
- 行业前景：预计消费电子和在线零售服务行业在未来几年内将继续保持高速增长，特别是在东南亚地区。

四、风险评估

- 政治风险：东南亚地区的政治环境相对稳定，但仍需关注各国政策变化和法律法规对投资的潜在影响。
- 经济风险：东南亚地区的经济发展水平和市场需求波动可能对投资带来一定影响，但整体趋势向好。
- 社会文化风险：在推广和销售过程中需充分考虑东南亚地区的文化差异和消费者习惯。
- 技术风险：新技术应用和市场变革可能带来不确定性，需密切关注行业动态和技术发展趋势。
- 运营风险：在东南亚地区开展电子商务业务可能面临供应链和物流等方面的挑战，需提前规划和准备。

五、预期收益分析

- 收入预测：根据市场调研和分析，预计投资东南亚电子商务市场将带来可观的收入和利润增长。
- 投资回报：通过详细的财务分析和预测，计算出预期的投资回报率和其他关键财务指标，以评估投资的盈利性。
- 敏感性分析：分析市场需求、价格波动、竞争态势等因素对预期收益的影响程度，为投资决策提供参考。

六、结论与建议

总结以上各部分的分析结果，强调东南亚电子商务市场的巨大潜力和投资机会。

提出具体的投资建议，包括投资领域、投资时机、合作伙伴选择等方面。

针对可能面临的风险，提出相应的风险防范措施和应对策略，以确保投资的安全性和稳定性。

文心一言根据要求生成了结构化的分析框架和具体的概要性内容。这些内容不仅全面覆盖了市场分析、行业趋势、风险评估和预期收益等方面，还针对东南亚电子商务市场的特定情况进行了深入剖析。其对各个分析环节的精准概述，为投资者提供了清晰的市场分析思路和实用的投资建议，能够帮助他们快速把握核心信息，凸显了文心一言在提供有价值商业分析和策略方面的能力。

11.5 / 制造业与工程

本节将针对制造业与工程中生产效率低下和流程优化的实际问题，介绍如何利用文心一言的强大功能来进行智能排产规划和改进制造流程，以提升操作效率和生产能力。

11.5.1 智能排产规划

在制造业中，有效的排产规划是确保生产效率和降低成本的关键。传统的排产方法往往依赖人工操作，不仅耗时而且容易出错，尤其是在处理复杂的生产线和多变的市场需求时。大模型可以通过自动化和优化排产过程，提高生产效率，减少停机时间，并更好地匹配生产能力与市场需求。

例如，一家中型汽车零部件制造公司遇到一个问题：由于工人班次安排不合理，导致一些关键设备在夜间无法全程满负荷运转，从而影响了整体生产效率和成本控制。这时该公司尝试利用文心一言解决该问题。

> 👥 **用户提问：**
>
> 我们公司夜间班次每个时段只有两名操作员，而注塑机至少需要三人同时操作才能实现最佳生产效率，因而导致注塑机在夜间不能满负荷持续运行，进而间接造成我们的生产效率下降。你能帮助我们优化这个问题吗？

> 🪐 **文心一言回答：**
>
> 当然，我很愿意帮助你们解决这个问题。以下是一些可能的解决方案。
>
> （1）增加操作员数量：最直接的办法就是在夜间班次再增加一名操作员，以保证注塑机能够以最佳生产效率运行。这可能需要增加一部分人力成本，但如果生产效率的提升可以覆盖这部分成本，那么这是非常值得的。
>
> （2）交叉培训：如果公司内有其他岗位的员工在夜间没有紧急任务，可以考虑对他们进行注塑机操作的交叉培训。这样，在需要的时候，他们可以提供增援，以确保注塑机高效运行。
>
> （3）班次调整：检查现有的工作班次和时间表，看是否有调整的空间。例如，可以考虑将某些非生产性的任务安排到白天进行，以便在夜间有更多的员工可以投入注塑机的操作中。
>
> （4）自动化技术：探索使用自动化技术来减轻对人力操作的依赖。虽然初期投资可能较大，但长期来看，自动化可以显著提高生产效率，并降低人力成本。
>
> （5）改进工作流程：对注塑机操作的工作流程进行详细分析，看是否有改进的空间。例如，可以减少不必要的步骤，或者优化物料搬运过程，以减少操作员的工作量，从而使他们在夜间能够更有效地操作注塑机。
>
> （6）引入激励机制：为了鼓励员工接受夜间的注塑机操作工作，可以设立一些激励机制，如夜班津贴、绩效奖金等。
>
> （7）外包或合作：如果增加内部员工数量不可行，你们也可以考虑在夜间雇佣合同工或与专业的注塑公司合作，以确保夜间注塑机能够以最佳效率运行。
>
> （8）设备升级：如果注塑机本身可以通过技术升级来减少对操作人数的需求，这也是一个值得考虑的

长期解决方案。

综上所述，解决这个问题可以从多个方面入手，包括但不限于增加人手、改进工作流程、引入自动化技术等。你们可以根据公司的实际情况和预算来选择最合适的解决方案。

文心一言对于注塑机夜间操作员不足的问题，提出了多种实用的解决方案。答案不仅考虑了增加人手和提升技术这样的传统方法，还引入了交叉培训、班次调整和工作流程改进等创新思路。它特别提到了自动化技术和设备升级，显示了其以科技改变传统行业的丰富经验。文心一言所提供的全面而细致的思考角度，可以帮助企业在面临生产瓶颈时，更加灵活地制定优化策略。

11.5.2　工程项目计划优化

在工程项目管理中，优化项目计划是提高效率、减少成本超支和保证项目按时完成的关键。传统的项目计划方法可能由于缺乏灵活性和对变化反应不够迅速，导致项目延误或资源浪费。大模型可以通过分析历史数据和实时情况，提供动态的调整建议，帮助项目团队更有效地管理时间和资源。

例如，一家工程公司承接了一项涉及多个阶段和复杂协调的大型基础设施项目。项目包括建设一个新的水处理厂，涉及土木工程、机械安装和系统集成多个关键阶段。为确保项目准时完成，项目经理利用文心一言的项目经验进行辅助规划。

> **⌁ 用户提问：**
>
> 我们承接了一个新的水处理厂建设项目。这个项目的时间非常紧张，我们需要确保各阶段的工作无缝衔接，尤其是土木工程到机械安装的过渡。其中，土木工程部分我们预计在三个月内完成，随后将立即启动机械安装。但我们担心供应链问题可能导致机械设备延迟到达。请帮我拟定工程项目计划，并根据以上描述进行优化。

> **⬡ 文心一言回答：**
>
> 新水处理厂建设工程项目计划
>
> 一、项目概述
>
> 本项目旨在建设一个新的水处理厂，以满足日益增长的用水需求和提高水质处理效率。项目包括土木工程和机械安装两个主要阶段，需确保两者之间的顺利过渡。
>
> 二、项目目标
>
> 1. 按时完成土木工程并确保质量。
>
> 2. 实现土木工程与机械安装阶段的无缝衔接。
>
> 3. 有效管理供应链风险，防止机械设备延迟到达。
>
> 三、关键阶段与时间表
>
> 1. 准备阶段（第1周）
>
> • 完成项目设计、预算审批和施工许可等前期工作。
>
> • 组建项目管理团队，明确各成员职责。

2. 土木工程阶段（第2～12周）

- 第2～4周：地基开挖与基础施工。
- 第5～8周：主体结构建设，包括水池、泵房等。
- 第9～12周：完成所有土木工程，包括管道铺设、防水处理等。

3. 过渡准备阶段（第11～12周，与土木工程最后阶段重叠）

- 确认机械设备清单和到货时间。
- 完成设备安装区域的准备工作。
- 制定应急计划，以防设备延迟到达。

4. 机械安装阶段（预计从第13周开始）

- 设备到货后立即进行开箱验收。
- 按计划进行设备安装与调试。
- 完成所有设备的联动测试和性能验证。

四、供应链风险管理

1. 提前采购与合同管理

- 提前与信誉良好的供应商签订合同，确保设备按时供货。
- 合同中明确违约责任和赔偿条款，以减少供应商延迟交货的风险。

2. 物流与仓储

- 选择经验丰富的物流公司进行设备运输。
- 安排专人跟踪物流信息，确保设备按时到达。
- 准备充足的仓储空间，以防设备提前到达。

3. 应急措施

- 若设备延迟，立即启动应急计划，如租赁替代设备或使用库存备件。
- 与供应商协商加快生产或寻找其他替代供应商。

五、监控与调整

1. 项目进度监控

- 设立专门的进度管理团队，使用项目管理软件实时监控项目进度。
- 每周召开项目进度会议，评估进度并调整计划。

2. 质量管理

- 严格执行质量检查和控制程序，确保各阶段工作符合质量标准。
- 对不合格项进行及时整改，防止影响后续工作。

六、总结

本计划旨在确保新水处理厂建设项目按时、高质量完成，特别关注土木工程与机械安装之间的无缝衔接。通过提前准备、严格监控和灵活调整，我们将有效管理供应链风险，确保项目成功实施。

文心一言根据项目经理的指令对项目从准备到完成的每个关键阶段进行了细致的规划，明确界定了每个步骤的时间表和责任分配。计划考虑了供应链风险管理问题，提出通过提前采购、合同管理、物流与仓储准备，以及应急措施，来应对可能出现的设备延迟问题。该计划也强调了监控与调整的重要性，确保项目能够根据实际情况进行灵活调整。文心一言的结构化和系统性的项目规划方法，可以帮助管理团队更全面地考虑项目的各个环节，从而减少风险，提升项目执行效率。

11.5.3　产品创新建议

在制造业中，持续的产品创新是保持市场竞争力的关键。然而，产品开发过程中常常面临创意不足或市场需求预测不准确的问题。大模型可以通过分析市场数据、消费者行为和竞争对手动态，提供有针对性的创新建议，帮助企业开发符合市场趋势和消费者需求的新产品。

例如，一家电子产品制造商计划开发一款新型智能手表，专门为户外运动爱好者设计。其产品经理为这款产品设计的目标是满足极限运动和户外活动中对耐用性和多功能性的高需求，但在设计娱乐功能时遇到瓶颈，于是向文心一言求助。

> **用户提问：**
> 我们正在开发一款新的智能手表，主要面向户外运动市场。这款产品不仅要坚固耐用、功能实用，而且能利用有限的电量为户外人士在旅途中提供娱乐功能。同时这款智能手表的娱乐功能还不能过度分散他们注意力，让他们的旅途既安全又不无聊。你能提供娱乐功能的具体设计建议吗？

文心一言回答：
当然，以下是一些关于智能手表娱乐功能的具体设计建议。这些建议既可以满足用户的户外运动需求，同时又确保他们的旅途安全并减少无聊感。

1. 音频娱乐

● 集成音乐播放器：允许用户下载和播放音乐，支持多种音频格式；提供简单的控制界面，使用户可以轻松切换歌曲、调节音量等。

● 有声读物和播客：除了音乐，还可以提供有声读物和播客内容，满足用户多样化的听觉需求。

2. 简洁的游戏和应用

● 小游戏：设计一些简单、易上手的小游戏，如俄罗斯方块、贪吃蛇等，这些游戏不会过度吸引用户的注意力，但可以提供轻松的娱乐。

● 户外相关应用：提供户外知识问答、路线规划建议等小程序，既具有娱乐性，又能增加户外活动的安全性和便利性。

3. 个性化的界面和互动

● 定制表盘：允许用户根据自己的喜好定制智能手表的表盘，包括颜色、样式和显示的信息等，增强个性化和趣味性。

● 手势控制：引入简单的手势控制功能，如摇晃手表切换歌曲、轻触屏幕进行特定操作等，提高互动性和便捷性。

4. 与社交媒体的有限集成

● 通知功能：在不影响用户注意力的情况下，提供社交媒体的通知功能，如微信、微博等的新消息提醒。这样用户可以在休息时快速查看，而不会长时间沉迷其中。

● 语音转文字回复：为了安全起见，可以设计语音转文字的功能，让用户在不方便打字的情况下快速回复消息。

    5. 安全优先的娱乐设计

- 自动暂停功能：当用户进行剧烈运动或遇到紧急情况时，自动暂停娱乐功能（如音乐播放、游戏等），以减少干扰。
- 紧急联系人快速拨号：即使在娱乐功能使用中，也应能快速访问并拨打紧急联系人号码。

    6. 节能优化

- 智能省电模式：当手表检测到用户长时间未使用时，娱乐功能应能自动进入低功耗模式，以延长电池寿命。
- 亮度自适应：屏幕亮度应根据环境光线自动调节，以减少能耗。

    文心一言利用独有的创造力，为智能手表的娱乐功能提供了既实用又安全的创新设计思路。特别是在安全优先的娱乐设计方面，自动暂停功能和紧急联系人快速拨号可以让使用者在享受娱乐的同时确保自身的安全。另外，节能优化的提议也很独到，通过智能省电模式和亮度自适应来延长电池寿命，这对于户外运动爱好者来说非常实用。这些具体可行的、富有创意的解决方案，有助于产品开发团队设计出更符合市场需求和用户期望的智能手表。

11.5.4 设备维护日志生成

    在制造和工程行业中，维护关键设备的精确性对于确保生产流程的连续性和安全至关重要。自动化的维护日志生成可以帮助企业准确记录每次维护的详细情况，提高维护活动的透明度，并优化后续的维护计划。

    例如，一家专业生产精密零件的机械制造公司正面临着一项艰巨的任务——对高精度数控机床进行年度大检。这些机床是公司生产能力的核心，任何维护失误都可能影响生产质量和效率。于是维护经理利用文心一言来设计维护日志，以保障检修的顺利进行。

> 🔟 **用户提问：**
>
>   我们计划在下周对我们的主要数控机床进行年度大检，包括对主轴、刀具系统、轴承和电气系统的全面检查和必要部件的更换。我们需要一个详尽的维护日志来记录这次活动的每个细节。在过去的生产中，我们注意到机床在加工高精度零件时的振动略有增加，怀疑这可能与主轴的轴承磨损有关。此外，刀具更换系统有时响应延迟，需要检查其电气控制单元。

> 🪐 **文心一言回答：**
>
> 数控机床年度大检维护日志
>
> 日期：［具体日期］
>
> 维护人员：×××、×××
>
> 机床型号：［机床型号］
>
> 一、维护前状态记录
>
> （1）在维护开始前，对机床的整体状态进行了检查。

（2）机床整体运行平稳，但在加工高精度零件时，存在轻微振动现象。

（3）刀具更换系统在操作过程中，偶尔出现响应延迟。

二、主轴及轴承检查

（1）主轴外观检查：主轴外观无明显划痕或损坏，密封性能良好，无漏油现象。

（2）轴承检查：拆解主轴后，对轴承进行了详细检查，发现前轴承有一定程度的磨损，其可能是导致机床振动的原因。已决定更换新轴承。

（3）主轴精度测试：使用专业工具进行了主轴的静态和动态精度测试，结果显示更换轴承后主轴精度有明显提升。

三、刀具系统检查

（1）刀具库检查：对刀具库进行了全面检查，所有刀具均完好无损，无明显磨损。

（2）刀具更换机构检查：拆解并检查了刀具更换机构，发现电气控制单元中的一个继电器存在老化现象，可能是导致更换延迟的原因。已更换新继电器，并进行测试，确认问题得到解决。

四、电气系统检查

（1）控制柜检查：对控制柜内的所有电气元件进行了检查，包括接触器、继电器、电源模块等。除上述刀具更换系统中的继电器外，其他元件均工作正常。

（2）线路检查：对机床的所有电气线路进行了检查，确认无破损、老化或接触不良现象。

（3）软件诊断：通过机床自带的诊断软件对电气系统进行了全面诊断，未发现明显故障。

五、维护后测试与总结

（1）机床运行测试：在完成所有维护工作后，对机床进行了全面的运行测试。测试结果显示，机床运行平稳，振动现象消失，刀具更换系统响应迅速，无延迟。

（2）总结：本次年度大检成功解决了机床振动和刀具更换系统延迟的问题；更换了主轴轴承和电气控制单元中的老化继电器，有效提升了机床的加工精度和运行效率。

备注：建议定期对机床进行类似的全面检查和维护，以确保机床始终处于最佳工作状态；同时，适量储备易损件和关键部件以备不时之需。

维护结束时间：［具体结束时间］

维护负责人签字：×××（签字）

以上即为本次数控机床年度大检的维护日志。

文心一言编写了结构化的维护日志格式，详细且系统地记录了从维护前状态到维护后测试和总结的全过程；对维护经理提到的问题进行精确诊断，并对解决方案做了详细描述，如主轴轴承磨损的发现和更换过程，以及刀具更换系统延迟问题的电气控制单元检查。其生成的全面、细致的维护日志模板可以帮助企业后续对机床性能和维护历史进行追踪，进而确保生产设备的稳定运行。

11.5.5 制造流程改进建议

在制造行业，持续优化生产流程是提高产品质量、减少成本和提升效率的关键。然而，识别流程中的瓶颈和改进之处往往需要深入分析和专业知识。大模型可以通过分析详细的生产数据，提供关于如何改进制造流程的具体建议。

例如，一家汽车部件制造公司希望优化其发动机组件的生产线。该生产线的效率低下，且报废率较高，于是生产经理利用文心一言来进行流程改进。

🔟 **用户提问：**

我们的发动机组件生产线在过去几个月的产出和质量方面表现不佳。我们需要确定生产流程中的关键问题，并进行相应的改进。我将提供目前生产线的操作数据和报废率报告。

1. 详细的生产线数据

- 生产线速度：每小时产出单位为150个发动机部件。
- 报废率：近三个月的平均报废率为7%，主要是由于铸造和加工过程中的缺陷。
- 设备故障率：铸造机每月平均出现2次故障，每次故障导致的停机时间约为3小时。
- 员工操作错误：操作错误导致的生产问题每月平均达到5次，主要是在组装阶段由于操作不当造成部件损坏。
- 原材料质量问题：接收的铝合金材料的质量检测不合格率约为5%。
- 当前的生产流程
- 材料准备：铝合金材料的切割和预处理。
- 铸造：铸造机将铝合金加工成发动机部件的初步形状。
- 机械加工：数控机床进行精密加工，确保部件符合设计规格。
- 组装：手工组装精加工后的部件。
- 质量检验：采用自动化检测系统对最终产品进行质量控制。

2. 需要改进的具体领域

- 铸造和加工过程的优化：需要减少因设备故障和操作错误导致的停机时间和废品率。
- 原材料质量控制：改善原材料的接收和检验流程，减少不合格材料的使用。
- 员工培训：对操作员加强铸造和组装培训，以减少操作错误。
- 质量检验流程：优化检验流程和设备，以提高检测效率和准确性。

🔷 **文心一言回答：**

在分析了您提供的数据之后，可以看出生产线的关键问题主要集中在设备故障、操作错误、原材料质量控制及质量检验流程等方面。以下是对每个需要改进的领域的详细分析和建议。

1. 铸造和加工过程的优化

问题：设备故障率高，导致停机时间长；操作错误导致废品率增加。

建议：

- 预防性维护：建立定期的设备维护和检查计划，以减少突发性故障。
- 故障响应机制：提高维修团队的响应速度和效率，缩短故障停机时间。
- 标准化操作流程：制定并严格执行标准操作程序（SOP），减少操作错误。

2. 原材料质量控制

问题：原材料的不合格率较高，影响产品质量。

建议：

- 严格供应商筛选：定期对供应商进行评估和审计，确保原材料质量。

- 加强入库检验：原材料入库前进行更严格的质量检验，防止不合格材料进入生产线。

3. 员工培训

问题：员工在铸造和组装阶段操作错误频发。

建议：

- 定期培训：组织定期的技能培训和安全意识培训，提高员工的专业能力和操作规范性。
- 激励机制：建立奖励制度，鼓励员工减少操作错误，提高工作效率。

4. 质量检验流程

问题：质量检验流程可能不够高效和准确。

建议：

- 升级检测设备：投资更先进的自动化检测设备，提高检测效率和准确性。
- 数据驱动的改进：利用质量检测数据来指导生产流程的持续优化。

综上所述，通过优化铸造和加工过程、加强原材料质量控制、提高员工培训质量及改进质量检验流程，可以显著提升发动机组件生产线的产出和质量。这些改进措施的成功实施还需要跨部门协作和持续投入。

　　根据生产经理的描述，文心一言快速且系统地定位生产线中的关键问题，并提供了有针对性的改进建议。回复详细列出了各个生产环节的优化措施，如预防性维护、加强原材料质量控制、员工定期培训，以及数据驱动的质量检验改进等。其结构清晰，逻辑性强，便于理解和执行，有助于企业系统地提升生产效率和产品质量。

专家点拨

技巧 01：供应链管理中的大模型加持

　　为了迅速响应市场变化、有效管理供应链风险并优化资源成本，各类核心企业纷纷寻求创新技术，希望利用大模型深度分析供应链海量数据及上下游关系，为供应链管理（SCM）提供智能化的有力支持。以下具体应用可供参考。

　　（1）需求预测：结合历史销售、市场走势、消费者行为等多维度数据，精准预测未来产品需求，助力企业合理调整库存，避免积压或缺货。

　　（2）风险管理：实时监控全球事件、政策变动等及时识别供应链中的潜在风险，为企业提供有效的风险应对策略。

　　（3）物流与路线优化：高效处理复杂的物流数据，为企业提供最佳的运输方案和仓储布局建议，降低运输和仓储成本，提升交货效率。

　　（4）供应商选择与管理：全面评估供应商的历史绩效、信誉和交货能力，助力企业筛选优质供应商，实现供应商风险的实时监控。

　　（5）合同智能解析：深入解读供应链合同条款，确保企业在商务谈判与合作中占据有利地位。

在应用落地过程中,企业应关注以下几点。

- 确保数据准确性:建立严格的数据管理体系,确保输入数据的准确性、完整性和实时性,这是提升模型效果的关键。
- 模型持续更新:随着市场和供应链环境的变化,企业应定期更新模型,以适应新的数据和情况,包括重新训练模型以反映最新的市场趋势。
- 整合多元数据源:除了内部数据,还应积极整合外部市场报告、社交媒体数据等,以获得更全面的市场洞察。
- 加强员工培训:引入新技术时,需重视员工的培训和接受度,确保团队能够有效利用模型提供的分析和建议。
- 遵守伦理与法规:在处理供应链数据时,必须严格遵守数据保护法规,确保算法的透明性和公正性。

大模型为供应链管理带来了前所未有的智能化提升。其精准预测、风险管理、物流优化等多方面的能力可显著提高供应链的整体效率和响应速度。然而,要充分发挥其潜力,企业需在技术整合、数据管理和员工培训等方面投入相应资源。遵循这些策略,企业将能最大化地挖掘大型语言模型在供应链管理中的价值。

技巧 02:小型线下服装店利用文心一言提升销量的实例分析

大模型的广泛应用给人们的生活和工作带来了极大的便利。这里我们以一家小型线下服装店为例,来介绍如何使用文心一言进行销售分析和提升销量,希望给读者提供有价值的参考。

该服装店位于人流密集的社区商店区,依靠社区居民的日常购物需求维持运营,面临着客流量有限和销售增长缓慢的问题。随着电商的兴起,店主感到越来越多的年轻顾客倾向于在线购物,导致实体店的销量进一步下滑,其面临的具体问题如下。

- 顾客流失:年轻顾客流向线上平台,主要是因为缺乏吸引他们的元素,如个性化体验。
- 市场趋势不明:店主缺乏有效的工具来了解最新的时尚趋势和顾客偏好。
- 促销活动效果有限:传统的打折和促销活动效果逐渐减弱,未能有效吸引顾客。

为了解决这些问题,我们一同看看如何用文心一言进行分析进而实现利润增加。具体可以按以下思路进行操作。

1. 利用现成的 AI 工具

选择使用市面上现成的简易 AI 工具,如本书介绍的文心一言。其优秀的产品设计功能,使店主无须深入了解技术细节,只需通过简单的图形界面设置即可开始使用产品。

2. 搜集顾客反馈

收集到店顾客和私域社交媒体群组中顾客对服装的反馈,如对服装样式和尺码的意见,并一并记录顾客的购买历史、性别、年龄等信息。这些数据将用于分析顾客需求。

3. 进行简单的趋势分析

利用文心一言分析社区内的购物趋势，如最受欢迎的服装款式和颜色，以及竞争对手的活动情况。这些信息可以帮助店主更加科学地制定进货和销售策略。

4. 按如下方式进行落实

（1）定期发送促销信息：每月至少发送一次促销活动信息，确保顾客了解店铺的最新优惠。对于愿意反馈意见的高潜力顾客，每周发送其感兴趣的优惠信息。

（2）调整商品展示：根据模型分析的趋势，调整店内商品的展示方式，突出热门商品。

（3）反馈及跟踪：通过跟踪促销活动的反馈和销售数据，评估营销活动的效果。例如，在发送促销信息后的一周内，监测哪些产品的销量提高了。

这种方法不仅操作简单，而且成本低廉，非常适合资源有限的小微企业使用。通过使用文心一言，小店主可以更好地了解顾客需求和市场动态，从而做出更合理的经营决策，提升销量。

本章小结

本章全面介绍了文心一言在文学创作、科技与创新、人力资源提效、财务会计升级以及制造业和工程中的应用。我们通过具体案例和场景分析，介绍了如何利用文心一言来促进业务流程自动化，提升决策质量，并驱动创新。文心一言不仅优化了传统操作及流程，还带来了变革的新思路，展示了其在现代商业环境中的广泛适用性和变革潜力。

第12章

百度文心一言与
百度搜索的异同

本章导读

　　随着近年来以ChatGPT和文心一言为代表的注册制对话大模型广泛应用，我们获取信息及进行创作的方式发生了巨大的改变。通过本章内容，读者将能够更加明确百度文心一言和百度搜索的使用环境和优势，从而在面对不同的信息需求时，能够更加精准地选择合适的工具。

12.1 技术原理与功能特点差异

本节将介绍文心一言与百度搜索引擎的技术原理及功能的本质区别。

12.1.1 自然语言处理与搜索引擎技术的对比

　　自然语言处理和搜索引擎技术分别是大模型和搜索引擎的核心技术，它们在处理和检索信息方面各有不同。

　　NLP技术是大模型的基础，它的关键点在于帮助机器理解人类语言中的"意图"和"情感"。比如，当我们对一个大模型说："我今天心情不好。"它不仅能理解话面意思，还能从中感知到情绪并给出安慰或建议。这种理解能力来自NLP的多个分支，包括语法分析（分析句子结构）、语义理解（理解单词和句子的意义）和情感分析等的组合运用。

　　搜索引擎技术可以拆分为三个主要步骤：抓取（Crawling）、索引（Indexing）和检索（Retrieving）。

　　首先，搜索引擎使用"爬虫"程序系统地浏览互联网，访问网页并读取网页内容。这就像派出无数的小机器人去每一个网站看看有什么内容。

　　然后，当爬虫访问一个网页后，搜索引擎会提取网页的关键信息并将其存储在一个巨大的数据库中，这个过程称为索引。这就像制作一个巨大的图书馆卡片目录，每个卡片上都记录了书籍的关键信息和在图书馆中的位置。

　　最后，当我们在搜索引擎输入搜索查询时，它会使用复杂的算法从其索引的数据库中找出与查询最相关的网页。这些算法内部会综合多种因素给出结果，如关键词的出现频率、网页的更新日期，以及网页被其他网站链接的次数（这可以看作"推荐"或"信任"标志）。

　　这两种技术在实际应用中各有千秋。

12.1.2　大模型与搜索引擎"记忆"存储的区别

　　像基于深度学习的语言处理模型的各类大模型，并不是直接存储具体的数据。它们通过调整内部的数亿甚至数十亿的参数（也就是神经网络中的权重）来"记住"信息。这些参数是模型在学习过程中从大量文本数据中摸索出来的规律和知识。

　　• 参数和权重：模型的记忆是通过参数的形式体现的。这些参数捕捉了语言的模式和关系，能够帮助模型理解和生成语言。假设我们在学习做蛋糕时，需要调整不同配料的比例（比如糖、面粉、鸡蛋等）来做出想要的口味。每种配料的比例就像是神经网络中的"权重"，整个配方则类似于"参数"。通过多次尝试（类似于训练过程），调整这些比例（权重），直到蛋糕达到想要的口味。在神经网络中，调整权重的过程就是为了让模型的输出（比如识别对象、预测结果）尽可能准确。

　　• 向量空间：当处理信息时，模型会把文本转换成数学上的向量，这些向量在虚拟的空间里代表文本的含义。模型通过这些向量来处理任务和回答问题。想象一下，当我们在一个大型停车场里找车，这个停车场可以看作一个巨大的"向量空间"，每辆车的位置可以用一个坐标来描述（如第几层第几区第几号）。在这个空间中，类似的车辆（比如颜色或品牌相同的车）可能会被停放得比较近。在神经网络中，信息（比如文本、图片等）被转换成点或向量，这些点的位置由它们的特征决定（如单词的意义或图片的内容）。网络通过这些点的"距离"和"方向"来理解和分类信息，就像我们通过车的位置和特征来找到自己的车一样。

　　与大模型不同的是，搜索引擎则直接依靠构建大规模的索引系统来"记住"互联网上的信息。这些索引记录了网页的关键词和其他重要信息，方便用户快速检索。

　　• 索引：搜索引擎通过索引来快速找到用户搜索的内容。每个索引项都指向包含相关关键词的网页。它类似于字典中的偏旁部首索引表，在查找汉字时，先确定这个字的主要部首，然后在字典的索引部分找到这个部首。索引会告诉你在字典的哪个部分可以找到所有以这个部首开头的汉字，这样你就能快速找到你要查找的字。

　　• 数据库：搜索引擎还会保存网页的其他信息，比如网站的可信度、内容更新的频率，以及网页之间的相互链接。它类似于学校用于存储和管理学生信息的系统，其中包括姓名、年龄、专业和成绩等。当我们需要查找哪些学生的成绩超过了90分时，就可以通过输入条件来快速获得答案。

两种工具的记忆存储区别，可以参考表12-1。

表12-1　文心一言与百度搜索记忆存储区别

对比项目	文心一言	百度搜索
存储形式	通过内部参数来间接记忆信息，这种记忆更多地反映了数据的整体规律，而非具体细节	通过具体、可查询的索引直接记录信息，这些索引直接指向具体的数据或网页
更新方式	更新记忆通常需要重新训练整个模型，这个过程既耗时又耗资源	可以持续地更新索引，动态地添加新信息或删除过时信息，更加灵活
查询处理	通过生成的向量来进行复杂的推理和语义处理，能够理解和智能生成答案	依赖关键词匹配和链接分析来快速提供相关信息，不能生成新答案

12.1.3　智能对话与搜索查询功能的对比

大模型的智能对话和搜索引擎的查询分别代表两种工具不同的信息处理方式，它们在应用、交互方式和用户体验上有着明显的差异。

与大模型的交互式智能对话中，我们可以用汉字提出问题，系统则以人性化的方式响应。这种对话式的交互能够模拟真实的人际沟通，使用户体验更为流畅和自然，这种交互有以下两个特点。

（1）上下文理解：文心一言能够理解并记忆对话的上下文。这意味着在一次会话中，后续的问题和回答可以建立在之前的交流基础上。例如，我们可以先问"北京的天气怎么样？"然后再问"明天呢？"文心一言能理解这里的"明天"指的是北京第二天的天气。

（2）连续交互：我们可以通过连续的交互深入探讨一个话题，而无须在每次提问时重复全部的背景信息。

利用搜索引擎进行搜索时，我们需要输入关键词，搜索引擎则返回相关的网页列表。这种方式更侧重于快速浏览大量信息资源，而非进行深入的个性化对话。它的特点如下。

（1）信息检索：用户通过输入一个或多个关键词来查找信息，搜索引擎根据这些关键词在其数据库中查找并展示相关的网页。这种方式需要用户具有一定的关键词选择能力，以便精确找到所需信息。

（2）单次交互：每个搜索查询通常是独立的，搜索引擎不会记住之前的查询内容，每次搜索都是从零开始。

文心一言的智能对话和百度搜索引擎查询各有其独特的优势和适用场景。文心一言通过人机交流的方式，提供了一种更自然、连续且上下文相关的交互体验，适合于需要深入讨论或复杂咨询的情景。百度搜索引擎查询则侧重于高效地处理和检索大量信息，强调关键词的精确性和信息检索的广度，适合于快速获取和浏览大规模数据。因此，它们之间是互补而非替代的关系，我们可以根据具体需求来选择相应的工具。

12.2　注册及应用场景的差异

了解了文心一言与百度搜索的技术区别后，我们来看看两者的注册和应用场景的区别。

12.2.1　注册的区别

文心一言要求我们创建账户并进行登录才能够正常使用。这种方式使大模型服务能够提供更个性化的用户体验。例如，它可以根据我们的每一次查询和对话来优化响应，从而提供更精准和个性化的信息。此外，大模型能够持续跟踪对话上下文，提供连贯的对话体验，这一点是简单的搜索查询所不具备的。

百度搜索则无须注册即可搜索信息。搜索引擎会直接根据我们输入的关键词快速从互联网上检索并展示相关的网页。这种方式强调的是速度和信息的广度。虽然它能够迅速提供大量的信息资源，但通常不能针对我们个性的特定需求生成定制化的内容。

12.2.2　收费模式的差异

从收费模式来看，文心一言提供基础服务（如文心一言3.5）免费，但进阶版本（如文心一言4.0）收费的策略。这种服务模式使用户可以根据自己的需要选择付费或免费服务。相比之下，搜索引擎的搜索服务是完全免费的。

文心一言的分层收费策略，涵盖了从免费基础版本到付费高级版本的多种服务层次。这种模式的核心在于满足不同用户的需求，同时确保平台的可持续发展。

基础版本通常是免费提供的，这样可以吸引更多用户尝试产品，尤其是在用户对新技术或新产品持观望态度时，免费的基础版本可以降低尝试门槛。文心一言的基础版本允许用户利用3.5版本进行日常的问答和信息查询，有助于用户熟悉文心一言的工作方式和潜在价值。此外，免费版本也可以作为一种营销工具，通过用户的正面体验传播口碑，增强产品的市场接受度和用户基础。

文心一言的高阶收费版本提供了额外的高价值服务，如更强大的4.0版本对话引擎可在多轮对话及理解力方面达到远超3.5的水平，对于职业辅助和专业应用更具价值。同时提供更多的智能体选择，如一镜流影、仔细想想等，可以在视频制作及复杂逻辑思考等能力上为法律等专业用户提供更完善的体验。收费模式不仅能够帮助开发团队获得必要的资源来维持和提升服务质量，还能持续投资于技术研发，推动产品的创新和改进。

搜索引擎主要通过在搜索结果中插入广告来盈利。这种模式虽然提供了免费资源，但它也可能导致用户体验受到广告干扰，特别是在广告与实际搜索内容高度相关时容易误导用户单击广告链接。

12.2.3　应用场景的不同

由于文心一言与百度搜索的技术原理和功能特点各不相同，因而适用于不同的需求和应用场景。

文心一言主要用于提供类似人机对话的交互体验，适用于需要个性化和深入交流的场景，如客服支持、教育辅导、健康咨询等。在这些应用场景中，系统不仅能够通过问答形式与我们对话，还能够理解和使用上下文信息，从而增强交流的连贯性和深度。

百度搜索则主要通过搜索引擎执行，适用于快速获取和检索大量信息的需求。我们通过输入关键词，系统快速返回相关的网页或信息。这种方式适用于需要广泛信息概览的场景，如市场研究、学术搜索或日常问题解答。

文心一言及百度搜索的应用场景区别，如表12-2所示。

表12-2　文心一言与百度搜索应用场景区别

应用场景	文心一言	百度搜索
日常办公	可生成办公文档，如PPT、报告。例如，用户输入"生成销售报告摘要"，文心一言即可输出初稿	提供办公技巧、模板下载链接。例如，搜索"销售报告模板"，即可快速获取多种模板选项
教育	提供定制化教学内容，解答学生的问题。例如，学生问"为什么天空是蓝色的？"，文心一言提供详细解释并引导更深入探讨	提供广泛教育资源，如教材、研究论文。例如，搜索"天空为什么是蓝色"，即可获得各种科普文章和视频链接
日常生活	通过对话辅助做菜、制定旅行计划等。例如，用户询问"怎么做宫保鸡丁？"，文心一言提供食谱和烹饪步骤	提供相关查询结果，如食谱、旅游攻略。例如，搜索"宫保鸡丁怎么做"，即可获得多个食谱页面链接
情感伴侣	提供心理咨询、情感支持。例如，当用户感到焦虑时，可以利用文心一言获得放松技巧和倾听支持	提供心理健康信息资源。例如，搜索"缓解焦虑的方法"，即可得到心理健康网站和文章
娱乐帮手	助力创作文娱内容，如剧本、段子。例如，用户输入"写一个关于夏天的短剧"，文心一言即可生成剧本草稿	提供相关娱乐信息和资源。例如，搜索"夏天主题短剧"，即可得到相关新闻和视频

了解了文心一言和百度搜索在不同应用场景中的差异后，我们就可以根据不同的场景选择适合的工具，从而以最经济高效的方式解决自己的问题。

12.3　百度搜索的使用方法与技巧

由于本书已经对文心一言的使用方法做了全面介绍，此处仅对百度搜索的使用方法进行详细介绍，以帮助读者了解如何通过百度搜索引擎得到想要的结果。

12.3.1　关键词优化

使用搜索引擎时，大家可能习惯性认为在搜索框中输入文字就可以得到答案。然而，有效地使用搜索引擎需要更多的技巧，特别是在关键词的选择和优化上。正确的关键词能够极大地提高搜索的准确性和效率。搜索引擎通过分析输入的关键词，匹配互联网上的相关内容来返回结果。如果关键词过于泛泛或不具体，可能导致返回的结果数量庞大但相关性不高，这样就增加了筛选信息的难度和时间。

　　例如，我们想了解如何在家制作意大利面，输入"如何按照意大利人的习惯做意大利面"会比单独的"如何煮意大利面"得到更精确的搜索结果。假如喜欢吃番茄口味，则可以进一步将输入优化为"如何按照意大利人的习惯做番茄酱意大利面"。通过增加搜索条件缩小搜索范围，可以提高找到满足具体需求信息的概率。这种方法不仅节省了搜索时间，还提高了获取有用信息的效率。

　　同样，假设我们需要找到最新款电动汽车的详细评测，简单地搜索"电动汽车"会得到大量相关结果，包括各种类型的电动汽车广告、车型的评测、电动汽车的新闻报道，甚至包括电动汽车的充电设备和相关政策信息。这些信息过于宽泛，无法帮助我们找到最新款电动汽车的评测。相比之下，如果我们搜索"2024年最新款电动汽车评测"，能够直接找到关于最新款电动汽车的专业评测、性能分析及用户的使用反馈。这些信息对于我们评估新款电动汽车的性能、舒适度、续航能力及其他关键指标至关重要，可以为我们的购车决策提供重要的参考。

12.3.2　利用搜索建议

　　搜索建议是搜索引擎基于大量用户数据和搜索历史动态生成的。当我们输入查询内容时，搜索引擎会根据已输入的字母和常见的相关查询动态提供建议，帮助我们发现可能未曾考虑到的相关搜索词，从而提高搜索的广度和深度。

　　例如，我们打算搜索关于优化家庭 Wi-Fi网络信号的技巧，如图 12-1 所示，输入"优化家庭网络"几个字，百度搜索引擎就会提供如"优化家庭网络拥堵的措施""如何优化家庭网络""家庭 Wi-Fi优化"等建议。这些建议可以引导我们选择更具体的查询，从而提高搜索结果的准确程度。

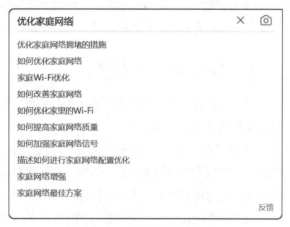

图 12-1　百度搜索引擎搜索建议

12.3.3　搜索结果分类

　　确定了输入内容并选择了对应的搜索建议后，我们会从百度搜索得到大量返回的搜索结果。这时，可以利用分类来精细化搜索结果，进一步锁定所需的内容类别。

　　在百度搜索引擎的搜索结果页面中，可以看到"网页、视频、资讯、图片、知道、文库、贴吧、地图"等多种类型标签。我们可以通过单击特定的标签在对应的页面看到各个类别的搜索结果，关于这些类别的说明如下。

（1）网页类别：包含互联网上广泛的网页内容。搜索时百度会返回与关键词相关的各种网页链接。这些网页可能包含文字、图片、链接等多种元素，是获取综合搜索结果信息的主要途径。

（2）视频类别：专门提供与搜索词相关的视频内容。可以直接在搜索结果页面上观看视频预览或单击链接进入视频页面。这对于寻找教程、娱乐内容或新闻事件视频非常有用。

（3）资讯类别：提供最新的新闻报道和时事信息。搜索结果会优先显示新闻网站、博客和媒体发布的最新内容，可以让我们快速获取到关于时事、社会、科技、娱乐等方面的最新消息。

（4）图片类别：专门展示与搜索词相关的图像结果。可以直接在搜索结果页面浏览缩略图，并单击查看大图或来源页面。这对于寻找视觉素材、产品图片或了解某一主题的视觉表现非常有帮助。

（5）知道类别：引用了百度知道平台上的问题与答案。可以在这里找到关于各种问题的解答，包括专业知识、生活技巧等。这是一个社区驱动的知识分享平台，提供了丰富的信息和经验分享。

（6）文库类别：基于百度文库平台提供文档、报告、论文等学术或专业资料的搜索结果。在这里可以找到各种格式的文档，如 Word、PDF 等，并进行下载或在线阅读。这对于学术研究、工作报告等需求非常有用。

（7）贴吧类别：是百度提供的社区交流平台搜索结果。可以在贴吧中找到关于特定主题的讨论和帖子。这是一个聚集相同兴趣人群的地方，可以浏览他人的观点和经验分享。

（8）地图类别：提供地理位置、路线导航等相关的搜索结果。可以直接在搜索结果中看到地图信息，包括地点标注、路线规划等。这对于出行导航、查找地点等需求非常实用。

12.3.4 搜索结果筛选和甄别

百度搜索的结果页面包含时间、格式和搜索站点三类结果筛选方式，通过设置相应的筛选条件，可以更精确地缩小搜索范围。

（1）时间筛选：可以选择特定的时间段，如"24 小时内""一周内""一月内"等，以便查看最新或特定时间段内的网页信息。例如，在搜索新闻事件、科技动态或产品发布等内容时，通过设定时间范围过滤掉过时或已失效的信息，以确保搜索结果中的信息是最新的。

（2）格式筛选：可在搜索结果中精准过滤 PDF、Word 或 RTF 格式文本文件，以及 PPT 幻灯片格式的各类文件搜索结果。例如，在查找咨询报告时，我们可以将结果限定为 PDF 或 PPT 格式，以便搜索到可供免费下载的报告。

（3）站点内搜索：该功能可在指定的网站内进行搜索，当我们已经知道某个网站包含所需的信息，但不想浏览整个网站来查找时，可以使用这个功能。假如我们希望在搜索结果中查看"知乎"网站上的特定结果，可在此处选择只在"知乎"网站内搜索，即可更快找到各行业专家在知乎网站内对搜索话题的讨论。

通过分类和筛选定位到搜索结果后，我们需仔细甄别可能出现的广告。辨别广告的方式有以下几种。

（1）观察搜索结果的位置：在搜索结果页面，广告通常会被放置在显眼的位置，如搜索结果的顶部或侧边。这些位置是广告主为了吸引用户点击而付费的推广位。

（2）查看结果标签：百度搜索结果中的广告通常会带有"广告"或相关标识的标签。这些标签可以帮助我们快速识别出哪些结果是广告。

（3）注意内容的相关性：虽然广告也是基于关键词触发的，但有时候广告的内容可能与搜索意图不完全匹配。如果发现搜索结果与搜索意图有较大偏差，那它可能是一则广告。

（4）检查链接的URL：广告的链接URL可能与自然搜索结果的URL有所不同。例如，广告链接可能包含特定的跟踪参数或指向广告主的官方网站。

（5）留意广告的排版和风格：广告通常具有独特的排版和风格，以区别于其他自然搜索结果。例如，广告可能包含更多的图片、按钮或其他视觉元素。

百度搜索的广告便利之处在于快速提供我们可能感兴趣的产品或服务信息。然而，过多的广告展示也容易打断搜索流程，影响信息获取的效率。此外，一些与搜索意图不匹配的广告也可能给我们造成困扰。因此，在享受广告带来的便利的同时，我们也需要擦亮双眼识别广告并利用好广告的信息，减少不必要的干扰。

专家点拨

技巧 01："搜索语法"——百度搜索引擎的高阶玩法

想要在搜索引擎中高效地找到所需信息，了解并掌握搜索语法是一种进阶玩法。下边我们来看看如何编写搜索语法并了解各类语法的功能。

1. 搜索范围限定

（1）限定在网页标题中搜索：使用"intitle:"前缀进行搜索时，搜索引擎会专门查找那些网页标题中包含指定关键词的页面。这种搜索方式特别适用于寻找某一具体主题或产品的官方网站，因为这些网站的标题往往会明确反映其主题或产品名称。例如，搜索"intitle: 华为手机"可以筛选出所有标题中包含"华为手机"的网页。

（2）限定在特定网站内搜索：除了通过筛选项限定搜索网站，我们也可以通过"site:"前缀指定在某个特定网站内进行搜索。这在已知特定网站并希望在其中深入查找信息时来说非常有用。例如，搜索"site:zhihu.com 华为手机"将在知乎网站内搜索与"华为手机"相关的内容。

（3）限定在URL链接中搜索："inurl:"前缀可搜索网址中包含特定关键词的网页。这在寻找具有某种特定网址模式或结构的网页时非常有用。例如，搜索"inurl: 华为 手机"将筛选出网址中包含"华为"和"手机"的网页。

2. 匹配方式

（1）精确匹配：将搜索词用双引号括起来，搜索引擎会严格按照引号内的词语顺序和组合进行搜索，不会拆分这些词语。这有助于找到包含确切短语或句子的网页。例如，搜索"华为手机评测"搜索引擎将只返回包含完整短语"华为手机评测"的网页。

（2）模糊匹配：使用星号作为通配符时，搜索引擎会尝试匹配与给定关键词部分相似的结果。这对于不确定完整关键词或希望找到更多相关变体的情况非常有用。例如，搜索"华*手机"，搜索引擎可能会返回"华为手机""华为荣耀手机""华为卫星手机"等多个结果。

3. 特殊搜索语法

（1）使用书名号搜索：在百度搜索中使用书名号可以将搜索范围限定在书籍、电影、歌曲等具有明确标题的作品上。这有助于快速找到特定作品的详细信息或购买渠道。例如，搜索《三体》将直接返回刘慈欣的科幻小说《三体》的相关信息。

（2）文件类型搜索：通过"filetype:"语法可以指定搜索特定文件类型的内容，如文档、图片、视频等。这个语法类似在搜索结果页选择对应的文件格式，对于寻找特定格式的资源或文件非常有帮助。例如，搜索"filetype:pdf 华为手机使用手册"将返回所有PDF格式的华为手机使用手册。

4. 内容过滤与增强

（1）过滤内容：在搜索词后添加减号和关键词可以排除掉不想要的搜索结果。这对于剔除广告、垃圾信息或与主题不相关的内容非常有效。例如，搜索"华为手机 –广告"将排除所有包含"广告"关键词的搜索结果，使结果更加纯净。

（2）强制包含内容：使用加号可以确保搜索结果中必须包含指定的关键词，从而提高搜索结果的准确性。这在我们明确知道自己想要查找的内容，并希望确保这些内容出现在搜索结果中时非常有用。例如，搜索"华为手机 +评测"将只返回同时包含"华为手机"和"评测"两个关键词的网页。

了解了这么多搜索语法，是不是感觉自己在信息检索的道路上又迈进了一大步？这些搜索语法不仅能帮助我们更高效地找到所需信息，还能提高搜索的精确性和满意度。现在，就试着运用这些技巧，去广阔的网络世界中获取你想要的知识和资源吧！

技巧02："检索增强生成"——大模型下的搜索引擎革命

随着信息技术的飞速发展，搜索引擎已经成为我们获取信息的主要途径。然而，在复杂查询中传统搜索引擎往往难以提供精准和个性化的结果。同时对于普通查询而言，我们又需要根据搜索结果自行学习和分析结果，费时费力。这时，检索增强生成（Retrieval-augmented Generation，RAG）技术的出现，为搜索引擎的革新注入了新的活力。RAG融合了大语言模型和信息检索（Information Retrieval，IR）技术，不仅能显著提高搜索结果的相关性和准确度，更能生成内容翔实、与查询条件紧密相关的回答，让搜索引擎变得更加"善解人意"。

RAG技术通过结合预训练的检索器和生成器来捕获知识，以提高模型的可解释性和模块化。它通过以下步骤显著优化了信息检索与生成的过程。

第1步 ▶ 查询解析：用户输入的查询被解析，模型识别关键词和语义意图。

第2步 ▶ 信息检索：系统从庞大的数据库及互联网中检索与查询相关的文档或数据。

第3步 ▶ 内容整合：检索到的信息被整合，以用于生成回答。

第4步 ▶ 答案生成：基于整合的信息，大语言模型生成连贯、信息丰富的自然语言文本。

第5步 ▶ 优化与反馈：生成的回答可根据用户反馈进行优化，以提升未来查询的效果。

传统搜索引擎与RAG的差异，如表12-3所示。

表12-3　传统搜索引擎与RAG的差异

特性	传统搜索引擎	RAG
查询处理	依赖关键词匹配	理解查询的深层语义意图
信息检索	静态数据库索引	动态信息检索
回答生成	网页链接式列表	生成详细的自然语言回答
个性化服务	有限	高度个性化的内容生成
实时更新	依赖数据库的定期更新	实时检索最新信息

RAG的价值首先表现在深度定制化上，它不仅可以根据用户的查询词检索到最新的信息，还能实时地整合这些信息并生成有意义、连贯的文本回答。例如，一名学生在研究气候变化对农业的影响时，若使用传统搜索引擎则需要搜索和浏览文章及文献，再花大量时间来整理信息。但RAG则能自动从最新的研究报告中提取信息，整合成一篇详细介绍气候变化如何影响农作物生长、可能的适应措施和全球影响的文章。

与此同时，RAG还具备实时更新信息并进行分析的能力，可以对金融市场分析这类快速变化的领域产生重大影响。假设金融分析师要寻找关于某新兴市场最近的经济数据，传统大模型可能只能提供截至其训练时间的数据，而RAG能够实时检索最新的市场调研和经济数据，然后生成一份包含最新趋势、数据分析和可能的市场预测的综合报告。这保证了信息的时效性和相关性，可以帮助分析师做出更加准确的投资决策。

RAG虽然能结合传统搜索引擎产生变革性的影响，但目前仍面临以下几个挑战。

（1）信息质量依赖性：RAG的效果高度依赖检索到的信息质量。如果源数据中包含错误或偏见，生成的内容也可能反映这些问题，相当于我们学习了网上的错误信息，进而造成认知上的偏差。

（2）处理速度：与纯生成式大语言模型相比，RAG需要时间来检索和整合信息，这会影响用户搜索的响应速度。

（3）复杂性与成本：维护一个同时支持高效检索和生成式大语言模型的系统，技术复杂，成本高，需要大量的资源来优化和维护。

（4）隐私与安全性：由于RAG技术需要访问大量互联网上的数据源，其中可能包括涉及个人信息的内容，因此必须确保所有数据处理过程符合数据保护法规，防止数据泄露或被不当使用。这需要精细的数据管理策略和强化的安全措施。

随着人工智能技术的不断进步，RAG 的应用前景将更加广阔。未来的搜索引擎将更加智能化，能够提供更深层次的分析和更精细化的用户体验。此外，随着机器学习模型的进一步发展，我们可以预见，RAG 将在多个领域内实现更广泛的应用，如自动化客服、智能助手和内容推荐系统等。

总之，RAG 技术正改变我们获取和处理信息的方式，使搜索引擎不仅仅是信息的检索工具，更是智能化、个性化的解决方案提供者。通过不断的技术创新和应用扩展，未来的搜索引擎将更加贴近用户需求，更有效地服务于信息化社会的发展。

本章小结

本章详细介绍了文心一言与百度搜索的差异，包括它们的使用方法、技术原理、功能特点以及在各种应用场景下的表现。通过比较，我们了解到文心一言可提供连续的对话体验，适合需要深度交流的场景，而百度搜索则优于快速检索广泛信息。在技术层面上，文心一言基于自然语言处理，更注重语义理解；相比之下，百度搜索使用传统的索引和检索技术，强调速度和广度。本章内容可以帮助读者根据具体需求选择合适的工具，有效地获取和处理信息，提升信息利用效率。